普通高等教育农业部"十二五"规划教材

全国高等农林院校"十二五"规划教材

生物农药
Biopesticides

徐汉虹　主编

中国农业出版社

主　编　徐汉虹

编　者　（按姓名笔画排序）

王中康（重庆大学）

孙　明（华中农业大学）

张志祥（华南农业大学）

陈其津（中山大学）

庞　义（中山大学）

徐汉虹（华南农业大学）

前　言

　　近年来，我国农药行业处于剧烈震荡期。2007 年甲胺磷等 5 大高毒有机磷农药品种被全面禁止生产使用。2009 年农业部公告第 1157 号取消了氟虫腈在农业上的登记。2010 年限用了 19 种高毒农药。2011 年农业部等五部委发布 1586 号公告，为保障农产品质量安全、人畜安全和环境安全，决定对高毒农药采取进一步禁限用管理措施：撤销苯线磷等 10 种高毒农药的登记证，停止受理苯线磷等 22 种农药新增田间试验申请、登记申请及生产许可申请。这些使我国的农药市场发生了根本性的变化。

　　2009 年《中华人民共和国食品安全法实施条例》开始施行，该法与 2006 年 11 月实施的《农产品质量安全法》共同构筑了科学安全使用农药的立体防线。要从源头上保证农产品质量安全，必须向生产者提供安全有效的农药；高毒农药的退出，需要新型农药替代；有机食品市场的兴起，需要生物农药保驾。这些使生物农药的需求变得更加迫切。很多地方都将生物农药作为政府采购招标的重点品种。农业部 2011 年在上海等 8 个省、直辖市启动了生物农药补贴试点工作，进一步促进了生物农药的生产和使用。在此形势下，各高等院校纷纷开出了生物农药的课程，以满足社会对植物保护人才的知识要求，因而受到广大同学的普遍欢迎。此时，生物农药的教材理应应运而生！

　　根据各作者所在学校的研究特色，我们对教材编写进行了分工：华南农业大学编写植物性农药，重庆大学编写真菌源农药，华中农业大学编写细菌源农药，中山大学编写病毒源农药，这些单位在所编写的领域都取得了令人瞩目的成绩，结合自己的研究心得编写教材，将更加生动而有特色。具体分工如下：第一章由徐汉虹编写，第二章由张志祥和徐汉虹编写，第三章由王中康编写，第四章由孙明编写，第五章由陈其津和庞义编写，第六章由徐汉虹编写，第七章由徐汉虹编写。全书最后由主编统稿。

感谢各位专家学者在繁忙的工作中安排时间完成本教材的编写。感谢中国农业出版社的大力支持。

生物农药至今还没有一个统一的定义，也没有一个明确的范畴，生物技术的发展也使生物农药的新产品不断涌现。生物农药从理论到实践都处在一个高速发展期，我们不能等到该学科完全成熟后才来编写本教材，本科教学需要本教材尽快付梓，诚挚欢迎使用本教材的各位师生，以及社会读者与我们一道完善本教材！

徐汉虹

2012 年 9 月

目 录

第 一 章

绪 论

第一节 生物农药的定义与分类

一、生物农药的定义

目前，国际上没有统一的生物农药定义。我国是生物农药研究和使用大国，对生物农药概念的界定也在随着时代的不同而发展。《中国农业百科全书·农药卷》中称其为生物源农药，即利用生物资源开发的农药。因此天敌昆虫、致病微生物、生物信息物质以及氨基甲酸酯类、拟除虫菊酯类、沙蚕毒素类及烟碱类杀虫剂均被纳入生物农药，显然这个概念不够严谨。

我国《农药登记资料要求》中规定，生物农药包括生物化学农药和微生物农药两类。其中生物化学农药必须符合两个条件，一是对防治对象没有直接毒性，只有调节生长、干扰交配或引诱等特殊作用；二是必须是天然化合物，如果是人工合成，其结构必须与天然化合物相同（允许异构体比例的差异）。微生物农药包括自然界存在的用于防治病、虫、草、鼠害的真菌、细菌、病毒和原生动物或被遗传修饰的微生物制剂。据此，烟碱、鱼藤酮、天然除虫菊、昆虫天敌、转基因抗有害生物作物均不是生物农药。所以这个定义也明显有欠缺。

20世纪90年代以来，许多国内专家对生物农药的定义也做了不同的解释。如沈寅初等认为，生物农药是由生物产生的具有农药生物活性的化学品和具有农药生物作用作为农药应用的活性物体。1999年颁布的《农药管理条例实施办法》中指出，用基因工程技术引入抗病、虫、草的外源基因改变基因组构成的转基因作物，以及有害生物的商业化天敌均为农药，但没有明确是生物农药还是其他农药。而朱昌雄认为，生物农药是指用来防治病、虫、草害等有害生物的生物活体及其代谢产物和转基因产物，并可以制成商品上市流通的生物源制剂，包括微生物源、植物源、动物源和抗病、虫、草害的转基因植物等。他明确地将转基因作物归为生物农药。国外以联合国粮农组织（FAO）为代表则认为生物农药主要包括：生物化学农药、微生物农药、转基因生物农药和天敌生物农药。

这里我们将生物农药定义为：用来控制农林作物病、虫、草、鼠害的生物活体或其代谢产物。

二、生物农药的分类

生物农药按来源可分为微生物体农药、动物体农药、植物体农药、植物源生物化学农药、动物源生物化学农药和微生物源生物化学农药等。按其功能可分为杀虫剂、杀菌剂、除草剂、病毒抑制剂、杀线虫剂和生长调节剂等。生物农药种类较多，也可按开发对象和来源分成图 1-1 所示的类别。

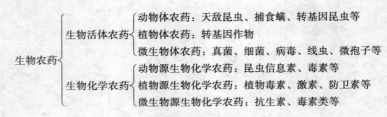

图 1-1　生物农药按开发对象和来源分类

（一）生物活体农药

生物活体农药是活体的生物，在生产上可以用来有效防除各种有害生物。此类农药包括动物体农药、植物体农药和微生物体农药，即常规意义上商品化生产和使用的有害生物天敌、转基因植物和微生物。

1. 动物体农药　动物体农药主要包括用于害虫防治和杂草防除的天敌昆虫。目前世界上已经商品化用于害虫防治的天敌昆虫有 130 余种，主要种类为赤眼蜂、丽蚜小蜂、草蛉、瓢虫、中华螳螂、小花蝽、捕食螨等捕食性或寄生性天敌昆虫或螨类，广泛应用于果园、大田、温室以及园艺作物上防治玉米螟、棉铃虫、蚜虫、粉虱、斑潜蝇、蓟马、甘蔗螟虫和荔枝螨等鳞翅目、同翅目和双翅目等害虫。

利用天敌昆虫防除杂草的历史已经有 200 多年。1795 年印度从巴西将胭脂虫（Dactylopius ceylonicus）引入到印度北部成功地控制了霸王树仙人掌（Opuntia vulgaris）的危害。

2. 植物体农药　植物体农药主要是各类转基因作物，将外源基因转入目标作物中，使目标作物对农业害虫、病原微生物和除草剂产生抗性。

将含有抗虫物质的基因克隆并转入作物体内，从而获得抗虫转基因作物。应用最为广泛的就是将 Bt 内毒素基因转入商品棉，育成对鳞翅目害虫抗性稳定的转基因棉。到目前为止，Bt 内毒素基因已成功转入水稻、棉花、玉米和大豆等多种作物并开始大面积种植。

耐除草剂转基因作物的研究和推广一直处于领先地位。bar 基因是迄今为止用得最多的一个耐除草剂基因，已成功地用于小麦、水稻、玉米、大麦和油菜等作物的转化。另外耐草甘膦的 aroA 基因、耐溴苯腈的 bxn 基因和耐氯磺隆的 csr1 基因等也成功地用于不同作物的遗传转化。

3. 微生物体农药　微生物体农药主要包括直接利用菌体或发酵液的细菌类、真菌类和病毒类杀虫剂、杀菌剂和除草剂。

（1）细菌类生物农药　细菌类生物农药是目前应用比较多的一类，其中杀虫剂以苏云金芽胞杆菌（Bacillus thuringiensis，Bt）类制剂最多，是目前世界上用途最广、开发时间最长、产量最大、应用最成功的生物杀虫剂，已广泛用于水稻、玉米、棉花、蔬菜及林业上的多种重要鳞翅目害虫的防治。其他应用较多的细菌杀虫剂还有类产碱假单胞菌、球形芽胞杆菌和金龟子芽胞杆菌等。如荧光假单胞菌可以用来防治番茄和烟草的青枯病，放射土壤杆菌可用来防治桃树根癌病，枯草芽胞杆菌可用来防治多种作物的白粉病和灰霉病等。

（2）真菌类生物农药　真菌类生物农药主要指以真菌的活体（包括孢子和菌丝）制成的

农药，按用途可以分为真菌杀虫剂、真菌除草剂、真菌杀线虫剂和真菌植物病害生物防治菌。研究和应用比较广泛的有绿僵菌、白僵菌和耳霉菌等，用于防治多种作物害虫；淡紫拟青霉菌和厚孢轮枝菌用于防治作物线虫病；木霉菌可用于防治多种作物的霜霉病。

（3）病毒类生物农药　　病毒类生物农药主要是昆虫病毒，昆虫病毒可引起 1 600 多种昆虫和螨类发病。全世界登记注册的病毒杀虫剂有 30 多个品种，其中美国 6 种、欧洲 10 种、俄罗斯 11 种、中国 9 种。研究应用较多的是核型多角体病毒、质型多角体病毒和颗粒体病毒。

（二）生物化学农药

生物化学农药是指所有从生物体中分离出的具有一定化学结构、对有害生物有防治作用的生物活性物质，并不将具有直接毒杀作用的一类排除在外。虽然植物源的杀虫剂和微生物源的农用抗生素，能直接毒杀靶标生物，但我们也将其归为此类。生物化学农药按照一般生物学机制分为 4 类：信息素类、激素类、生长调节剂类和酶抑制剂类。

1. 信息素　　信息素是植物或动物释放的化合物，它们能改变相同种类或不同种类受纳生物体的行为。信息素包括外激素、异源外激素和种间外激素。

2. 激素　　激素是生物化学物质，其在生物体的一个部位被合成并输导到另一部位，在那里它们具有控制、调节或改变行为的效能。昆虫激素可分为蜕皮激素和保幼激素两个主要类别。要合成天然的蜕皮激素和保幼激素成本极高，尚处于研究阶段，而拟保幼激素的合成则导致研发出很多高选择性的活性化合物。登记用于防治害虫的几种拟保幼激素如苯氧威（用于防治果树卷叶虫和火蚁）、烯虫酯（用于防治家蝇、跳蚤、蚊虫、小家蚁、储粮害虫和烟草害虫）、烯虫乙酯（用于防治蜚蠊）、烯虫炔酯（用于防治温室同翅目害虫）。

3. 天然的植物生长调节剂　　天然植物生长调节剂，它们对同种或他种植物具有抑制、刺激或其他调节作用。天然的植物生长调节剂主要有生长素、赤霉素或赤霉酸衍生物、细胞分裂素、脱落酸和乙烯等。生产应用较多的有吲哚乙酸、β-萘乙酸、赤霉素、玉米素、激动素、腺嘌呤、苯甲酸、没食子酸、肉桂酸和脱落酸等。

4. 酶抑制剂　　酶抑制剂是一类可以与酶结合并降低其活性的分子。由于抑制特定酶的活性可以杀死病原体或校正新陈代谢的不平衡，许多酶抑制剂被用做生物农药。

第二节　我国生物农药的发展历史与主要进展

一、我国生物农药的发展历史

我国生物农药的研究起始于 20 世纪 50 年代初，至今已有 60 多年的历史。回顾生物农药发展历程大约可分为下述 3 个阶段。

（一）仿制国外成果或直接引进阶段

1955 年我国的研究人员用从法国引进的商品制剂中分离的菌株，在实验室制备出苏云金芽胞杆菌菌粉，用于防治玉米螟。1959 年又从苏联引进苏云金芽胞杆菌苏云金亚种，从中分离出杀螟杆菌菌株。1964 年在武汉建成国内第一家苏云金芽胞杆菌杀虫剂工厂，开始生产苏云金芽胞杆菌杀虫剂，命名为青虫菌。随后全国各地先后分离选育出许多高毒力的苏云金芽胞杆菌（Bt）菌株，如 7216（湖北省天门县微生物研究所）、青虫菌 6 号（湖北省农业科学院植物保护研究所）等。

在参照日本的研究成果灭瘟素 S（blasticidin S）、多氧霉素（polyoxin）和有效霉素（validamycin）的基础上，我国先后筛选获得灭瘟素（1960）、春雷霉素（kasugamycin，1964）、多抗霉素（即多氧霉素，1967）、井冈霉素（即有效霉素，1973）的产生菌，并生产出农用抗生素产品，为我国农用抗生素的发展奠定了坚实的基础。

1970 年国务院发布文件要求"积极推广微生物农药"，生物农药迎来了自己的第一个春天。我国研制成功的井冈霉素、公主岭霉素和多抗霉素等 3 个农用抗生素，特别是井冈霉素杀菌剂的研制成功，成为我国农用抗生素生物农药的第一个里程碑。

（二）生物农药进入一个相对平稳发展阶段

1984 年国家恢复农药登记管理制度，对生物农药进行了重新登记注册，正式登记了生物农药品种 9 个，临时登记了的品种 10 个，规范了生物农药的生产和应用。正式登记品种中有井冈霉素、农抗 120（TF120）、多抗霉素、灭瘟素、春雷霉素、硫酸链霉素（streptomycin sulfate）、公主岭霉素、赤霉素（gibberellin）和苏云金芽胞杆菌，临时登记品种中增加了阿维菌素（avermectin）、浏阳霉素（liuyangmycin）、棉铃虫核型多角体病毒（HaNPV）、苦参碱（matrine）和印楝素（azadirachtin）等生物农药，使生物农药进入了一个相对稳定的发展阶段，同时国家也开始重视生物农药的研究。

特别要指出的是 1992—1994 年棉花主要害虫棉铃虫大发生，以从美国引进的苏云金芽胞杆菌库尔斯塔克亚种（*Bacillus thuringiensis* subsp. *kurstaki*）HD-1 为主的苏云金芽胞杆菌制剂在防治该害虫中起到了重要的作用，年产苏云金芽胞杆菌制剂量由 1991 年的 3 500 t，发展到 1994 年的 30 000 t，使苏云金芽胞杆菌成为活体微生物农药的最大品种。随后研制成功阿维菌素品种，成为杀虫剂的重要品种，是农用抗生素的第二个里程碑。

（三）生物农药进入快速健康的发展阶段

1994 年我国将生物农药研制和环境保护列入《中国 21 世纪议程》白皮书，农业部专门成立了中国绿色食品发展中心，制定了 AA 级绿色食品生产中应用生物农药防治病虫草害的标准。科技部将生物农药列入国家"九五"攻关课题和 863 计划中，并提出了产业化的要求，进一步加快了生物农药商品化的步伐，迎来了生物农药发展的第二个春天。

二、我国生物农药的主要进展

（一）生物农药产品化的品种增加

已达到产业化规模的品种有井冈霉素、阿维菌素、苏云金芽胞杆菌、赤霉素、芸薹素内酯（brassinolide）、硫酸链霉素、苦参碱、印楝素、农抗 120、棉铃虫核型多角体病毒、多抗霉素、中生菌素（zhongshengmycin）和宁南霉素（ningnanmycin）。

（二）研究成果被收入国际基因数据库

中国科学院武汉病毒研究所在国内外首次完成棉铃虫核型多角体病毒全序列分析，其序列分析结果被收入国际基因数据库。

（三）新产品的登记注册

通过化学修饰改造阿维菌素，制得甲胺基阿维菌素苯甲酸盐（emamectin benzoate），提高了阿维菌素杀虫活性 10 倍以上，毒性只有阿维菌素的 1/7。同时阿维菌素微乳剂获得登记注册，降低了阿维菌素乳油中有机溶剂对环境的污染。

第三节 生物农药的评价

一、生物农药的优点

（一）对环境和生物安全

生物农药的活性成分均是自然界本身存在的活体生物或化合物，自然界有其顺畅的降解途径，因此在环境中会自然代谢，参与能量与物质循环。施用于环境中或作物上，不产生残留，安全间隔期短，不会产生生物富集现象，对非靶标生物无影响，特别适用于蔬菜、水果和茶叶等直接食用的作物。

（二）专一性强

专一性强是生物农药的最大优点。在生物体农药中，天敌昆虫、捕食螨常为寡食性或专性寄生；昆虫病原真菌、细菌、线虫、病毒等均是从感病昆虫中分离出来，经人工繁殖后再作用于该种昆虫；植物体农药更是有针对性地对植物某一种特定功能基因进行定向重组或改造。生物化学农药的专一性也强，如昆虫性激素只对同种昆虫有效。

（三）不易产生抗药性

传统的杀虫剂大多是神经毒剂，而生物农药尤其是生物化学农药的作用成分和作用机理复杂，病、虫、草、鼠害对它们的抗药性发展缓慢。活体生物农药，其活体生物在与植物病原体、害虫长期共同生活的过程中进化，能适应它们的防卫体系，因此多数活体生物农药能够在适应抗性的过程中发展。

（四）种类繁多，资源丰富，开发成本较低

生物农药的多样性是由地球上的生物多样性所决定的。凡对农业有害生物有控制作用的生物均有可能通过多种途径被开发为生物农药。生产微生物或微生物源农药一般是利用农副产品发酵而成，成本较低。此外通过生物工程技术，可以大大提高生物农药的活性，也可以大大提高生物农药的产量，进一步降低生产成本。

二、辩证看待生物农药

近年来的宣传及部分科技文章给人造成一种错觉，凡是天然源的产品都是安全的，这种错误的观点不利于生物农药的安全生产与应用和发展。许多生物农药及其制剂并不能达到"高效、低毒、环保"的全部要求，需要对生物农药进行辩证看待。

（一）生物农药并非都是低毒

许多天然源的次生代谢物或毒素是剧毒或致病的物质，如肉毒素、蛇毒、毒蘑菇和河豚毒素等。有些正在研究或应用的生物农药也是高毒或中毒品种，如果在生产和应用中不注意安全，同样会引起人畜中毒。但是由于在环境中降解彻底，无残留，且具有非常高的生物活性，许多高毒和中毒生物农药仍属于无公害农药的范畴，应用也相当广泛。

由毒扁豆碱衍生而来的氨基甲酸酯类农药在现今广泛应用，但毒扁豆碱却是一种对人畜高毒的物质。烟草、鱼藤和除虫菊是应用较早的著名植物性杀虫剂，烟碱对人畜高毒，鱼藤

酮属中等毒性，三者均对家蚕敏感。因此并不是所有生物农药都是低毒品种。

（二）生物农药中的非有效成分的影响

与化学农药相比，生物农药在剂型方面并没有优越性，大部分应用广泛的生物农药还是乳油制剂，如 0.3% 印棟素乳油、2.5% 鱼藤酮乳油等。制剂中大部分成分是植物中的其他成分、溶剂、乳化剂和稳定剂等。

1. 生物农药中的有机溶剂 目前，我国大部分乳油中的溶剂是甲苯、二甲苯或其他一些低廉的芳香族有机物以及甲醇和乙醇等。有机溶剂在生物农药乳油制剂中的含量有时高达 50%～90%，其对人畜的毒性和对环境的影响远远大于生物农药中的有效成分本身，如二甲苯和甲醇的毒性对生态环境的影响远远大于苦皮藤素、印棟素和苗蒿素等。有机溶剂能大量杀死土壤中的微生物、线虫、昆虫和其他一些动物。土壤中动物和微生物是土壤生态系统的主要生物构成，在有机物分解、养分循环和保持土壤肥力中起着重要的作用。因此乳油制剂能造成土壤板结，肥力下降。有机溶剂亦可进入大气圈和水圈等循环系统，残留时间长，对环境也会造成较大危害。因此乳油制剂也有类似化学农药的某些不足。生物农药如果不研发水基型制剂等安全剂型，就不能突出生物农药对人畜低毒、对环境安全的优点。

2. 生物农药中的其他生物成分 生物农药来自生物，但往往有效成分在动植物体中的含量是很低的，制备高含量的原药是一个工艺复杂成本较高的工艺流程。为了降低生产成本，许多生物农药没有制备高含量的原药，因此原药中其他成分的含量较高，甚至大部分是其他成分，其他成分对人畜的毒性却没有被系统深入地研究，它们对人畜的毒性有待探讨。

3. 生物农药在生产过程中产生的有毒物质 许多生物农药本身对人畜低毒，但是在原材料的收集、存储和制剂加工过程中可能会产生对人畜毒性较高甚至剧毒的物质。生物农药的原材料是动物、植物和微生物，这些原材料在储存过程中极易变质。虽然变质不一定影响生物农药的生产，但是变质过程中产生的有毒物质却不容忽视。植物原材料在储存过程中产生的黄曲霉毒素就是一个典型的例子。但是，国内大多数生物农药研究者和生产企业对此尚未引起足够的重视。

（三）生物农药的缓效性问题

许多人认为生物农药是缓效性农药，认为生物农药在药后几天才有防治效果。不能迅速杀死害虫不是生物农药的缺点，而正是生物农药的优点之一，不过却也是广大农户不能接受生物农药，致使生物农药难以推广的主要原因。

从杀死害虫的角度上看，只有少数几种生物农药是速效的，如除虫菊素、鱼藤酮和烟碱等；其他大多数生物农药是缓效的，如阿维菌素、白僵菌、印棟素和苦参碱等均是药后 3 d 才有明显的杀虫效果。按照联合国粮农组织对生物农药的定义，前述的能直接杀死害虫的速效农药，并不能算做生物农药，应等同于化学农药看待，由此可知缓效的生长发育调节作用是生物农药的本质和特色。

从对作物的保护效果看，大多数生物农药不仅是高效的，而且速效。苦参碱药后第 1 天表现为忌避活性，第 3 天为拒食活性，第 7 天时害虫基本死亡。印棟素处理后 1～3 d，害虫不取食作物，3 d 后害虫基本死亡。虽然药后 1～3 d 害虫的死亡率不高，但是药剂一旦被喷洒在作物上，害虫就不再取食作物，在施药后立即对作物起到了保护效果。植物保护的目的是保护作物，而不是杀死害虫，如果既能保护作物，又不杀死害虫，则是植物保护工作的理想目标。从保护天敌和维护农田生态系统的稳定性来看，生物农药对害虫的缓效性是其相对于化学农药的主要优点。因此我们应该正确认识生物农药的缓效性问题，这样才能正确指导生物农药的研究、生产和应用。

（四）生物农药与生态保护

生物农药的健康发展有利于生态环境保护。这可以从两个方面来理解：一是生物农药的使用，避免或减少了有毒化学物质向环境中的释放，维护了生态平衡；二是种植用做生物农药的植物，改善了生态环境。鱼藤是杀虫植物，较少受到病虫害危害，种植鱼藤可以减少农田的抛荒率、改良土壤和减少水土流失，适于现在的农村经济，节约劳动力，也可以减少农药的使用量，减少对环境的污染。印楝在金沙江干热河谷的大面积种植，不仅提供了生物农药印楝素，而且保持了水土，改善了生态环境。杀虫植物资源的开发和利用一定要科学合理，否则不仅达不到保护生态环境的目的，反而会破坏生态环境。应该避免云南红豆杉的悲剧在生物农药领域的重演。如何做到既能生产植物性杀虫剂，又能维护生态平衡，实现可持续发展，也是植物性杀虫剂开发生产过程中应考虑的问题。

第四节 生物农药的研究趋势与发展前景

一、生物农药研究的发展趋势

随着人类对生存环境的保护意识不断增强、对化学农药自身缺点和生物农药优点的认识不断加深，人类越来越重视生物农药的开发和使用，各大农药公司和科研单位都投入大量人力物力以期开发安全、高效、广谱、适应性强的生物农药和转基因植物。21世纪是生物农药发展的重要时期，通过生物工程、发酵工程等技术在筛选新生物农药、改造原有生物农药以及降低成本等方面取得了重大进展，并将朝着这些方面持续发展。

（一）从天然物质中创制新农药

实际上从生物源物质开发新农药已有较长历史，如从毒扁豆碱开发了氨基甲酸酯类杀虫剂；从除虫菊植物开发了拟除虫菊酯类杀虫剂；从动物源的沙蚕毒素类物质开发了杀螟丹、杀虫双等杀虫剂。拟除虫菊酯杀虫剂解决了原除虫菊素在阳光下极不稳定的问题，成了杀虫剂中的重要一类，在农田上广泛使用。近年来，从天然源物质开发新农药的成功案例更是层出不穷（表1-1）。

表1-1 近年来从天然产物开发新农药的实例

物　质	来　源	新　农　药
烟碱	植物（烟草）	新烟碱类杀虫剂，如吡虫啉、啶虫脒等
鱼藤酮	植物（鱼藤）	哒嗪类杀虫剂，如哒嗪酮等
鱼尼汀	植物（鱼尼汀）	鱼尼汀受体抑制剂类杀虫剂，如氯虫苯甲酰胺等
二嗯吡咯霉素	微生物（链霉菌）	吡咯类杀虫剂溴虫腈
嗜球果伞素类	微生物（黏液蜜环菌）	甲氧基丙烯酸酯类杀菌剂，如嘧菌酯、肟菌酯等

（二）探索新的高效、广谱生物农药资源

大自然是一个生物宝库，也是一个巨大的优胜劣汰、自我调节的生态系统，种类繁多的各种生物都可能成为生物农药。一方面要对已开发物种进行开发，如苏云金芽胞杆菌的研究

上，研究人员根据苏云金芽胞杆菌能产生毒素和杀虫晶体的这一规律对该菌的其他亚种进行研究，目前已发现该菌的多个亚种有杀虫活性，且各亚种的杀虫谱都不尽相同，目前已发现70个血清型83个亚种；芽胞杆菌属的其他种类如枯草芽胞杆菌和蜡质芽胞杆菌都有杀菌作用，能产生杀菌蛋白，该菌的其他种类都是生物农药的候选者。另一方面对一些未开发成生物农药物种进行研究。

（三）利用细胞融合技术和基因工程来提高微生物的发酵水平

对微生物来说，提高发酵水平是实现工业化的关键。利用细胞融合技术和基因工程来提高赤霉素、灭瘟素、井冈霉素、苏云金芽胞杆菌等的发酵单位，将其产量在不增加原料、设备的情况下得以提高。

（四）生物活性物质的结构改造及仿生合成

现代生物技术的飞速发展，使得人们可以完全利用遗传工程、基因工程、原生质体融合等方法对现有生物农药资源进行取长补短的改造。如目前应用的 Bt 菌剂存在杀虫谱窄、有效成分易分解等缺点。英美等国科学家研究发现 Bt 毒素蛋白有决定寄主范围和杀虫活性的两个功能区，不同的 Bt 之间前者氨基酸序列差别很大，而后者几乎相同，因此可以采用基因工程的方法，将不同亚种的毒蛋白基因拼接成杂合基因以扩大杀虫范围，或对原来的毒蛋白基因诱变重组以提高杀虫活性。防治水稻白叶枯病的杀枯定就是根据微生物产物人工合成的。此外还有很多植物毒素已被人工合成出来，降低生产成本的同时又提高了产品质量。

（五）筛选安全、 高效、 合理的生物农药剂型

农药的剂型以及助剂的添加对它能否最好地发挥功效非常重要，而见效慢、易受环境影响的生物农药就更加需要适合的剂型。加强对生物农药的物理化学特征和生理机制的研究，能有助于研制出高效、安全、合理的生物农药剂型。其次要加强生物防治生物与靶标生物之间的生态学关系的研究，如木霉菌与植物病原菌在土壤中争夺生活空间和营养源，木霉菌能在低浓度营养下存活，所以在木霉菌制剂中加入麸皮作为稀释剂为木霉菌提供营养载体，可提高其生长定殖能力，达到增效作用。

（六）改进生产技术提高产品质量

生物农药特别是微生物农药的生产工序比较复杂，培养基的配方、培养的温度、pH、培养时间以及菌种的保存等方面都直接影响产品的质量，所以应当在这些方面进行不断的试验，以期获得更有效的产品。

二、生物农药发展前景展望

生物农药的发展有巨大的市场需求，但是市场需要的是效果优于化学农药、价格不高的生物农药，而目前的生物农药大多都达不到市场的要求，生物农药的发展面临着巨大的机遇和严峻的挑战。

现代生物技术和其他先进科学技术能更轻易地发现更多更好地生物农药资源，能更有可能实现高效生物农药资源的改造和杀菌活性物质的重组及仿生，能更安全地应用转基因作物和复合工程菌株，这些都将为生物农药赶超甚至取代化学农药划上历史性的一笔，为自然环境的保护和人类自身的健康做出巨大贡献。

● 复习思考题

1. 什么是生物农药?
2. 如何看待生物农药的发展前景?

● 主要参考文献

何晨阳. 2010. 植物细菌病害与植物病害生物防治研究进展 [M]. 北京：中国农业科学技术出版社.

洪华珠. 2010. 生物农药 [M]. 武汉：华中师范大学出版社.

黄云. 2010. 植物病害生物防治学 [M]. 北京：科学出版社.

姬志勤. 2010. 农药活性天然产物及其分离技术 [M]. 北京：化学工业出版社.

王运兵. 2010. 生物农药及其使用技术 [M]. 北京：化学工业出版社.

徐汉虹. 2004. 杀虫植物与植物性杀虫剂 [M]. 北京：中国农业出版社.

徐汉虹. 2007. 植物化学保护学 [M]. 4版. 北京：中国农业出版社.

朱昌雄，宋渊. 2006. 我国生物农用抗生素的研发现状及其进展 [J]. 中国农业科技导报，8(6)：17-19.

周燚，王中康，喻子牛. 2006. 微生物农药研发与应用 [M]. 北京：化学工业出版社.

CARLIEL M J, WATKINJSON S C, GOODAY G W. 2001. The Fungi[M]. New York：Academic Press.

LIU K Y, et al. 2005. Mechanism for Bt toxin resistance and increased chemical pesticide susceptible in CrylAc-resistant cultured insect cells[J]. Cytotechnology，49：153-160.

第二章

植 物 性 农 药

第一节　植物性农药概述

一、植物性农药的定义与分类

（一）植物性农药的定义

植物性农药是指用于防治农、林、牧、渔、草及卫生等领域有害生物的植物源物质，即从植物的根、茎、叶、花、果实以及种子等部位中提取活性成分加工而成的农药制剂，以及模拟植物源活性成分人工合成类似的活性成分加工而成的农药制剂。我国幅员辽阔，南北纬度纵跨大约 49°，东西经度横跨大约 63°，地貌复杂，气候多样，植物资源丰富。其中很多植物体内含有杀虫、杀菌和杀线虫等活性成分，这些植物分别称为杀虫植物、杀菌植物和杀线虫植物。

（二）植物性农药的分类

1. 按作用对象分　植物性农药按照作用对象可分为杀虫剂、杀菌剂、杀线虫剂、除草剂、杀螺剂和杀鼠剂等。

2. 按活性成分结构类型分　按照活性成分结构类型可分为生物碱类、倍半萜类、二萜类、三萜类、黄酮类、呋喃香豆素类、多炔类和噻吩类等。几类主要的活性成分在植物科属中分布有如下的特点。

（1）含生物碱类成分的植物　含有生物碱类成分的植物有裸子植物、单子叶植物和双子叶植物。在裸子植物中主要分布在柏科、松科、罗汉松科和红豆杉科等。在单子叶植物中主要有禾本科、石蒜科、姜科、百合科、百部科、兰科、天南星科、莎草科和薯蓣科等。而在双子叶植物中分布于 95 科植物中，主要为菊科、茄科、蝶形花科、夹竹桃科、毛茛科、十字花科、伞形科、芸香科、大戟科、罂粟科、茜草科、葫芦科和马鞭草科。

（2）含倍半萜类成分的植物　含有倍半萜类成分的植物主要分布在菊科、唇形科、樟科、豆科、桃金娘科、芸香科、檀香科、伞形科和番荔枝科。

（3）含二萜类成分的植物　含有二萜类成分的植物主要分布在五加科、马兜铃科、菊科、橄榄科、杜鹃花科、豆科、唇形科、大戟科、防己科和茜草科。

（4）含三萜类成分的植物　含有三萜类成分的植物主要分布在楝科、芸香科和苦木科。三萜类化合物味稍苦，又被称为柠檬苦素类化合物。

（5）含多炔类成分的植物　含有多炔类成分的植物主要分布在菊科、伞形科、五加科、桔梗科、檀香科和海桐花科等 19 科。

二、植物性农药的发展历史及应用现状

地球上已知有 30 万种植物，据估计可能有 50 万种，具有农药活性的植物资源在地球上的蕴藏十分丰富。据统计资料表明，全世界已报道过 6 000 多种对有害生物具有防治效果的高等植物。国外对植物性农药的研究报道甚多，美国建立了专门检索防治某种害虫最有效的提取物的数据库，菲律宾在 20 世纪 80 年代末有超过 200 种植物被要求登记或报道具有杀虫作用，国外科研人员自 20 世纪 90 年代末以来先后对数种姜科植物、菖蒲和印度鳄梨等进行了活性评价。

我国植物性农药的应用历史悠久。早在 2 000 多年前的春秋时期，《周礼·秋官》中已有"剪氏掌除蠹物，以攻萦攻之，以莽草熏之"的记载。到了公元前 3 世纪的战国时期，人类生产实践活动的经验不断丰富，植物药物已发展到 200 多种。东汉末年，我国第一部药物专著《神农本草经》问世，该书收载 300 多种植物药物。北魏末至东魏初，贾思勰编写了世界上第一部农业百科全书《齐民要术》，书中记载了以藜芦根治疗绵羊体外寄生虫病羊疥的方法。明朝中叶，李时珍在《本草纲目》中记载了不少杀虫植物，如狼毒、百部、雷公藤、苦参、川楝、巴豆和鱼藤根等。清道光年间，广东省潮阳县志中记载："烟草秆及纸叶插稻根，可杀害苗诸虫"。1956 年，受商业部委托，龚坤元组织了 11 个研究单位，赴西南各省调查土农药的资源。这是我国第一次对土农药资源的系统调查，最后编写成《中国土农药志》，共记载了分布在 86 科的 220 种植物性农药。陈冀胜对我国有毒植物进行了大量调查后于 1989 年出版了《中国有毒植物》一书，书中共记载了 1 300 多种有毒植物，其中许多种类可以作为植物性农药使用。

新中国成立以来，我国在大力发展常规化学农药的同时，也十分重视植物性农药的开发和应用。1958 年，在全国范围内兴起了广泛使用土农药的群众性运动。到了 20 世纪 70 年代，又掀起了植物性农药的开发热潮。然而由于当时科学技术水平相对落后，再加上随后高效化学农药的崛起，植物性农药的开发和应用曾一度陷入困境。

自 20 世纪 80 年代以来，我国植物性农药的生产和应用有了长足的发展。杀虫植物在许多地区得以推广种植，如印楝在云南、广东、海南、四川等地得到了大规模的推广种植，为植物性农药的生产提供了丰富的原材料。华南农业大学自 20 世纪 90 年代起，对从神农架地区采集的 100 余种、大巴山采集的 80 余种、青藏高原采集的 70 余种、十万大山采集的 100 余种、梵净山采集的 50 余种、川东鄂西特有植物中心的 100 余种和云贵高原采集的 80 余种植物样本进行了杀虫、杀菌、杀线虫和除草活性筛选。近年来，随着人类对生活质量的需求不断提高，环境保护意识日益增强和现代科学技术迅猛发展，植物性农药以其自身得天独厚的优势再次引起人们的重视，利用植物资源及模拟植物生理过程开发和创制新农药的事业正方兴未艾，植物性农药已成为现代农药研究和开发的重要领域。

1987—2009 年，我国植物性农药的登记数量呈明显上升趋势。1987—1996 年近 10 年间，我国登记生产的植物性农药品种有 21 个，1997 年新增 12 个，1998 年新增 8 个，1999 年新增 16 个。在 2000 年前的 57 个品种中，含苦参碱的有 19 个，含烟碱的有 13 个，含鱼藤酮的有 8 个，含藜芦碱的有 4 个。截至 2009 年，全国共有植物性农药生产企业 101 家，登记生产的植物性农药种类 21 个，植物性农药产品共计 100 个，其中植物性农药单剂或原药品种 60 个，植物性农药混配制剂 100 多个。截至 2010 年 3 月，国内处于有效登记状态的植物源农药有效成分有 14 个，产品总数 129 个。至 2011 年，国内植物源农药登记产品数量大概有 200 个，涉及的生产厂家有 130 个，苦参碱、印楝素、鱼藤酮、烟碱和除虫菊素等产业化品种已成为我国植物性农药产业的中坚力量（图 2-1、表 2-1、表 2-2）。

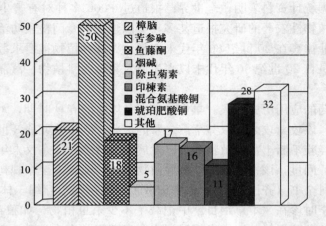

图 2-1 登记的植物源农药产品数量（2011 年 4 月）

（引自中国农药信息网）

在我国无公害农业的生产实践中，植物性农药得到了大规模的应用，多种产品被列为无公害农业生产的指定农药品种。大部分植物性农药是防治蔬菜、茶叶和果树上有害生物的理想用药，部分植物性农药还是防治森林、卫生和储粮中有害生物的重要手段。

表 2-1 至 2011 年我国登记植物性农药单剂和原药

农药名称	农药名称
0.3%苦参碱水乳剂	0.2%除虫菊素气雾剂
0.3%苦参碱水剂	0.5%除虫菊素气雾剂
0.3%苦参碱乳油	0.6%除虫菊素气雾剂
0.3%苦参碱可溶液剂	1.5%除虫菊素水乳剂
0.36%苦参碱可溶液剂	5%除虫菊素乳油
0.5%苦参碱可溶液剂	60%除虫菊素原药
0.5%苦参碱水剂	70%除虫菊素原药
0.6%苦参碱乳油	40 mg/片除虫菊素电蚊香片
1%苦参碱可溶液剂	1%蛇床子素粉剂
1.2%苦参碱乳油	2%蛇床子素乳油
1.3%苦参碱水剂	10%蛇床子素母药
5%苦参碱母药	0.01%雷公藤甲素母药
10%苦参碱母药	0.25 mg/kg 雷公藤甲素颗粒剂
0.3%印楝素乳油	10%烟碱乳油
0.5%印楝素乳油	90%烟碱原药

（续）

农药名称	农药名称
0.6%印楝素乳油	0.5%藜芦碱可溶液剂
0.7%印楝素乳油	20%藜芦碱原药
0.8%印楝素乳油	0.5%香菇多糖水剂
1%印楝素乳油	0.004%芸薹素内酯水剂
10%印楝素母药	0.001 6%芸薹素内酯水剂
12%印楝素母药	0.007 5%芸薹素内酯水剂
20%印楝素母药	0.01%芸薹素内酯可溶液剂
40%印楝素母药	0.01%芸薹素内酯乳油
15%乙蒜素可湿性粉剂	0.01%芸薹素内酯水剂
16%乙蒜素可湿性粉剂	0.04%芸薹素内酯水剂
20%乙蒜素乳油	0.10%芸薹素内酯可溶粉剂
30%乙蒜素乳油	0.136%芸薹素内酯可湿性粉剂
32%乙蒜素乳油	0.15%芸薹素内酯乳油
41%乙蒜素乳油	3.423%芸薹素内酯母药
80%乙蒜素乳油	80%芸薹素内酯原药
90%乙蒜素原药	90%芸薹素内酯原药
1.8%鱼藤酮乳油	95%芸薹素内酯原药
2.5%鱼藤酮乳油	0.003%丙酰芸薹素内酯水剂
4%鱼藤酮乳油	95%丙酰芸薹素内酯原药
5%鱼藤酮微乳剂	0.1%除虫菊素喷射剂
7.5%鱼藤酮乳油	0.3%除虫菊素气雾剂
25%鱼藤酮乳油	15 mg/片除虫菊素电热蚊片
95%鱼藤酮原药	0.25%除虫菊素蚊香
1%苦皮藤素乳油	0.4%低聚糖素水剂
5%苦皮藤素母药	6%低聚糖素水剂

表 2-2　至 2011 年我国登记植物性农药混配制剂

序号	品　　种	序号	品　　种
1	17%杀螟·乙蒜素可湿性粉剂	9	1%苦参·印楝素乳油
2	19.8%噁霉·乙蒜素可湿性粉剂	10	13.7%苦参·硫黄水剂
3	32%唑酮·乙蒜素乳油	11	2%甲维·印楝素乳油
4	6%井冈·蛇床素可湿性粉剂	12	0.8%阿维·印楝素乳油
5	0.5%烟碱·苦参碱水剂	13	0.9%阿维·印楝素乳油
6	4%氯氰·烟碱水乳剂	14	1.3%氰戊·鱼藤酮乳油
7	0.6%烟碱·苦参碱乳油	15	2.5%氰戊·鱼藤酮乳油
8	1.2%烟碱·苦参碱乳油	16	7.5%氰戊·鱼藤酮乳油

（续）

序号	品　种	序号	品　种
17	1.8%阿维·鱼藤酮乳油	22	0.40%芸薹·赤霉酸水剂
18	18%鱼藤酮·辛硫磷乳油	23	0.751%芸薹·烯效唑水剂
19	1.3%氰戊·鱼藤酮乳油	24	22.5%芸薹·甲哌鎓水剂
20	25%敌百·鱼藤酮乳油	25	30%芸薹·乙烯利水剂
21	2.75%井冈·香菇糖水剂		

三、植物性农药的优势和局限性

植物性农药具有常规化学农药难以比拟的优势，但同时也有不可避免的局限性。

（一）植物性农药的优点

植物性农药有很多优点，具体表现在以下几个方面。

① 植物性农药又被称为绿色农药，是因为其活性成分来源于植物体，在漫长的生物协同进化过程中，其在整个生态系统已具备完善彻底的降解途径，无残留无污染，对天敌和作物安全，安全间隔期短，特别适于防治蔬菜、水果和茶叶生产中的有害生物。

② 植物性农药对有害生物的作用机制与常规化学农药截然不同。大多数常规化学农药通常只能作用于害虫的某一生理系统的一个或少数几个靶标，而多数植物性农药活性成分复杂，能够作用于昆虫的多个靶标或器官系统，有利于延缓和克服有害生物的抗药性。

③ 有些植物性农药（如含烟草和鱼藤有效成分的制剂）还可刺激作物的生长。

④ 植物源农药活性成分除直接利用外，还可作为合成新农药的先导化合物，为我国新农药的创制打下基础。

⑤ 植物性农药具有经济、生态和社会等多重功效。其原料植物可由农民直接种植，种植条件要求不高，有的还可以改良土壤。为解决"三农"问题提供了新思路。

（二）植物性农药的局限性

1. 植物性农药的局限性　植物性农药也不可避免地存在局限性，具体表现在以下几个方面。

① 植物性农药推广有难度。除了除虫菊素、烟碱和鱼藤酮等极少数几种外，大多植物性农药药效缓慢，在有害生物大暴发的时候不能及时有效控制有害生物，再加上"立竿见影"的施药思维在农民的脑海中根深蒂固，因此植物性农药不易为广大农民所接受。

② 当前政策下植物性农药用于有害生物防治的成本较高。目前的农药登记对植物性农药的要求还较高，需要明确的成分和较为明确的作用机理。但植物有效活性成分单独存在时稳定性较差，活性比粗提物或组合物低很多。另外，成分纯度要求越高前期处理的投入越大。因此有害生物防治中使用商品化植物性农药制剂会增加成本。

③ 植物体内的有效活性成分含量少，分布存在地域性和季节性，植物原料的采集具有季节性，以至于工业化生产的原材料的持续均衡供给得不到保障，因此在加工厂地的选择上受限。

④ 有些植物的活性成分存在于植株的特殊部位，需要一定的开发代价。如鱼藤酮主要

存在于鱼藤的根中，要提取鱼藤酮就得挖出根部，费时费力，还可能破坏地表植被，造成水土流失。

2. 植物性农药局限性的克服　随着科学的发展，植物性农药的这些局限性将会逐步得到解决。例如，通过现代提取加工技术克服了稀释倍数低、储存稳定性差的缺点；利用植物组织培养技术也将突破种植条件和季节性对植物材料供应的限制。

在食品安全危机日益凸显和人们环境保护意识逐渐觉醒的 21 世纪，植物性农药已成为现代新农药研究的重要领域，它将与化学农药优势互补，在现代农业生产中发挥重要作用。

第二节　印楝及印楝素

一、印楝及印楝素概述

印楝（*Azadirachta indica*）（图 2-2）是楝科印楝属乔木，原产于印度次大陆，具有杀虫、杀菌和杀线虫等多种生物活性。在印度，印楝是一种充满神奇传说的树。早在公元前 4 世纪，古代印度人就已使用燃烧的印楝叶来驱蚊，或将叶片放入谷堆中或折叠衣物中驱虫。1959 年苏丹暴发蝗灾，其他树木被啃食殆尽，唯有印楝完好无损，被当地工作的一位德国科学家称为神树。1968 年联合国在一份报告中称印楝是"本世纪对当地居民的最大恩赐"，印楝被美国农业部誉为"可解决全球问题的树"。印楝素是印楝的活性成分，印楝素杀虫剂是当今世界公认的最优秀的生物农药之一，其国际影响与市场空间日益扩大。1980—2006 年，在德国、肯尼亚、印度、澳大利亚、加拿大和中国先后召开了 8 次国际印楝大会。印楝素及印楝已经成为科学家们研究的热点。

图 2-2　印楝（*Azadirachta indica*）

二、印楝的分布及种植情况

印楝原产于印度次大陆，盛产于印度、巴基斯坦和缅甸，现已被引种到 70 多个国家和地区，广泛分布于亚洲、非洲、澳大利亚、美国南部、加勒比海群岛和巴西等地。在亚洲，印楝主要分布于印度、孟加拉国、缅甸、印度尼西亚、伊朗、马来西亚、尼泊尔、斯里兰卡、泰国、越南、巴基斯坦、沙特阿拉伯、也门和中国。在非洲，印楝主要分布于毛里塔尼亚、塞内加尔、冈比亚、几内亚、科特迪瓦、加纳、马里、贝宁、尼日尔、尼日利亚、多哥、喀麦隆、乍得、埃塞俄比亚、苏丹、索马里、肯尼亚、坦桑尼亚和莫桑比克。

1983 年赵善欢从非洲多哥将印楝成功引种到广东省徐闻县和万宁县。2002 年我国将印楝适生区从北纬 21°以南扩大到北纬 27°以南。2005 年我国建立了世界上最大的人工印楝林。

三、印楝中主要活性成分及含量特点

印楝素是从印楝种仁中分离出来的四环三萜类化合物，是印楝抵御害虫的主要物质。目前已明确鉴定出化学结构的印楝素及其类似物主要为印楝素 A、印楝素 B、印楝素 D、印楝素 E、印楝素 F、印楝素 G、印楝素 H、印楝素 I、印楝素 K、印楝素 L、nimbin 和 salannin 等 12 种化合物（图 2-3），均具备良好的拒食活性，其中印楝素 A 的拒食活性最强，主要存在于印楝的种仁。商品化印楝素类植物性杀虫剂通常以印楝素 A 和印楝素 B 的含量为检测指标。

印楝素 A 印楝素 B 印楝素 D 印楝素 E 印楝素 F 印楝素 G 印楝素 H 印楝素 I

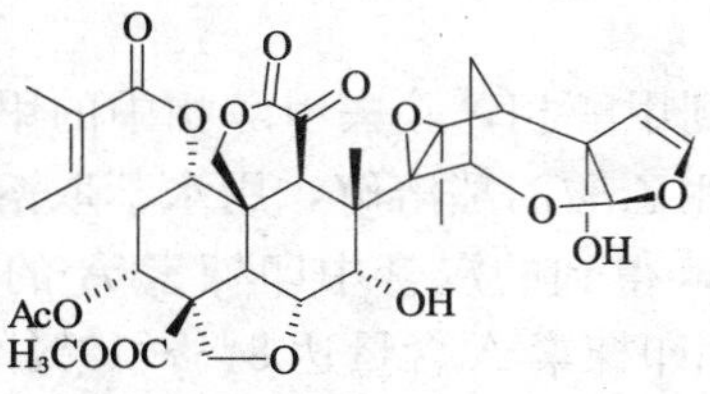

印楝素K

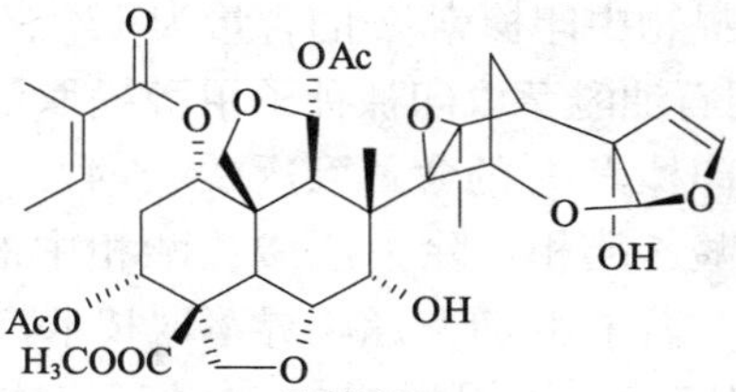

印楝素L

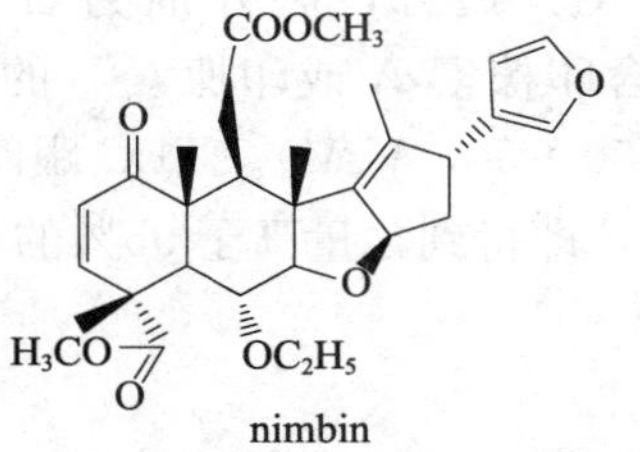

nimbin

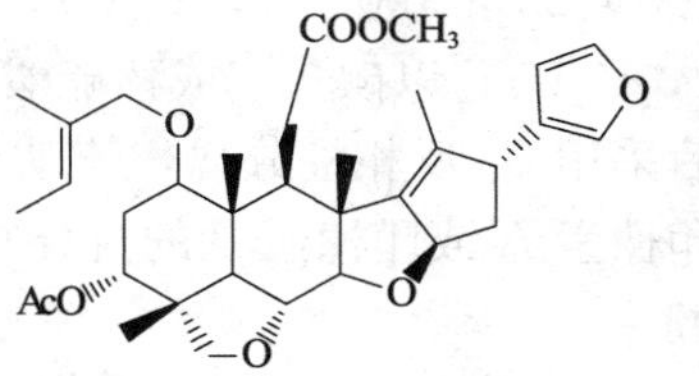

salannin

图 2-3　印楝素及其类似物的结构

印楝素 A 的化学式为 $C_{35}H_{44}O_{16}$，相对分子质量为 720.723。印楝素 B 的化学式为 $C_{33}H_{42}O_{14}$，相对分子质量为 662.686。印楝素 B 与印楝素 A 的主要区别在于丁烯酯基团的位置以及环氧结构上的—H 和—OH 的不同。印楝素 B 的环氧结构中含—H 而不含—OH，这是印楝素 B 相对于印楝素 A 稳定的主要原因。

印楝素难溶于水以及石油醚和正己烷等低极性的有机溶剂，易溶于丙酮、甲醇、乙醇、乙酸乙酯等中极性和高极性的有机溶剂。

印楝素分子中含有酯基、烯键、环氧结构和烯醇式结构等活泼基团，紫外线、阳光、高温、酸、碱以及微生物都能引起印楝素的降解。印楝种子甲醇粗提物在田间应用 5～8 d 后，印楝素 A 完全降解。印楝素在 pH 3～4 下较稳定，若将印楝种子乙醇粗提物的 pH 调至 3.5～6.0，粗提物中印楝素的稳定性增强。在灭菌的土壤中，印楝素 A 在 15 ℃和 25 ℃下的半衰期分别为 91.2 d 和 31.5 d；在未灭菌的土壤中，印楝素 A 相应的半衰期分别为 43.9 d 和 19.8 d。丁香酚、环氧化豆油能抑制印楝素的热分解，氨基苯甲酸、油酸、印楝油和蓖麻油能抑制印楝素的光解。固态印楝素制剂的稳定性优于液态制剂。

印楝四季常青，可存活 200～300 年。3 年生印楝每株每年产种子 20 kg，5 年生印楝每株每年产种子 50 kg。一般来说，印楝种仁中印楝素 A 的含量为 0.2%～0.8%，塞内加尔产的印楝种仁中印楝素 A 含量高达 0.9%，我国部分印楝品种种仁中印楝素 A 的含量可达 0.8%。

四、印楝素的提取与分离

从印楝种子中提取印楝素及其类似物的方法主要有：溶剂萃取法、微波辅助萃取法、超临界流体萃取法等；分离技术主要有：色谱柱层析法、制备高效液相色谱法（Prep-HPLC），高速逆流色谱法等。溶剂萃取法的一般步骤如下。

① 将印楝种子去壳得到种仁，将种仁冷榨去油，得到印楝种仁饼，饼与油的质量比为 7/3。

② 用甲醇提取印楝饼，得到印楝种子甲醇提取液，若除去甲醇可得到印楝种子甲醇粗

提物，粗提物中印楝素 A 的含量为 1%～2%。

③ 用石油醚萃取印楝种子甲醇提取液，分离得到甲醇相，除去甲醇相中的甲醇，得到的浸膏中印楝素 A 的含量可达 2%～4%。再将浸膏用乙酸乙酯溶解，用水萃取溶解液，分离得到乙酸乙酯相，除去乙酸乙酯相中的乙酸乙酯，得到的浸膏中印楝素 A 的含量可达 4%～8%。若采用 CO_2 超临界萃取技术，可直接得到印楝素 A 含量达 8%～10% 的浸膏。

④ 将印楝种子甲醇粗提物用硅胶柱层析分离，流动相为三氯甲烷-甲醇（100：6、100：4、100：2 和 100：1，V/V）。薄层层析（TLC）展开，展开剂为石油醚-丙酮（5～10：1，V/V），以碘蒸气或稀硫酸显色。合并只含印楝素 A 或印楝素 B 的流分，减压浓缩至干后采用 C_{18} 反相柱分离，流动相为甲醇-水（50：50，V/V）。TLC 跟踪显色比较，合并只含印楝素 A 或印楝素 B 的流分并减压浓缩至干，即得到含量高于 95% 的印楝素 A 或印楝素 B 粉末。

五、印楝素 A 和印楝素 B 的检测分析

高效液相色谱仪（HPLC）可以定量分析印楝种子甲醇粗取物、印楝素浸膏、印楝素粉末、印楝素干粉以及印楝素制剂中印楝素 A 和印楝素 B 的含量。

采用高效液相色谱仪测定印楝素 A 和印楝素 B 的含量，梯度洗脱色谱条件为：

流动相：乙腈水溶液。进样后 0～3 min：乙腈：水（$V：V$）＝40：60；进样后 3～9 min：乙腈：水（$V：V$）＝30：70；进样后 9～13 min：乙腈：水（$V：V$）＝100：0；进样后 13～15 min：乙腈：水（$V：V$）＝40：60。

检测器：紫外检测器。

检测波长：217 nm。

色谱柱：$ODSC_{18}$ 反相柱（5 μm，150 mm×4.6 mm）。

流速：1 mL/min。

进样量：10 μL。

六、印楝素的生物活性

印楝素具有杀虫、杀菌和杀线虫等多种生物活性。印楝素对蜚蠊目、直翅目、革翅目、双翅目、膜翅目、等翅目、鳞翅目、竹节虫目、虱目和缨翅目的 400～500 种害虫有明显影响，对一些介形亚纲动物、线虫、蜗牛及真菌也有一定活性。

印楝素的作用方式以拒食活性为主，兼具忌避和生长发育抑制作用。印楝素对不同昆虫的拒食活性差异较大，拒食中浓度（AFC_{50}）为 0.1～1 000 mg/L（表 2-3）。印楝种子的甲醇粗提物对一些同翅目害虫（如褐飞虱和白背飞虱、二点黑尾叶蝉、柑橘木虱、甘薯粉虱和豌豆蚜）具有明显的忌避活性。印楝素可明显抑制沙漠蝗、蟋蟀、马利筋长蝽、棉带纹红蝽、白背飞虱、褐飞虱、二点黑尾叶蝉、桃蚜、莴苣衲长管蚜、温室粉虱、蔗裂粉虱、日本弧丽金龟、大栗鳃金龟、马铃薯甲虫、墨西哥豆瓢虫、桑天牛、杂色夜蛾、烟芽夜蛾、甘蓝夜蛾、小菜蛾、莎草黏虫、玉米螟和埃及伊蚊的生长发育。

表 2-3　印棟素的拒食活性

供试昆虫	处理方式	浓度（μg/mL）	拒食率（%）
大菜粉蝶（Pierris brassicae）	内吸处理	30.0	56
烟芽夜蛾（Heliothis virescens）	滤纸叶碟法	1.0	94
	人工饲料拌药法	0.07	50
	滤纸叶碟法	1.0	95
棉贪夜蛾（Spodoptera littoralis）	人工饲料拌药法	10.0	100
	喷雾法	0.06	50
棉斑实蛾（Earias insulana）	人工饲料拌药法	50.0	100
斜纹夜蛾（Spodoptera litura）	叶碟涂布法	50.0	37
桃蚜（Myzus persicae）	人工饲料拌药法	100.0	80
疆夜蛾（Peridroma saucia）	叶碟涂布法	2.4	50
蓖麻钮夜蛾（Achoea janata）	叶碟涂布法	1.0	54
亚洲玉米螟（Ostrinia nubilalis）	叶碟涂布法	24.0	50
飞蝗（Locusta migrotoria）	滤纸叶碟法	50	100
墨西哥豆瓢虫（Epilachna varivestis）	叶碟涂布法	500.0	100
十一星黄瓜叶甲（Diabrotica undecimpunctata）	喷雾法	100.0	98
	叶碟涂布法	0.01	44
泣黑背蝗（Eyprepocnemis plorans）	叶碟涂布法	0.1	85
	滤纸叶碟法	1.0	92
草地贪夜蛾（Spodoptera frugiperda）	叶碟涂布法	50.0	43
	喷雾法	600.0	100
沙漠蝗（Schistocerca gregaria）	喷雾法	1.0	50
	滤纸叶碟法	0.008	50
	滤纸叶碟法	0.005	95
	滤纸叶碟法	0.01	100
	人工饲料拌药法	0.001	100

七、印棟素的杀虫作用机理

印棟素能抑制引起食欲的神经信号的传导。印棟素的主要作用靶标是脑神经分泌系统、心侧体和前胸腺等，扰乱昆虫的内分泌，影响促前胸腺激素（PTTH）的合成与释放，降低前胸腺对促前胸腺激素的敏感性，导致 20-羟基蜕皮酮的合成和分泌不足，从而抑制昆虫的生长发育。

印棟素能降低昆虫的血细胞数量，降低血淋巴中蛋白质含量以及海藻糖和金属阳离子浓度，能抑制昆虫中肠酯酶和脂肪体中蛋白酶、淀粉酶、脂肪酶、磷酸酶和葡萄糖酶的活性，能降低昆虫的取食率和对食物的转化利用率，能影响昆虫的正常呼吸节律，能降低雌虫卵巢、输卵管、受精囊中蛋白质、糖原和脂类的含量及一些酶的活性，对雄虫生殖系统有影响，可使昆虫的脑、咽侧体、心侧体、前胸腺等发生病变，影响昆虫体内激素平衡，从而干扰昆虫生长发育。

印楝素能降低幼虫体内蜕皮激素的含量，干扰幼虫的内分泌系统，从而抑制幼虫蜕皮。印楝素能抑制昆虫卵黄生成作用，这和细胞毒性与扰乱内分泌及神经内分泌有关。

通过抑制复合胺对中肠的刺激作用以及肠胃神经系统对中肠的控制作用，印楝素能抑制蝗虫中肠的蠕动，从而抑制蝗虫的取食。印楝素能抑制东亚飞蝗几丁质的生物合成，从而影响体壁微管系统的形成，进而影响表皮的沉积作用。

目前对印楝素作用机理的解释很多，最主流的一种解释是印楝素影响了昆虫的细胞分裂和细胞微管的形成。从目前的研究来看，印楝素对昆虫生理的影响主要是对细胞增殖的影响。通过印楝素对一种原始的四膜昆虫（*Tetrahymena*）的处理结果分析，人们认为印楝素甚至可以阻碍细胞增殖和 RNA 的合成。近期的研究表明，印楝素在细胞水平上的主要作用是在细胞分裂期阻碍细胞微管的生成，这在一种叫做 *Plasmodium berghei* 的疟原虫的细胞分裂期表现得十分明显。

八、印楝及印楝素的毒性

在印度许多地方，印楝的花是可以食用的，印楝叶可做食品，印楝嫩枝可做牙刷，印楝产物可做化妆品、家畜家禽的饲料、防腐材料及医药。许多鸟类和啮齿动物取食印楝种子，这证明印楝对脊椎动物是相当安全的。1989 年世界卫生组织（WHO）及联合国环境规划署（UNEP）将印楝杀虫剂定为环境和谐的天然源农药。

将印楝素与花生油混匀，以 5 000 mg/kg 的剂量饲喂成年鼠（*Rattus norvigicus*），处理 24 h 后，雌鼠和雄鼠均没有表现出任何中毒症状，也没有死亡现象。印楝素对雌鼠和雄鼠 24 h 的 LD_{50} 大于 5 000 mg/kg，表现为微毒。

将印楝素与花生油混匀，以 500 mg/(kg·d)、1 000 mg/(kg·d) 和 1 500 mg/(kg·d) 的剂量饲喂成年鼠，连续喂食 90 d 后，处理组的成年鼠除好斗之外并没有表现出任何中毒症状。分别迅速取出鼠的肝脏、肾、脑、睾丸、附睾、前列腺、雄性生殖器、卵巢、子宫、子宫颈、阴道、心、肺、脾和肾等器官，并称各器官的重量。结果发现，印楝素处理后，这些器官的重量没有明显的变化。尸检结果表明，这些器官没有发生明显的变化。

以印楝素 500 mg/(kg·d)、1 000 mg/(kg·d) 和 1 500 mg/(kg·d) 的剂量饲喂已经出现妊娠反应 6～15 d 的雌鼠，结果表明印楝素在各剂量下对胚胎均无不良影响。

九、印楝杀虫剂应用现状

印楝杀虫制剂在北美洲、欧洲和亚洲部分地区已被广泛应用，中国、德国、印度、澳大利亚、缅甸、加拿大、泰国和海地均生产印楝商品化杀虫制剂，已有商品化印楝杀虫剂 40 多个，如 Achook、Afer' ENI、Amitraz、Azad EC4.5、Azad P10、Azatin、Azatin - EC、Fortune AZA、Margocide 20 EC、Margocide 80 EC、Margocide、Neemix、Neem PTI EC、

NeemAzal /S、NeemAzal F I、NeemAzal F II、NeemAzal T、NeemAzal – F、NeemAzal – SNeem – EC、Neemgold 300、NeemGold、Neemix 4.5、Neemmark、Neemol、RD – 9 Repelin、RH – 9999、TELMION 和 0.3%印楝素乳油。在这些印楝制剂中，大部分是乳油，少数是可湿性粉剂。

目前，我国商品化印楝素杀虫剂包括印楝素原药、印楝素单剂及含印楝素混配杀虫剂。在农业生产实践中，0.3%印楝素乳油兑水稀释 1 500～3 000 倍后被广泛用于防治蔬菜、果树、茶树、水稻和豌豆上的害虫。主要防治对象为十字花科蔬菜上的蚜虫、菜青虫、小菜蛾、黄曲条跳甲和斜纹夜蛾，草原蝗虫，茶树上的茶尺蠖、茶毛虫、茶黄螨和茶小绿叶蝉，柑橘上的柑橘红蜘蛛、柑橘锈蜘蛛、柑橘潜叶蛾、白粉虱和黑刺粉虱，荔枝和龙眼上的食叶性害虫。

以 0.3%印楝素乳油为主的印楝素杀虫剂是我国无公害农产品生产的理想用药，先后被列为国家重点新产品、国家火炬计划、国家绿色食品生产推荐用药、广东省无公害农产品生产推荐用药以及防治草原蝗虫的指定用药。2005 年，0.3%印楝素乳油通过了香港渔农自然护理署和香港有机认证中心的认证，成为香港有机食品生产和加工过程中的指定用药。在欧洲联盟等地区使用也作为有机食品生产用药。

第三节　含鱼藤酮的植物及鱼藤酮类化合物

一、鱼藤酮概述

鱼藤酮（rotenone）是黄酮类化合物，是 3 大传统植物性杀虫剂之一，是我国无公害农产品生产的理想用药。目前，我国鱼藤酮的主要原材料是华南地区特色植物鱼藤的根和非洲山毛豆的叶。

几千年以前，南美洲的土著居民就将含鱼藤酮的尖荚豆属（Lonchocarpus）植物用做毒鱼剂捕鱼。他们将这些植物在湖和小河中拖动或将这些植物茎和根碾打出汁，顺着小溪流入池塘，鱼便因麻痹而易于捕捉。在粤东地区，至今还有人采用鱼藤根捕鱼。自 19 世纪中叶人们首次把鱼藤酮当做杀虫剂使用以来，距今已有 100 多年的历史。

二、含鱼藤酮植物的分布及种植情况

鱼藤酮主要分布于鱼藤属、尖荚豆属、灰毛豆属和鸡血藤属的多种植物体内。

1. 鱼藤属　鱼藤属（Derris）植物为豆科藤本植物，是商业化生产鱼藤酮的主要原料，盛产于热带和亚热带。鱼藤属一共有 68 种植物含有鱼藤酮，主要分布于东南亚和我国南部，少数种产于南美洲、澳洲和非洲，其中印度及其群岛分布有 20 种，马来半岛及其群岛分布有 17 种，中印半岛分布有 15 种，我国西南部至台湾分布有 20 种，菲律宾群岛分布有 14 种。

鱼藤属植物广泛分布于我国广东、广西、云南和台湾等地，常见种有：毛鱼藤（Derris elliptica）（图 2 - 4）、鱼藤（Derris trifoliata）、马来鱼藤（Derris malacinsis）、绣毛鱼藤（Derris ferruginea）、多蕊鱼藤（Derris polyantha）、中南鱼藤（Derris fordii）、菲律宾

鱼藤（*Derris philippinsis*）和七叶鱼藤（*Derris heptaphylla*）。鱼藤酮主要存在于根部，部分品种根部鱼藤酮的含量可达 10% 以上，海南黄文江鱼藤干根中的鱼藤酮含量高达 13.52%。

图 2-4　毛鱼藤（*Derris elliptica*）

2. 灰毛豆属　灰毛豆属（*Tephrosia*）植物是一类小型灌木，主要分布于亚洲南部，整株含鱼藤酮。该属共有 16 种含有鱼藤酮类化合物，主要有重要的种类为非洲山毛豆（*Tephrosia vogelii*）、"鬼鞋带"（*Tephrosia virginlana*）、短萼灰叶（*Tephrosia candida*）、长毛灰叶（*Tephrosia villosa*）、大豆荚灰叶（*Tephrosia macropoda*）、毒性灰毛豆（*Tephrosia toxicaria*）、*Tephrosia strigosa*、*Tephrosia piscatoria*、*Tephrosia cinerea* 等。非洲山毛豆的叶片含有丰富的鱼藤酮类似物，鱼藤酮含量最高可达 4.24%。

3. 尖荚豆属　尖荚豆属（*Lonchocarpus*）植物为灌木或乔木，共有-150 余种，主要分布于美洲、西印度群岛、非洲和大洋洲热带地区。巴西 *Lonchocarpus nicous* 根中鱼藤酮的含量可达 16% 以上，另外同属的 *Lonchocarpus urucu*、*Lonchocarpus ulilis* 和 *Lonchocarpus latifoliu* 的根部也含有丰富的杀虫物质。

4. 鸡血藤属　鸡血藤属（*Millettia*）植物有厚果鸡血藤（*Millettia pachycarpa*）、网络鸡血藤（*Millettia reticulata*）和亮叶鸡血藤（*Millettia nitida*）等。厚果鸡血藤广泛分布于我国南方山区，其根和种子中含有鱼藤酮，含量一般为 6%～10%。台湾鸡血藤根中鱼藤酮含量为 2.5%～3.0%。

5. 其他　其他含鱼藤酮类化合物的植物有豆薯（*Pachyrrhizus erosus*）、紫穗槐（*Amorpha fruticosa*）、灰毛紫穗槐（*Amorpha canescens*）、猪屎豆属的 *Crotalaria burhia* 和印度玫瑰木（*Dalbergia latifolia*）。

粤东地区是我国鱼藤的重要种植基地，仅丰顺和五华两地鱼藤的种植面积就约 $6.67 \times 10^6 \, m^2$。1983 年，华南农学院首次从菲律宾和坦桑尼亚成功引进了非洲山毛豆紫花和白花品种，并在华南农业大学杀虫植物标本园试种成功。随后在广东省雷州半岛、河源、陆丰及深圳等地进行了大面积推广种植，植株均长势均良好，目前非洲山毛豆已成为我国鱼藤酮生产的又一重要原材料。

图 2-5 是一些含鱼藤酮的植物。

鱼藤　　　　　　　　　丰顺产鱼藤　　　　　　　　　鱼藤根

非洲山毛豆白花品种　　　非洲山毛豆紫花品种　　　　非洲山毛豆种植林

图 2-5　一些含鱼藤酮的植物

三、鱼藤酮类化合物

　　1902 年，Power 首次从鱼藤（*Derris trifoliata*）中分离得到鱼藤酮。同年，日本人 Nagai 从中华鱼藤（*Derris chinensis*）根中分离得到鱼藤酮并将其命名为鱼藤酮（rotenone）。1929 年，Takei 等首次指出鱼藤酮的分子式为 $C_{23}H_{22}O_6$。随后，各国研究人员先后从多种鱼藤类植物中分离并鉴定出鱼藤酮、灰叶素（tephrosin）、鱼藤素（deguelin）和灰叶酚（toxicarol）（图 2-6）等多种杀虫活性成分，由于这类化合物都具有一个与鱼藤酮类似的结构母核，统称鱼藤酮类化合物（rotenoid）。

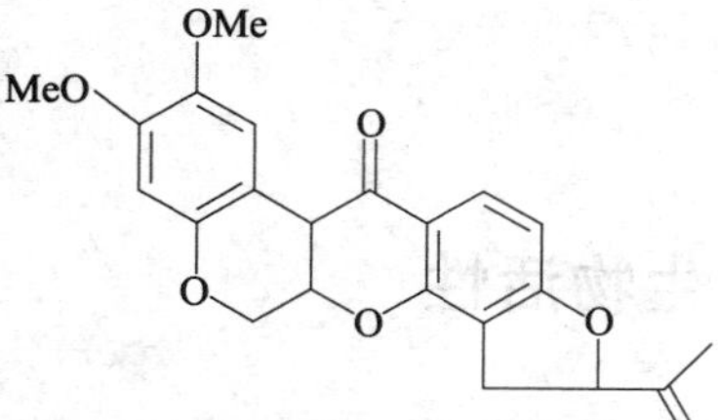

鱼藤酮 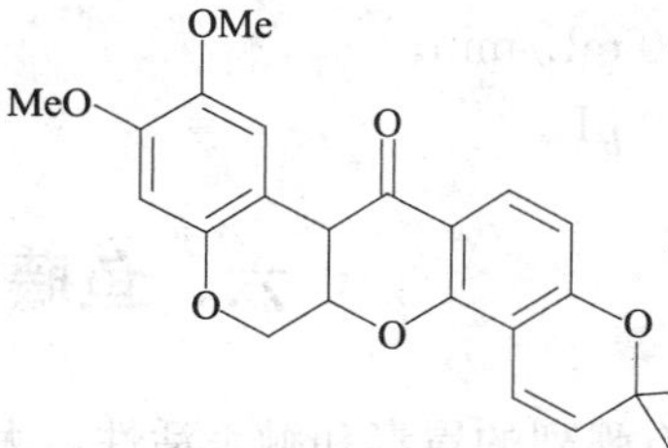　　　　　　　　　　　　　　　　　鱼藤素

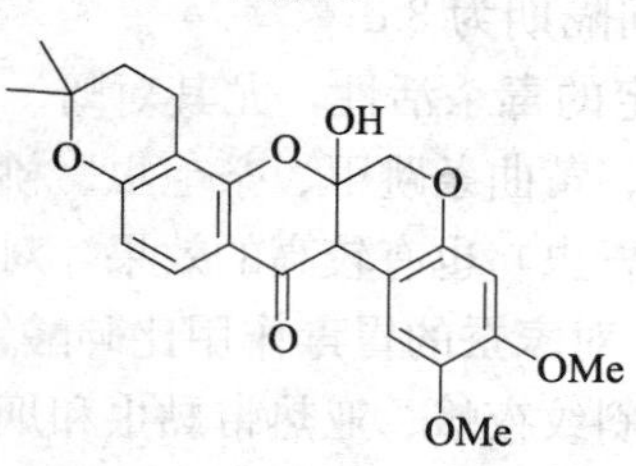

灰叶素 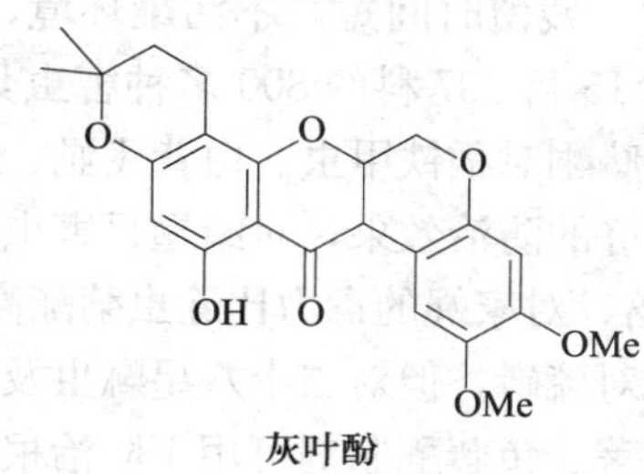　　　　　　　　　　　　　　　　　灰叶酚

图 2-6　鱼藤酮类似物结构

鱼藤酮为无色六角板状结晶，相对分子质量为 394.4，熔点为 163 ℃，在有机溶剂中呈强左旋性，易溶于多种有机溶剂，难溶于水和石油醚。25 ℃时，鱼藤酮在每百克三氯甲烷、二氯甲烷、苯、甲苯、二甲苯和吡啶中的溶解度分别为 49.3 g、58.2 g、9.65 g、7.76 g、3.95 g 和 38.9 g，在每百克冬青油、八角茴油、黄樟油和褐色樟油中的溶解度分别为 10.3 g、8.5 g、2.7 g 和 3.4 g。由此数据可以看出，鱼藤酮可以溶于植物精油，因此植物精油是制造鱼藤酮乳油的良好溶剂。

光照、氧气、碱以及高温均能促进鱼藤酮的降解。鱼藤酮易氧化，遇碱消旋，尤其在光和碱的存在下氧化快，从而失去杀虫活性。抗氧化剂丁香酚、对苯二酚或 β-萘酚等均可延缓鱼藤酮的氧化反应。

四、鱼藤酮的提取与分离

以鱼藤干根或非洲山毛豆叶为原料，以甲醇、丙酮、乙醇、乙酸乙酯、氯仿或乙醚等溶剂回流提取，在减压或常压条件下除去有机溶剂后即可得到鱼藤酮粗提物。以氯仿和丙酮提取黄文江鱼藤，粗提物中鱼藤酮的含量分别可达 6.02% 和 4.91%。以丙酮提取深圳宝安种植的 1 年生非洲山毛豆叶，粗提物中鱼藤酮的含量可达 6.10%。

五、鱼藤酮的检测分析

高效液相色谱仪可以定量检测原药、制剂、植物提取物中鱼藤酮含量，检测条件如下：

流动相：乙腈水溶液，乙腈∶水＝60∶40($V:V$)；

色谱柱：Hypersil ODS 柱（5 μm，125 mm×4 mm）；

检测器：紫外检测器；

柱温：室温；

检测波长：299 nm；

流速：1.00 mL/min；

进样量：10 μL。

六、鱼藤酮的生物活性

鱼藤酮具有强烈的胃毒和触杀活性，无内吸性，选择性强，杀虫谱广，见光易分解，在空气中易氧化，残留时间短，不污染环境，安全间隔期为 3 d。

鱼藤酮对 15 目 137 科的 800 多种害虫具有一定的毒杀活性，尤其对蚜、螨类害虫的毒杀效果显著。鱼藤酮对稻铁甲虫、白背飞虱、桑毛虫、黄曲条跳甲、茶毛虫、桃蚜、柑橘全爪螨等害虫均有良好的防治效果，对鳞翅目害虫（如菜青虫）也有较高的效果，对豆蚜的毒力比烟碱高 10～15 倍，对家蝇的毒力比除虫菊酯高 6 倍，对家蚕的胃毒作用比砷酸铅高 30 倍，对蚜虫的毒力优于对硫磷，但对二十八星瓢虫及夜蛾科斜纹夜蛾、亚热带黏虫和烟芽夜蛾的幼虫的毒杀效果不显著。鱼藤酮制剂可用于防治根结线虫，可用于驱杀各种动物的体外寄生虫。鱼藤酮制成饵剂可诱杀各种卫生害虫，制成擦剂和膏剂可根治人体癣疥湿疹和跌打肿痛。

鱼藤酮制剂能阻止病菌侵入植株或者抑制某些病菌孢子的萌发和生长，还能刺激作物叶绿素增生，尤其对于果树、蔬菜、烟草、茶叶及花生等作物具有明显的丰产作用。

在 0.025 mg/L 剂量下，鱼藤酮就可毒死或麻痹大多数鱼类。因为鱼体内鱼藤酮含量极低，所以采用这种方法捕获的鱼对人体无毒副作用。在广东省和菲律宾等东南亚沿海一带，现在还有人用鱼藤根粉在珊瑚礁海域和退潮后海水滞留海域及无法撒网的水域捕鱼。鱼藤酮对虾的毒性较低，虾可在含 0.025 mg/L 鱼藤酮的水液中正常生存。日本的一些对虾养殖场，在将种苗移至虾池前，用鱼藤根粉末驱除或毒杀虾池中的有害鱼类，以有效地保护幼虾。

七、鱼藤酮的杀虫作用机理

鱼藤酮是一种作用于电子传递链上的呼吸抑制剂，主要作用于 NADH 脱氢酶与辅酶 Q 之间的某一成分上，而且偏向于辅酶 Q 一侧，这一成分可能是脂蛋白。鱼藤酮使昆虫细胞的电子传递链受到抑制，从而降低昆虫体内的 ATP 水平，最终使昆虫能量供给不足，行动迟滞，麻痹而缓慢死亡。

鱼藤酮能穿透昆虫表皮层而作用于体壁真皮细胞，引起细胞病变，造成昆虫表皮中几丁质、蛋白质和脂肪含量的异常变化。昆虫旧表皮较厚而坚韧，新体壁薄而软，鱼藤酮进入后导致昆虫在蜕皮过程中旧表皮的代谢和新表皮的沉积受到干扰，最终导致昆虫畸变死亡。

鱼藤酮可抑制细胞中纺锤体微管的组装，从而抑制微管的形成；还可影响丁二酸、甘露醇以及其他物质在细胞中的循环，从而间接地对昆虫的新陈代谢产生影响。新生隐球菌（*Cryptococcus neoformans*）细胞中甘露醇的合成受鱼藤酮抑制。鱼藤酮可抑制布氏锥虫（*Trypanosoma brucei*）线粒体内膜的电动势，从而间接地影响 NADH 脱氢酶的活性。鱼藤酮还可抑制布氏锥虫线粒体呼吸链中的 NADH 到细胞色素 c 和 NADH 到辅酶 Q 还原酶的活性。

八、鱼藤酮的毒性

鱼藤酮原药中等毒性，对大鼠急性经口 LD_{50} 为 124.4 mg/kg，急性经皮 $LD_{50} >$ 2 050 mg/kg。对家兔相对安全，LD_{50} 为 3 000 mg/kg，毒性是烟碱的 1/60。

2.5％鱼藤酮乳油中等毒性，对大鼠急性经口 LD_{50} 为 176.6 mg/kg，急性经皮 $LD_{50} >$ 2 086 mg/kg。对农作物不产生药害，不产生不良气味。

鱼类对鱼藤酮极为敏感，当水中鱼藤酮的含量达到 0.075 mg/L 时，可使金鱼在 2 h 内死亡；鱼藤酮的含量达到 0.025 mg/L 时，可毒死或麻痹大多数鱼类。因此在施药过程中应尽量避免鱼藤酮进入水域。

鱼藤酮是细胞呼吸抑制剂，对所有细胞均可造成损伤。在中枢神经系统中，多巴胺神经元对鱼藤酮比较敏感。以低剂量鱼藤酮长期静脉或皮下注射处理，大鼠脑多巴胺神经元内会出现典型的 Lewy 小体、黑质纹状体和前额皮层的多巴胺神经元退行变性，黑质纹状体的酪氨酸羟化酶免疫活性降低，出现类似引起帕金森病的神经化学物质、神经病理学特征以及行动呆滞、僵住症等帕金森病临床症状。鱼藤酮可增强多巴胺神经细胞对其他毒害因子的敏感性，也可直接诱发其细胞凋亡，还可促进多巴胺神经元释放多巴胺，多巴胺经自身氧化而反过来损伤多巴胺神经元。

鱼藤酮对人的致死剂量为 3.6～20 g。误食鱼藤酮将导致严重的抽搐、昏迷、呼吸衰竭及心、肝、肾等多种器官功能衰竭。

肝脏是鱼藤酮的主要代谢场所，在细胞色素 P_{450} 作用下，鱼藤酮氧化降解为鱼藤醇 I、鱼藤醇 II、8-羟基鱼藤酮和 6,7-二氢二羟基鱼藤酮。鱼藤酮及其代谢产物有多种排泄途径，但主要是通过胆汁和尿液排泄。

九、鱼藤酮杀虫剂应用情况

早期的鱼藤酮制剂主要为鱼藤根粉剂。将鱼藤干根磨碎成粉过 100～120 目筛即可制得鱼藤酮母粉，过 200 目筛后，母粉杀虫效果更高。

40 目筛的鱼藤干根粉中纤维素含量高，鱼藤酮含量低，可抛弃不用。能通过 80 目筛的是粗根粉，能通过 200 目筛是细根粉。市场上 90% 的鱼藤干根粉颗粒可通过 200 目筛，鱼藤酮含量为 4%～5%，该产品仍然在粤东部分地区应用。

一般直接应用于农田系统的是 1% 鱼藤酮粉剂，该粉剂以鱼藤干根粉和高岭土、硅藻土或滑石粉等填料混匀制备而成。在农村，也可以将鱼藤干根粉和花生皮粉、玉米心粉或木屑等材料混匀后撒施农田。

目前应用最广泛的是鱼藤酮乳油制剂和鱼藤酮与低毒农药混配的乳油制剂，生产原材料主要是鱼藤根和非洲山毛豆叶。

2012 年国内登记生产和使用的鱼藤酮单剂及原药有 7 种，含鱼藤酮成分的混配制剂有 4 种。

鱼藤酮杀虫剂主要用于防治十字花科蔬菜上的蚜虫、菜青虫和小菜蛾，柑橘上的矢尖蚧及棉花上的棉铃虫等害虫。

第四节 烟草及烟碱

一、烟草及烟碱概述

烟草起源于美洲和南太平洋的一些岛屿。早在 4 000 年前，玛雅人已开始了种植和吸食烟草。1492 年 10 月，哥伦布率领探险队到达美洲，看到当地人吸烟。1558 年航海水手将烟草种子带回葡萄牙，随后传遍欧洲。16 世纪中叶烟草传入中国，1900 年在台湾试种烤烟，自 1910 年后相继在山东、河南、安徽和辽宁等地试种烤烟成功，1937—1940 年开始在四川、贵州和云南试种。目前已发现 66 种烟草，可被栽培利用的仅有 2 种：红花烟草和黄花烟草。黄花烟草约在 200 年前由俄罗斯传入我国北部地区。

在 18 世纪，人们已知道用浸过烟叶的水防治害虫。清朝道光年间广东省潮阳县志中记载："烟草秆及纸叶插稻根，可杀害苗诸虫"。1828 年，Posselt 和 Reimann 确定了烟草的杀虫有效成分烟碱（nicotine）。1893 年，Pinner 首次鉴定了烟碱的化学结构。1904 年，Pictet 等首先成功合成了烟碱。20 世纪 40 年代，烟碱已成为最重要的杀虫剂品种之一。

我国是烟草生产大国，每年有大量的烟秆和烟渣不能用于卷烟，将其用于制作烟碱杀虫剂，达到了变废为宝的目的，同时也满足了我国农业生产无公害农药的需要。

二、烟草的分布及烟碱在烟草中的分布

1. 烟草在我国的分布　我国是世界上最大的烟草生产国，我国大部分地区，从黑龙江、吉林和辽宁，到云南、广东和福建均种植烟草，以云南烟区烟草种植面积最大。

2. 烟碱在烟草中的分布　烟碱存在于烟草植株各部位，含量从高到低依次为叶、根、主脉、茎、花和种子。叶位越高，烟碱含量越高。从主脉、叶缘、叶基到叶尖，烟碱含量递增。2004 年西南烟区种植的"云烟 87"、"云烟 85"和"红大"等烟草品种上部叶烟碱含量分别为 3.56%、3.87%和 3.88%，中部烟叶烟碱含量分别为 2.65%、3.08%和 2.11%，下部烟叶含量则分别为 1.88%、1.89%和 2.10%。

烟碱在烟草根中合成，通过木质部输导到叶并在叶中积累，与柠檬酸或苹果酸结合为盐而存在于烟草中，在烟叶中含量一般为 2%～3%。气候和地理位置对烟碱的含量有比较明显的影响，不同地区烟叶中烟碱的含量从高到低依次为西南烟区、华中烟区、华南烟区、黄淮烟区和东北烟区。总体而言，南方烟区烟叶烟碱含量高于北方烟区，如广西北流烟叶中烟碱的含量高达 4.52%，而河南许昌烟叶烟碱含量仅为 1.39%。

三、烟碱及其类似物

烟碱的分子式为 $C_{10}H_{14}N_2$，相对分子质量为 162.26，化学名为 3-（1-甲基-2-四氢吡咯烷）吡啶（图 2-7）。

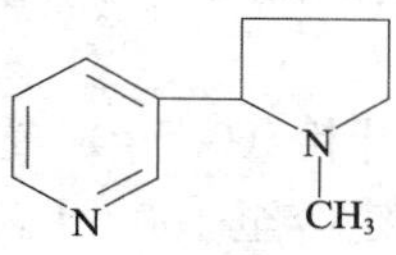

图 2-7　烟碱（nicotine）的分子结构

纯烟碱为无色油状液体，熔点为 80 ℃，沸点为 246.1 ℃（9.7 kPa），比重 $D_4^{20}=$ 1.009 25。稍有气味，易溶于水、乙醇、乙醚、苯及轻质石油中。水溶液呈碱性，它的有机酸盐及无机酸盐均溶于水。25 ℃时蒸气压为 5.648 Pa，挥发性强。随水蒸气蒸馏时稳定，但是暴露在空气中会逐渐变成棕褐色黏液。

烟碱在水中易解离，第一离解为吡咯环上的氮原子部分，第二离解为吡啶环的氮原子部分。

烟碱可与无机酸作用生成盐，如盐酸烟碱（$C_{10}H_{14}N_2 \cdot HCl$）、硫酸烟碱［$(C_{10}H_{14}N_2)_2 \cdot H_2SO_4$］等。烟碱也易与多种有机酸作用成盐，如酒石酸盐（$C_{10}H_{14}N_2 \cdot 2H_2C_4O_6 \cdot 2H_2O$）、苦味酸盐［$C_{10}H_{14}N_2 \cdot 2C_6H_2(NO_2)_3OH$］等。各种脂肪酸与烟碱所形成的盐均易溶于水，并有良好的杀虫活性。烟碱在植物体内常以柠檬酸盐、苹果酸盐和草酸盐的形式存在，因此极易被水浸出。

烟碱遇空气或紫外光即变暗褐色，并发出特殊的臭味，这是因为烟碱被分解成氧化烟碱、烟酸和甲胺的缘故（图2-8）。

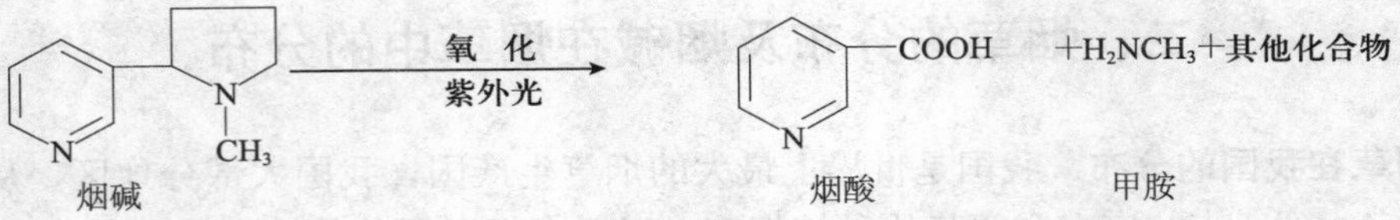

图 2-8 烟碱的氧化

烟碱广泛存在于茄科烟草属、颠茄属、曼陀罗属和睡茄属，菊科鳢肠属和百日菊属，萝摩科马利筋属，豆科鲎豆属，景天科景天属，石松科石松属，大麻科大麻属等植物中。烟碱的主要来源为烟草属和假木贼属植物。

四、烟碱的提取与分离

以5%的氢氧化钠水溶液提取碎烟叶，过滤得到提取液，以乙醚、氯仿或四氯化碳萃取提取液，分离得到有机溶剂相，蒸除有机溶剂得到萃取物。将萃取物用水-甲醇（1∶3，V/V）溶解，滤除残渣。加入饱和乙酸溶液，过滤沉淀物，风干，得粗制烟碱盐。将粗制烟碱盐在水-乙醇（1∶1，V/V）中溶解，加热至沸并使粗品刚好溶解，自然冷却，放置结晶，过滤得烟碱晶体。

五、烟碱的检测分析

液相色谱法和气相色谱法均可定量检测烟叶、烟碱原药及烟碱杀虫剂中烟碱的含量，液相检测方法如下。

将烟叶粉在50℃下烘干，称取烟叶粉（0.5 g）置于容量瓶中，加入0.05 mol/L NaOH 80～100 mL，在常温下振荡30 min后定容至100 mL，过滤后供色谱分析用。

液相色谱检测条件：色谱柱为Kromasil C18(5 μm，250 mm×4.6 mm)；流动相为甲醇磷酸缓冲液，甲醇∶0.02 mol/L磷酸缓冲溶液（添加三乙胺，含量为0.46%，pH 6.5)=60∶40(V/V)；检测波长为259 nm；流速为1.0 mL/min；进样量为10 μL；柱温为35℃。

六、烟碱的生物活性

烟碱具有明显的触杀、熏蒸和胃毒作用，同时还具有抑制生长发育作用，可用于防治水稻、棉花、果树和蔬菜上的飞虱、红蜘蛛、蚜虫、介壳虫、潜叶蝇、蓟马和菜粉蝶幼虫等害虫。

烟碱是具有强烈挥发性的杀虫药剂，在空气中极低浓度就足以杀虫。在植物叶面上喷布低浓度的烟碱药液，数小时以内即挥发殆尽。

游离烟碱又称挥发性烟碱，对蚜虫、蓟马、木虱、跳甲、孑孓、锯蜂、禽虱等害虫具有良好的毒杀活性，一般使用浓度为300～500 μg/mL。

硫酸烟碱又被称为不挥发性烟碱，在使用时应使其变成挥发性烟碱以提高其触杀作用。硫酸烟碱防治棉蚜，适用浓度约为 $400\ \mu g/mL$。硫酸烟碱对草蛉的卵和成虫及桃小食心虫的卵具有良好毒杀活性。硫酸烟碱还具有明显的抑菌作用，能抑制球孢僵菌和金龟子绿僵菌的生长。油酸对烟碱有明显的增效作用，40%硫酸烟碱溶液与油酸以 $10：7(V/V)$ 混合，可得到储藏稳定性更好的油酸烟碱溶液。

游离烟碱为左旋性，其毒力比硫酸烟碱高 8 倍。烟碱与各种酸形成的盐为右旋性，右旋性烟碱的杀虫效果低于左旋性烟碱，因此在施用硫酸烟碱或烟草水时，将药液调到碱性使烟碱游离可提高杀虫效果。烟碱在碱性溶液中不仅易挥发成蒸气而对昆虫发生熏杀作用，而且游离态分子易于穿透昆虫体壁而渗入虫体。

鞣酸烟碱、柠檬酸烟碱、苹果酸烟碱、硅钨酸烟碱、氰化铜烟碱和苯甲酸铜烟碱等为非游离烟碱，完全不能挥发，且难溶于水，仅具有强烈的胃毒作用，常用于防除苹果蠹蛾等。此类化合物生产工艺简易，但成本较高。

七、烟碱的杀虫作用机理

烟碱是一种神经毒剂，能使昆虫表现出颤抖、痉挛、麻痹等中毒症状，昆虫中毒后通常在 1 h 内死亡。1945 年，McIndo 最早描述蜜蜂的烟碱中毒症状为：后足和翅麻痹，随后前中足、触角和上颚麻痹，跗节、触角和腹部偶尔发生痉挛等，长时间麻痹可引起死亡。昆虫烟碱中毒包括兴奋（颤抖和痉挛）、抑制（反复无常的运动）、麻痹和死亡 4 个阶段。

烟碱分子穿过昆虫体壁进入血淋巴即发生解离，解离的烟碱离子慢慢被代谢和排出，未解离的烟碱分子则穿过神经细胞进入突触部位，在突触间隙解离，产生的烟碱离子与乙酰胆碱结构非常相似：吡啶环上的氮原子与二氢吡咯啶环上的氮原子间的距离与乙酰胆碱分子上酰基碳与氮原子上的距离相等，因此烟碱与乙酰胆碱受体有极强的亲和力。在几种烟碱类似物对家蝇的毒力测定中发现，使家蝇中毒的浓度远远低于乙酰胆碱酯酶（AChE）被抑制时所需要的浓度 $I_{50}=1.4\times10^{-3}$，因此认为烟碱作用的主要靶标是乙酰胆碱受体，而不是乙酰胆碱酯酶。离子化的烟碱二氢吡咯啶环上的氮原子发生质子化，再与乙酰胆碱受体的阴离子部位紧密结合，使受体在突触后膜不能分解，神经冲动传导受阻。烟碱是受体的激动剂，在低浓度时刺激受体使突触后膜产生去极化而使虫体表现兴奋。高浓度时对受体产生脱敏性抑制，神经冲动传导阻塞，但神经膜仍然保持去极化，导致昆虫麻痹。

以家蝇为例，其神经突触后膜内的受体有 3 种：①烟碱型（nicotinic type）受体，由烟碱激活，在骨骼肌中受管箭毒碱抑制，在自主神经节中受六甲镓抑制；②蕈毒碱型（muscarinic type）受体，由蕈毒碱激活，受阿托品抑制；③蕈毒酮型（muscarone type）受体。

烟碱、六甲镓和阿托品的作用部位均为乙酰胆碱受体，而且作用机制也相同，它们之间存在竞争性抑制作用。烟碱类化合物对蕈毒酮型受体结合的抑制能力与它们的致死中量密切相关，即抑制能力越强，致死中量越小，毒力也就越高。蕈毒酮对这 3 种受体都同样有效，亲和力更强，因为前两种受体都能接受乙酰胆碱。

此外，烟碱类杀虫剂与寄生真菌的相互作用会增强杀虫剂的药效，提高其对有害生物种群的控制能力。

八、烟碱的毒性及代谢

烟碱原药对大鼠急性经口 LD_{50} 为 50 mg/kg，对兔急性经皮毒性 LD_{50} 为 50 mg/kg。

烟碱对眼睛、皮肤有刺激性，口服会对胃和肠道产生烧灼感，能被消化道、呼吸道和皮肤迅速吸收并引起中毒，在几分钟到 1 h 内可因呼吸肌瘫痪而死亡。急性中毒会表现头痛、头晕、无力、恶心、呕吐、腹痛、腹泻、心律紊乱、心前区痛、呼吸困难、大汗、流涎、瞳孔缩小等症状。严重者会表现肌束震颤、间歇性肌无力、血压降低、神志不清、谵妄、惊厥、高度呼吸困难等症状，最终死于呼吸衰竭和心脏麻痹。

烟碱被吸收后，80%～90%可在肝、血浆、肺和肾中进行解毒（解毒功能最强的是肝脏）。在 10～15 h 内，约有 15%的烟碱从尿中排出，烟碱排出量与尿液的酸碱度有关，一般在酸性条件下，排出量较大。约有 10%的烟碱转变为 1-甲基-5-(3-吡啶基)-2-吡咯烷酮，还有极少量转变为后者的衍生物后排出。

九、烟碱杀虫剂应用情况

烟碱可用于防治果树和蔬菜上的蚜虫、介壳虫、潜叶蝇、蓟马及菜粉蝶幼虫，也可用于防治水稻作物上的潜叶蝇和稻飞虱，还可以防治棉花和柑橘上的红蜘蛛。

在鸡饲料中拌入 2%的烟叶粉，每天 2 次，连续喂 6 d，即可驱除鸡蛔虫。若在青饲料中拌入 30%的烟叶粉，喂食 2～3 次，能治愈牲畜的瘤胃机能减弱和瘤胃胀气病。

在我国应用过的烟碱杀虫剂有 90%～98%烟碱原药、40%～50%硫酸烟碱乳油、27.5%油酸烟碱乳剂、水不溶性烟碱盐、3%～5%烟碱粉剂和烟草粉熏烟剂等。

自 1998 以来，我国登记生产的烟碱杀虫剂单剂有 10%烟碱乳油，登记生产的烟碱混配杀虫剂有 17%敌畏·烟碱乳油、9%辣椒碱·烟碱微乳剂、10%除虫菊素·烟碱乳油、1.3%马钱·烟碱水剂、0.84%马钱·烟水剂、1.2%苦参碱·烟碱可溶液剂、27%皂素·烟碱可溶性浓剂、30%茶皂素·烟碱水剂、27.5%烟碱·油酸乳油、0.6%木·烟碱乳油、30%增效烟碱乳油、27%辛·烟·油酸乳油、1.1%百部·楝·烟乳油、0.5%苦·烟水剂、1.1%苦·烟水剂、1.2%苦·烟乳油、4%氯·烟水乳剂、0.6%苦·烟乳油、7%残·烟乳油、10%阿维·烟乳油、29%氯·烟乳油和 2.7%莨菪·烟悬浮剂等。

10%烟碱乳油用于防治棉花蚜虫，用药量为有效成分 75～105 g/hm²。0.6%木·烟碱乳油用于防治棉铃虫，用药量为有效成分 7.5～9 g/hm²。30%增效烟碱乳油用于防治斑潜蝇，用药量为有效成分 675 g/hm²。

第五节　苦皮藤及苦皮藤素

一、苦皮藤及苦皮藤素概述

苦皮藤（*Celastrus angulatus*）是卫矛科（Celastraceae）南蛇藤属（*Celastrus*）的一种多年生木质藤本植物，又名麻蛇蔓、马断肠和苦皮树。

苦皮藤（图 2-9）主干长达 5～10 m，小枝常有 4～6 棱，皮孔明显。叶互生，椭圆形，长 10～18 cm，宽 5～12 cm，顶端尖突。叶缘具不规则钝齿，叶柄长 1～3 cm。聚伞状圆锥花序顶生，长 10～20 cm，花淡绿白色，花瓣 5 枚。雌雄异株，雄花萼片三角状卵形，长约 1.5 cm，花瓣椭圆形，长约 5 cm，边缘呈不整齐锯齿状，雄蕊着生于肉质花盘边缘。雌花的雄蕊退化，呈很小的痕迹状，子房近球形，花柱柱状，柱头 3～4 裂。蒴果黄色，近球形，直径 1.2 cm，成熟时 3 瓣裂。种子每室 2 粒，椭圆形，棕色，长约 5 mm，外被橘红色假种皮。一般在 3 月中旬开始长出新叶，花期在 4 月下旬至 5 月中旬，果实在 8 月中旬至 9 月中旬成熟。

图 2-9　苦皮藤（*Celastrus angulatus*）

苦皮藤具有清热解毒、消肿、治秃疮、黄水疮、骨折肿痛等功效，味苦、性寒。其根皮粉、茎皮粉及叶粉具有良好的杀虫作用，是一种传统的杀虫植物。

长期以来，长江流域和黄河流域的丘陵浅山区农民常用苦皮藤根皮粉、叶子粉防治蔬菜害虫，称其为菜虫药。1935 年，《农报》中《1934 年国产杀虫剂调查》一文描述了苦皮藤茎、叶、花及根皮的杀虫活性，并对其杀虫原因进行了调查："江西萍乡农民，以人畜误食其叶，必至亡命，故称其'亡命叶'，服叶浸出液，24 h 内死亡。若发现中毒，以肥皂水催吐可以抢救。农民由此而知可杀虫。"国立中央农业试验所 1937 年报道了苦皮藤根皮粉对大小猿叶虫及蝗虫的胃毒作用。戴以坚和吴华芬 1937 年报道，苦皮藤粉对棉卷叶蛾的防效为 77%～77.5%。钟启谦 1950 年报道，以苦皮藤根皮粉和 10% 丙酮提取液处理西瓜苗，可导致黄守瓜昏迷，经 48 h 后苏醒。北京农业大学农药教研组 1959 年报道，苦皮藤根皮粉对黏虫具有强烈的忌避和触杀作用，昆虫取食后呈麻痹状态。

二、苦皮藤的分布情况

我国是苦皮藤的主要产地，日本也可能有所分布，目前尚未见有分布于其他国家和地区的报道。在我国，苦皮藤主要分布于长江流域和黄河流域，如甘肃、陕西、河南、山东、云南、贵州、四川、湖南、湖北、江苏、浙江和江西等地。在陕西秦岭和大巴山的实地调查表明，苦皮藤主要分布在海拔 500～1 500 m 的丘陵浅山区，其中 800～1 000 m 的范围内分布最多，低于 500 m 或高于 1 500 m 几乎没有分布。阳坡分布多，阴坡分布少。在泥土、沙土、石渣土上均能正常生长。荒草坡地和稀疏林地生长多，密集林地生长较少。

苦皮藤宜在 9～10 月采挖，一般 4 年以上的植株可采干根皮 0.5～1.0 kg，2～3 年的植株可采 0.35～0.5 kg，2 年以下的植株无采挖价值。

三、苦皮藤素及其类似物

苦皮藤中的杀虫活性物质主要分布于根皮，其叶、果、木质部也有一定分布。研究表明，苦皮藤中的杀虫活性成分均为以 β-二氢沉香呋喃为骨架的多元醇酯。到目前为止，人们先后从苦皮藤中分离鉴定出拒食活性成分 1 个（苦皮藤素Ⅰ）、毒杀成分 6 个（主要为苦皮藤素Ⅱ、苦皮藤素Ⅲ和苦皮藤素Ⅴ）和麻醉成分 11 个（主要为苦皮藤素Ⅳ）（图 2-10）。

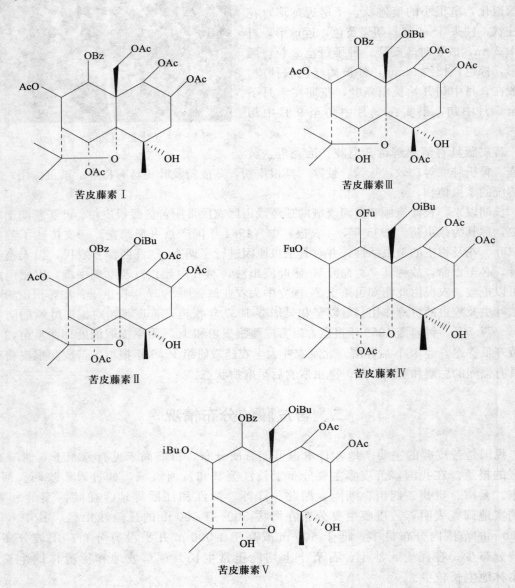

图 2-10 苦皮藤素（celangulin）分子结构

iBu:

Ac:

Bz:

Fu:

四、苦皮藤素的检测分析

液相色谱法可以定量检测苦皮藤素杀虫剂中苦皮藤素的含量，检测条件如下：

色谱柱：Spherisorb C18 柱（10 μm，ID4.0 mm×300 mm）；

流动相：甲醇水溶液，甲醇：水＝70：30(V/V)；

流速：1 mL/min；

检测器：紫外检测器；

检测波长：229 nm；

进样量：10 μL。

苦皮藤素杀虫剂中有效成分的含量以苦皮藤素 V 为检测指标，分子式为 $C_{34}H_{46}O_{13}$，化学名称为 1α,2α-二乙酰氧基-8β,15-二异丁酰氧基-9α-苯甲酰氧基-4β,6β-二羟基-β-二氢沉香呋喃。纯品的熔点为 199～200 ℃，易溶于苯、醇、脂肪类有机溶剂，对温度、光、酸碱均稳定。

五、苦皮藤素的生物活性

苦皮藤素对昆虫具有较强的胃毒、拒食、驱避、触杀及麻醉作用，并具有杀菌活性。苦皮藤根皮制剂对蝗虫成虫、若虫及芫菁叶蜂幼虫等具有较为强烈的拒食作用，对菜青虫、小菜蛾、黏虫、稻苞虫和槐尺蠖等鳞翅目幼虫则主要表现为麻醉和毒杀作用，对米象和玉米象则主要表现为抑制其种群繁殖作用。

（一）苦皮藤素的拒食活性

苦皮藤根皮粉对东亚飞蝗、芫菁叶蜂具有有强烈的拒食活性，根皮提取物对小菜蛾的幼虫也具有良好的拒食活性。苦皮藤的种油对黄守瓜、二十八星瓢虫、斜纹夜蛾、菜青虫、猿叶虫和小菜蛾等 6 种害虫具有拒食活性。苦皮藤素 I 是苦皮藤根皮中的主要拒食活性成分，5 mg/L 苦皮藤素 I 对黏虫表现出良好的拒食活性。

（二）苦皮藤素的麻醉活性

苦皮藤素 IV 是从苦皮藤中分离的第 1 个对昆虫具有麻醉作用的活性成分，其后又分离出多个具有麻醉活性的类似化合物。取食这类化合物后约 30 min，昆虫呈麻醉状态，虫体平直，完全瘫软，对外界刺激无反应。摄入量较少时，经过一定时间后苏醒；摄入量较大时，麻醉的试虫不能再苏醒，缓慢死亡。

（三）苦皮藤素的毒杀活性

苦皮藤素 II、苦皮藤素 III 和苦皮藤素 V 对昆虫具有毒杀活性，只有胃毒作用，没有触杀作用。昆虫取食后，先表现出兴奋，快速爬行，继而被击倒，虫体扭曲、翻滚；体液从口器及肛门大量排出，最后试虫失水，虫体极度缩短，死亡。

（四）苦皮藤素的杀菌活性

新鲜苦皮藤假种皮的极性溶剂粗提物对 8 种重要的农作物病原菌具有明显的生物活性，其杀菌活性成分为麝香草酚、间苯二酚和多羟基二氢沉香呋喃。在离体条件下，25％乙醇粗提物既能抑制病原真菌孢子的萌发，又能抑制病菌菌丝的生长。在活体条件下，25％乙醇粗提物对黄瓜霜霉病和小麦白粉病具有明显的防治效果。

六、苦皮藤素的杀虫作用机理

苦皮藤素主要作用于昆虫消化道组织，破坏其消化系统的正常功能，导致昆虫进食困难，饥饿而死。麻醉成分苦皮藤素Ⅳ能引起昆虫的中毒症状为虫体瘫软、麻痹，对外界刺激失去反应。

苦皮藤素Ⅳ对美洲蜚蠊成虫中枢神经离体样本的突触传导无明显影响，可明显抑制果蝇幼虫神经与肌肉接点兴奋性接点电位，最终阻断神经与肌肉的兴奋传导，造成昆虫麻痹。苦皮藤素Ⅳ能引起昆虫神经-肌肉突触兴奋性神经递质谷氨酸含量降低，抑制性神经递质 γ-氨基丁酸含量升高。被麻醉的昆虫的耗氧量仅为正常试虫的 $47.68\%\sim50.24\%$，心搏速率仅为正常试虫的 $40\%\sim65\%$，且表现出心律失调。

苦皮藤素Ⅳ对棉铃虫幼虫中枢神经细胞离体培养钠通道具有迅速的浓度依赖性阻滞作用，而且影响钠通道的动力学特征，使 INa 的电流-电压（I-V）曲线上移，激活电压和峰电压向正电位方向移动，与局部麻醉剂对哺乳动物钠通道在激活态下的作用相似。

苦皮藤素Ⅳ对棉铃虫幼虫神经细胞的 L 型钙通道具有阻滞作用，但不影响其激活电压和峰电压。对甜菜夜蛾幼虫神经细胞钠通道具有阻滞作用，而且影响钠通道的动力学特征，这与棉铃虫相似，但甜菜夜蛾对苦皮藤素Ⅳ的敏感性与棉铃虫有差异。

苦皮藤素Ⅳ对黏虫成虫飞行肌和幼虫体壁肌均具有影响，可导致肌细胞（特别是质膜和内膜系统）以及肌原纤维发生明显病变，肌膜破坏、脱落；导致线粒体肿胀，崩解；导致内质网扩张；导致细胞核肿胀、核膜破坏、核质外溢，出现细胞坏死的早期特征；导致肌丝排列紊乱乃至消解。这表明，苦皮藤素Ⅳ不仅可作用于神经与肌肉接点，也可作用于肌细胞的质膜和内膜系统以及肌原纤维丝，引起试虫肌细胞质膜和内膜系统以及肌原纤维不同程度的瓦解和破坏。

苦皮藤素Ⅳ对黏虫中肠肠壁细胞的质膜和内膜系统有一定的影响，可导致柱状细胞顶膜的微绒毛扩张，线粒体肿胀，膜消解，内质网扩张而囊泡化，出现溶酶体，杯状细胞与柱状细胞间隙增大。

黏虫经苦皮藤素Ⅴ处理后，变得兴奋、快速爬行，痉挛，虫体扭曲，继而大量失去体液，上吐下泻，以泻为主，虫体极度缩短，慢慢死亡。电子显微镜下可见，中肠组织病变、中肠细胞微绒毛损伤、内质网扩张、核糖体脱落和线粒体肿胀等。

苦皮藤素Ⅴ对黏虫成虫飞行肌和幼虫体壁肌均有明显影响，可导致肌细胞（特别是肌细胞的质膜及内膜系统）发生明显病变，肌膜破坏、脱落；导致线粒体肿胀，空泡化，崩解；导致肌原纤维与线粒体间间隙增大；导致肌质网扩张，产生髓鞘样结构；导致细胞核肿胀，核质浓缩，核膜破坏；导致微气管与肌细胞之间间隙增大；导致肌小节弥散、排列紊乱。

苦皮藤素Ⅴ可导致黏虫中肠壁细胞损伤和穿孔，导致血淋巴渗入消化道并由此向外流失。

七、苦皮藤素的毒性

苦皮藤素纯品低毒，对兔急性经皮 LD_{50} 为 680 mg/kg，对大鼠急性经口 $LD_{50}>2\,000$ mg/kg。苦皮藤素乳油制剂在田间对蜜蜂、家蚕和天敌瓢虫安全。

6%苦皮藤素母液对大鼠急性经口 $LD_{50}>10\,000$ mg/kg，大鼠急性经皮 $LD_{50}>10\,000$ mg/kg，对皮肤无刺激性，对眼睛轻度刺激性，无致敏性。

1%苦皮藤素乳油对大鼠急性经口 LD_{50} 为 1 756 mg/kg，大鼠急性经皮 $LD_{50}>10\,000$ mg/kg，对皮肤轻度刺激性，对眼睛中度刺激性。

0.2%苦皮藤素乳油对家兔的皮肤和眼睛具轻度刺激；对鸟类低毒，在鸟类体内可轻度蓄积；对蝌蚪和鱼类等水生动物、蚯蚓及土壤微生物低毒；对意大利蜜蜂的摄入毒性和触杀毒性的 LC_{50} 分别为 1 660.0 mg/L 和 9 213.0 mg/L；对家蚕 3 龄幼虫具有高度拒食活性，可导致其生长发育受阻，并有一定的接触毒性，LC_{50} 为 3 277.33 mg/L；对瓢虫的 LC_{50} 为 1 948.65 mg/L。

八、苦皮藤素杀虫剂应用情况

苦皮藤素对蚜虫、菜青虫、樱桃锤角叶蜂、黄守瓜、猿叶虫和苹果顶梢卷叶蛾等害虫具有较好的防治效果，持效期 7 d 以上。

目前，在我国登记生产的苦皮藤素杀虫剂主要有 6%苦皮藤素母液、0.23%苦皮藤素乳油和 1%苦皮藤素乳油。6%苦皮藤素母液和 1%苦皮藤素乳油均为棕红色澄清液体，无可见悬浮物和沉淀。文献报道的还有 0.2%苦皮藤素乳油和 0.15%苦皮藤素微乳剂，主要用于防治十字花科蔬菜上菜青虫和小菜蛾，对小菜蛾的防治剂量（有效成分）为 2.4～3.0 g/hm²，对菜粉蝶幼虫的为 7.5～10.5 g/hm²。

0.2%苦皮藤素乳油稀释 1 000 倍，于菜青虫 3 龄前施药，夏甘蓝上施药 2 次（间隔 7 d），秋甘蓝上施药 1 次，药后 1 d、3 d 和 7 d，防治效果均在 87%以上；稀释 1 000～1 500 倍，对槐尺蠖幼虫的防治效果可达 95%以上。

第六节　苦参及苦参碱

一、苦参及苦参碱概述

苦参（*Sophora flavescens*）（图 2-11）为豆科（Leguminosae）槐属（*Sophora*）植物，该属含有杀虫生物碱的植物还有苦豆子（*Sophora alopecuroides*）、*Sophora griffiithii*、槐（*Sophora japonica*）、*Sophora mollis*、甘肃槐树（*Sophora pachycarpa*）、侧花槐（*Sophora secundiflora*）、*Sophora sericea*、四翅槐（*Sophora tetraptera*）、*Sophora tinctoria* 和岭

南槐（*Sophora tomentosa*）等。

苦参是我国历史悠久的传统药物之一，又名水槐、地槐、菟槐、骄槐、白茎、虎麻、岑茎、禄白、陵郎、野槐、山槐子和白萼等，为多年生草本或灌木，高 1.5～3 m。主根圆柱形，长可达 1 m，外皮黄色。单数羽状复叶，长 20～25 cm；小叶 5～21 枚，披针形至线状披针形，少数为椭圆形，长 3～4 cm，宽 1.2～2 cm，顶端渐尖，基部圆形，背面有平贴柔毛。总状花序顶生，有疏生短柔毛或近无毛；花冠淡黄色，旗瓣匙形，翼瓣无耳。荚果长 5～8 cm，疏生短柔毛，有种子 1～5 颗，种子间微缢缩，呈不明显的串珠状。花果期 6～9月。根供药用，有清热解毒、抗菌消炎的功效，可治疗湿热、黄疸、痢疾、肠炎和皮肤瘙痒等症。茎皮纤维可织麻袋。

图 2-11　苦参（*Sophora flavescens*）

历史上许多文献记载了苦参的杀虫杀菌作用。《名医别录》记载苦参"渍酒饮，治疥杀虫"。《本草纲目》记载："杀疳虫，炒存性米饮服，治肠风泻血并热痢"。1942 年，赵善欢等调查了苦参在农业上的应用情况，报道了黔、桂农民长期用苦参防治害虫，并记载了苦参对黑足守瓜和黄足黑守瓜的毒杀作用。据《中国土农药志》记载，苦参可防治多种农业和卫生害虫，防治对象包括甘蓝蚜、棉蚜、红蜘蛛、棉叶跳虫、菜青虫、叶蝉、黏虫、蛴螬、蝼蛄、地老虎和蚱蜢等农业害虫，以及蚊子和家蝇等卫生害物。

苦参碱是从苦参中提取分离的杀虫活性成分，近年来在农业生产上获得了广泛的应用。

二、苦参的分布情况及苦参碱在苦参中的分布

1. 苦参的分布　苦参广泛分布于我国各地的山坡、草地、平原、路旁、沙质地和红壤地的向阳处，以山西、湖北、河南和河北 4 省的产量最大。

2. 苦参碱在苦参中的分布　苦参总碱在苦参植株不同器官均有分布，分布差异极显著。不同部位中苦参总碱含量由高到低依次为种子、根、地下茎、全叶、地上茎。种子中苦参总碱含量最高，但生物产量低。苦参根和地下茎中苦参总碱含量高，是苦参总碱的主要载体。

苦参种子、根、地下茎、全叶及地上茎中苦参碱总碱的含量分别为 3.25%、2.93%、

2.76%、1.26%和0.64%。苦参种子中苦参碱含量最高可达干重的0.065%，茎中可达0.034%、根中可达0.016%、叶中可达0.013%。苦参中氧化苦参碱的含量最高可达干根的3.848%、种子干重的1.982%、茎干重的0.140%。

为了促进苦参总碱在根和地下茎中的积累，在栽培管理中可采取摘花和打蕾等措施提高苦参的品质，也可推广地上茎叶还田措施，增强土壤肥力。

三、苦参生物碱

从苦参根、茎、叶及其花中共分离出27种生物碱，主要为喹啉联啶类生物碱，其中以苦参碱、氧化苦参碱、槐醇碱（羟基苦参碱）、槐果碱、臭豆碱（图2-12）、鹰靛叶碱和氧化槐果碱的含量较多；极少数为双哌啶类生物碱，从苦参中分离出来的双哌啶类生物碱仅有苦参胺碱和异苦参胺碱。

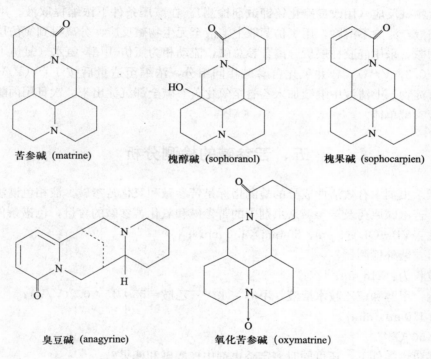

苦参碱 (matrine)　　槐醇碱 (sophoranol)　　槐果碱 (sophocarpien)

臭豆碱 (anagyrine)　　氧化苦参碱 (oxymatrine)

图2-12 苦参生物碱结构

1. 苦参总碱 苦参总碱为苦参根中提取得到的总生物碱，为深棕色膏状物，微臭，味极苦，易溶于水、乙醇、氯仿和稀盐酸，有引湿性。其中氧化苦参碱含量大于70%。

2. 苦参碱 苦参碱为针状或棱状结晶，分子式为 $C_{15}H_{24}N_2O$，相对分子质量为248.36，英文名 matrine，熔点为76 ℃，易溶于水、苯、氯仿、乙醚和二氧化碳，难溶于石油醚。

3. 氧化苦参碱 氧化苦参碱的分子式为 $C_{15}H_{24}N_2O_2$，相对分子质量为264.36，英文名oxymatrine，熔点为162～163 ℃（水合物）和207 ℃（无水物），易溶水、氯仿、乙醇，难溶于乙醚、甲醚和石油醚。

四、苦参生物碱的提取与分离

（一）苦参碱的提取

将苦参植物材料烘干后粉碎，通过 80 目筛，得到苦参干粉，用 80％酸性乙醇（pH 2～4）提取至无生物碱反应（用改良碘化铋钾试剂检测）。减压浓缩提取液。用适量自来水溶解浓缩液，滤除不溶物，用乙醚萃取上清液，分离得到乙醚层。采用硅胶柱层析分 2 步分离乙醚萃取层中的苦参碱，第 1 步柱层析的流动相为氯仿-甲醇-氨水（氯仿：甲醇：氨水＝10：1：0.3，V/V），第 2 步柱层析的流动相为苯-丙酮-乙酸乙酯（苯：丙酮：乙酸乙酯＝2：3：4，V/V），用水重结晶得到苦参碱单体。

（二）氧化苦参碱的提取

将苦参植物材料烘干后粉碎，过 80 目筛，得到苦参干粉，用 80％酸性乙醇（pH 2～4）提取至无生物碱反应（用改良碘化铋钾试剂检测）。在减压条件下浓缩提取液。用适量自来水溶解浓缩液，滤除不溶物，用氯仿萃取上清液至无生物碱反应，分离得到氯仿层后即得到苦参总生物碱。采用硅胶柱层析分离苦参总碱，流动相为氯仿-甲醇-氨水（氯仿：甲醇：氨水＝9：1：0.3，V/V），合并氧化苦参碱相同组分，浓缩至适量后按 1：1（V/V）加入乙醚。滤除沉淀物，上清液中继续加入乙醚至氧化苦参碱全部沉淀出来。次日用丙酮重结晶即得到氧化苦参碱单体。

五、苦参碱的检测分析

苦参碱杀虫剂中有效活性成分的检测指标是苦参碱和氧化苦参碱。液相色谱法可以定量检测苦参、苦参碱原药及苦参碱杀虫剂中的苦参碱和氧化苦参碱的含量，色谱条件如下：

色谱柱：VP - ODS(5 μm，50 mm×4.6 mm)；

检测器：紫外检测器；

检测波长为：215 nm；

流动相：甲醇和三乙胺水溶液，甲醇：水：三乙胺＝55：45：0.2(V/V)；

流速：1.0 mL/min；

柱温：50 ℃。

在上述色谱条件下，还可同时测定杀虫剂中槐醇碱和槐果碱。

六、苦参碱的生物活性

（一）苦参碱的杀虫活性

苦参碱杀虫作用方式为触杀和胃毒作用，能防治蔬菜上的菜青虫、菜蚜、瓜蚜、蟓虫、瓢虫、甜菜夜蛾、小菜蛾、甘蓝夜蛾、黄曲条跳甲、韭蛆，果树上的天幕毛虫、舟形毛虫、刺蛾、尺蠖、红蜘蛛和蜡蚧，粮食作物上的黏虫、小麦吸浆虫和蝗虫。氧化苦参碱对菜青虫和黄掌舟蛾有强触杀作用，其 LD_{50} 分别是敌百虫的 20.9 和 5.5 倍，对桃蚜、萝卜蚜、梨二叉蚜和小麦蚜虫等的防治效果均达 90％以上。1％苦参碱醇溶液稀释 800 倍，药后 5 d 对菜青虫的防治效果达 93％，药后 3 d 对小菜蛾的防治效果达 80％。

（二）苦参碱的杀菌活性

苦参具有较广谱的杀菌活性，除在医药上具抗炎、抑菌活性外，在农业生产上，苦参也对多种病菌具有较强的生物活性。

0.1 mg/L 苦参碱丙酮提取物处理后 72 h 对小麦赤霉病、苹果炭疽病、番茄灰霉病菌丝生长抑制率分别为 93.2％、99.2％和 90.8％；处理后 24 h 对苹果炭疽病病菌孢子萌发的抑制率为 87.0％；对玉米大斑病菌和辣椒疫霉病菌也具有良好的抑制作用。

250 mg/L 苦参乙酸乙酯提取物对引起植物枯萎病的尖镰孢菌、引起红腐病的串珠镰孢菌、引起立枯病的丝核菌、引起叶斑病的葡萄孢、引起曲霉病的黑曲霉均有显著的抑菌作用。

此外苦参提取物还对蔬菜上的霜霉病、白粉病、灰霉病和疫病等多种病害病原菌具有抑制作用。

苦参生物碱对稻恶苗病菌孢子萌发产生明显的抑制作用，2 mg/mL 苦参生物碱醇乳油溶液对稻恶苗病菌的抑制作用显著，对立枯丝核菌、十字花科蔬菜软腐病菌、茄科蔬菜青枯病菌的抑制作用极为明显。

（三）苦参碱的调节植物生长功能

苦参碱提取物对植物有明显的促进生长功能。苦参碱处理分离体黄瓜子叶，其鲜重和干重随苦参碱浓度的增加而明显增加，均与对照差异显著。随苦参碱浓度增加，总叶绿素含量下降，但光合放氧量显著增加。苦参碱还能促进黄瓜子叶叶柄基部的生根作用，生根数量多超过对照 70.2％，同时也促进根生长。苦参碱处理小麦旗叶后，处理组叶片蔗糖含量为对照的 1.4 倍左右，明显高于对照。

七、苦参碱的杀虫作用机理

苦参碱的杀虫作用机理目前尚不完全明确，可能作用于神经系统，先麻痹中枢神经，然后使中枢神经产生兴奋，进而作用于横隔膜及呼吸肌神经，使昆虫因窒息而死亡。

八、苦参碱的毒性

苦参根和种子对人和高等哺乳动物均有毒。人中毒后出现会出现神经系统中毒的症状，如流涎、呼吸和脉搏加速、步态不稳等，严重者会出现惊厥，甚至因呼吸衰竭而死亡。牛马食干根 45 g 以上，猪羊食 15 g 以上，均出现中毒症状，主要症状为呕吐、流涎、疝痛、下痢、精神沉郁、搐搦和痉挛。

苦参总碱对小鼠灌肠、皮下注射和腹腔注射的 LD_{50} 分别为 1.18 g/kg、297 mg/kg 和 147.2 mg/kg。小鼠中毒后出现中枢神经抑制，然后间歇性抖动和惊厥，进而中枢神经深度抑制，呼吸麻痹，数分钟后心跳停止而死亡。

苦参碱对小鼠腹腔注射的 LD_{50} 为 150 mg/kg，对大鼠腹腔注射的 LD_{50} 为 125 mg/kg。氧化苦参碱对小鼠静脉注射的 LD_{50} 为 150 mg/kg，腹腔注射的 LD_{50} 为 750 mg/kg。

槐果碱对小鼠灌胃的 LD_{50} 为 241.5 mg/kg，肌肉注射的 LD_{50} 为 92.4 mg/kg；对大鼠腹

腔注射的 LD_{50} 为 120 mg/kg，肌肉注射的 LD_{50} 为 130 mg/kg，口服的 LD_{50} 为 195 mg/kg。槐定碱对小鼠静脉注射的 LD_{50} 为 50.4 mg/kg，腹腔注射的 LD_{50} 为 64.3 mg/kg。

氧化槐果碱灌胃处理小鼠 0.5 h 后，小鼠出现下列中毒症状：兴奋、跑动、跳跃、碰撞网盖。约 10 min 后开始安静，精神委顿，活动量减少，皮毛粗糙竖毛，尿失禁，继而蜷缩于窝巢内似在寒冷中的形态，出现闭眼、身体发抖和厌食等现象，直至死亡。

氧化苦参碱灌胃处理小鼠后 2 h 后，中毒的小鼠出现精神委顿，活动量减少，继而蜷缩于窝巢内似在寒冷中的形态，出现闭眼、震颤和厌食等现象，直至死亡。

苦参碱灌胃法处理小鼠后约 0.5 h，小鼠行动缓慢，3 h 后精神委顿，活动量减少，继而蜷缩于窝巢内似在寒冷中的形态，出现闭眼、震颤、不进食和不饮水现象，直至死亡。

九、苦参碱杀虫剂应用情况

自 2003 年以来，我国共登记生产了 58 个苦参碱杀虫剂产品，其中苦参碱杀虫剂单剂有：0.26%苦参碱水剂、0.36%苦参碱水剂、1%苦参碱可溶性液剂、0.3%苦参碱水剂、0.36%苦参碱可溶性液剂、3 g/L 高渗苦参碱水乳剂、0.1%氧化苦参碱水剂、1.1%苦参碱粉剂和 0.2%苦参碱水剂；苦参碱混配的杀虫剂有：1.8%除虫菊素·苦参碱水乳剂、0.2%苦参碱水剂＋1.8%鱼藤酮乳油桶混剂、1.2%苦参碱·烟碱可溶性液剂和 1%苦参碱·印楝素乳油。

苦参碱对菜青虫的田间防治剂量为 2.81～6.75 g/hm²，对蚜虫的为 2.81～18 g/hm²，对小菜蛾的为 4.5～6.75 g/hm²，对棉花和苹果上红蜘蛛的为 7.5～22.5 g/hm²，对烟青虫的为 4.5～6 g/hm²，对黏虫的为 6.75～11.25 g/hm²，对茶尺蠖的为 4.3～5.7 g/hm²；均为喷雾。

对韭蛆的田间用药量为 330～660 g/hm²，灌根。

对梨树黑星病和黄瓜霜霉病的田间用药量为 5.4～7.2 g/hm²，喷雾。

表 2-4 为各种苦参碱杀虫剂的药效。

表 2-4 各种苦参碱杀虫剂应用和药效试验研究

农药名称	作　物	防治对象	用量或稀释倍数
0.3%高渗苦参碱水乳剂	蔬菜、棉花、苹果树	菜青虫、黏虫、红蜘蛛	400～700 倍液
0.3%苦参碱水乳剂	蔬菜、果树、树木、花卉、茶树、烟草、粮食和棉花蔬菜、果树、茶树	蚜虫、黏虫、菜青虫、红蜘蛛、白粉虱、潜叶蝇	800～1 200 倍液
		蔬菜菜青虫、小菜蛾、果树介壳虫及茶小绿叶蝉、茶尺蠖	1 000～1 500 倍液
0.36%苦参碱水剂	蔬菜、果树、茶树、花卉、牧草	菜青虫、蚜虫、甜菜夜蛾、小菜蛾、红蜘蛛、茶黄螨、潜叶蝇、梨木虱、桃小食心虫、黏虫、粉虱类	
1.1%苦·烟水剂	甘蓝	菜青虫、蚜虫、斜纹夜蛾	247.5～371.25 g/hm² （有效成分）

（续）

农药名称	作物	防治对象	用量或稀释倍数
0.6％苦·内酯水剂	小油菜	蚜虫、黏虫、菜青虫、棉铃虫、小菜蛾	112.5～135 g/hm²（有效成分）
0.38％苦参碱乳油	茶树	茶尺蠖	34.5～85.5 g/hm²（有效成分）
	甘蓝	菜青虫	34.2～68.4 g/hm²（有效成分）
0.38％苦参碱可溶性液剂	蔬菜、果树、茶树、花卉	蚜虫、菜青虫、白粉虱、金龟子、毛虫尺蠖、梨木虱、美国白蛾、草地螟、毒蛾、刺蛾、螨类等	700～1 200 倍液
1％苦参碱可溶性液剂	菜心	小菜蛾	800 倍液
	松树	赤松毛虫	800～1 200 倍液
1.1％苦参碱粉剂	蔬菜、果树、茶树、烟草	地老虎、蝼蛄、金针虫、韭蛆	根据使用方法进行稀释
0.3％苦参碱水剂	棉花、茶树	七星瓢虫、茶小绿叶蝉	1 000 倍液
0.36％苦参碱水剂	大叶黄杨	丝棉木金星尺蠖	2 000 倍液
	水稻	二化螟、稻纵卷叶螟、稻飞虱、稻象甲、白背飞虱	750 g/hm²　600～1 050 mL/hm²
0.26％苦参碱水剂	水稻	稻水象甲	300 倍液
0.6％苦·内酯水剂	西葫芦	B 型烟粉虱	2 000 倍液
0.8％苦·内酯水剂（氧化苦参碱含量0.5％）	梨树、桃树	梨二叉蚜和桃瘤头蚜	800～1 000 倍液
1.2％苦参碱水剂	茶树	茶蚜	1 000 倍液
1.2％苦·烟烟剂	树木	蜀柏毒蛾	15 kg/hm²
3.2％苦·氯乳油	果树、蔬菜、棉花	蚜虫、茶尺蠖、苹果树黄蚜、木虱	1 000 倍液

第七节　除虫菊及除虫菊素

一、除虫菊概述

除虫菊既是重要的杀虫植物，也是常见的观赏花卉。世界上已知的除虫菊共有 15 种，其中杀虫活性成分含量较高的 4 种，常用于家庭防虫的是白花除虫菊和红花除虫菊。除虫菊素分布于除虫菊的花、茎及叶中，是高效、低毒、广谱、速效、无残留的除虫菊酯农药及蚊香、避蚊油、臭虫粉和灭虱粉的主要活性成分。

除虫菊适应性强，具有耐寒、耐高温、耐瘠薄、抗干旱、自杀虫、不需修剪、不需整枝打杈等特性，我国南北方均可种植。南方每年采花、茎、叶 2 次，采种子 1 次；北方采花、茎叶、种子各 1 次。种植 1 次可持续收获 7 年以上，每公顷年产干花 100 kg，地干茎叶 300～500 kg。

1917 年，我国江浙一带首次成功引种除虫菊，现华东和西南各地都有栽培。白花除虫菊（*Pyrethrum cinerarii folium* Trev.）是菊科匹菊属多年生或二年生草本植物，原产于克罗地亚的达尔马提亚，株高可达 30～60 cm，全株被白色绒毛。根出叶丛生，具长叶柄；6 月抽出花茎，下部着生少数叶片。顶生头状花序，四周为一层白色或红色舌状花，花冠长约 1 cm，先端呈 3 裂，为雌性花；中央有多数黄色管状花，先端呈 5 裂，为两性花。瘦果狭倒圆锥形，有 4～5 纵棱，冠毛短。

红花除虫菊的发现已有 1 900 多年的历史，可供观赏和制作杀虫药剂用。而白花除虫菊的发现则在近代。1840 年，人们在巴尔干半岛发现了白花除虫菊，由于其叶形似西瓜叶，故又称瓜叶除虫菊，其杀虫效果高于红花除虫菊，现已广泛人工栽培，是世界上 3 大杀虫植物之一。早在第一次世界大战前，除虫菊花在原产地达尔马希亚开始栽培生产，有达尔马希亚除虫菊之称。日本从 1911 年起开始生产除虫菊花，第一次世界大战后世界除虫菊栽培中心逐渐转移到日本。第二次世界大战后，世界除虫菊花的栽培中心又从日本转移到非洲的肯尼亚和坦桑尼亚等国，受拟除虫菊酯的冲击，天然除虫菊在 20 世纪 30～90 年代产量有所下降。随着人们健康意识和环保意识日益增强，世界各国对化学农药给农产品带来的污染问题十分关注，随着绿色食品的兴起，天然除虫菊市场需求开始增长，各除虫菊生产国的除虫菊产量也不断上升。

二、除虫菊素

白花除虫菊中杀虫活性成分主要分布在花里，其含量受品种、气候和栽培方法的影响。现已明确白花除虫菊的花共有 6 种杀虫活性成分：除虫菊素 I（pyrethrin I）、除虫菊素 II（pyrethrin II）、瓜叶除虫菊素 I（cinerin I）、瓜叶除虫菊素 II（cinerin II）、茉酮除虫菊素 I（jasmolin I）和茉酮除虫菊素 II（jasmolin II）。通常除虫菊素 I 约占除虫菊素总量的 35%，除虫菊素 II 约占 32%，瓜叶除虫菊素 I 约占 10%，瓜叶除虫菊素 II 约占 14%，茉酮除虫菊素 I 约占 5%，茉酮除虫菊素 II 约占 4%。因此除虫菊素的杀虫活性主要由除虫菊素 I 和除虫菊素 II 决定。

白花除虫菊干花中除虫菊素 I 和除虫菊素 II 的含量之和最高可达 3%，肯尼亚白花除虫菊品种干花中除虫菊素 I 和除虫菊素 II 的平均含量为 1.2%～1.3%，云南泸西二年生白花除虫菊品种干花中除虫菊素 I 和除虫菊素 II 的平均含量为 1.3%～1.6%，最高可达 1.6%。除虫菊素主要分布于花和瘦果中，达 90% 以上，在花萼、花托、花瓣中的含量一般可达 1%～2%。在粉碎后过 80 目的干花粉中，除虫菊素 I 和除虫菊素 II 的平均含量可达 2%～2.5%，在未过 80 目筛的干花粉中为 0.6%～0.8%。白花除虫菊秸秆中的除虫菊素含量为 0.1%～0.18%。

除虫菊干花在储存的过程中易被空气氧化，1 年后将丧失大约 20% 的杀虫活性，磨制成粉后则将丧失大约 30% 的活性。因此在加工成杀虫粉剂时，常常需要加入抗氧化剂以增强其耐储性能。常用的抗氧化剂有对苯二酚、联苯二酚、异丙基甲酚、丹宁酸等。近代除虫菊制剂中常用的抗氧化剂是 2,6-二叔丁基-4-甲基苯酚。

除虫菊花的粗提物为深棕色，精制后为淡黄色黏稠油状芳香液，蒸气压较低，除虫菊素 I 的沸点为 170 ℃（压力为 0.1 mmHg），除虫菊素 II 的沸点为 200 ℃（压力为 0.1 mmHg），二者在沸点温度时均会部分降解。在 25 ℃时除虫菊素 I 的蒸气压为 2×10^{-5} mmHg，除虫菊素 II 的蒸气压力 4×10^{-7} mmHg。除虫菊素 I 和除虫菊素 II 在水中溶解度为 0.2 mg/L，能溶于醇类、氯化烃类、硝基甲烷、煤油等多种有机溶剂。对光敏感，光照下稳定性为：瓜叶菊素＞茉酮菊素＞除虫菊素 II＞除虫菊素 I，除虫菊素在空气中易被氧化，遇热分解，在碱性溶液中易水解。

除虫菊素系列化合物的分子结构见图 2-13 和表 2-5。

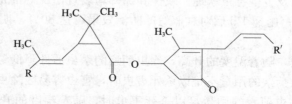

图 2-13　除虫菊素系列的分子结构

表 2-5　除虫菊素系列化合物信息

杀虫成分	R	R′	分子式	相对分子质量
除虫菊素 I	CH_3	$CH=CH_2$	$C_{21}H_{28}O_3$	328.43
除虫菊素 II	CO_2CH_3	$CH=CH_2$	$C_{22}H_{28}O_5$	372.44
瓜叶菊素 I	CH_3	CH_3	$C_{20}H_{28}O_5$	316.42
瓜叶菊素 II	CO_2CH_3	CH_3	$C_{21}H_{28}O_5$	360.43
茉酮菊素 I	CH_3	CH_2CH_3	$C_{21}H_{30}O_3$	330.45
茉酮菊素 II	CO_2CH_3	CH_2CH_3	$C_{22}H_{30}O_5$	374.46

三、除虫菊素的提取与分离

以石油醚等有机溶剂提取白花除虫菊干花粉，除去有机溶剂，得到除虫菊素含量为 30%～40% 的粗提物。再以甲醇溶解粗提物，40 ℃下搅拌 40 min 后于 25 ℃下静置 90 min，滤除沉淀。合并滤液，除去甲醇后再用正己烷或石油醚溶解。40 ℃下搅拌 30 min 后于 25 ℃下静置 90 min，滤除沉淀。合并滤液，除去有机溶剂，得到除虫菊素含量为 60%～70% 的淡黄色油状液体。

四、除虫菊素的检测分析

液相色谱法可定量检测除虫菊素的含量，检测条件为：

色谱柱：Nucleodur C18 柱（5 μm，250 mm×4.6 mm）；

流动相：乙腈水溶液，乙腈：水＝10：1(V/V)；

流速：1 mL/min；

检测波长：235 nm；

进样量：10 μL。

五、除虫菊素的杀虫活性

除虫菊素杀虫谱广，主要表现为胃毒作用和触杀作用，无内吸性，对蚊子和家蝇等多种害虫具有驱避作用，对哺乳动物安全，易降解，无残留。在 10 mg/L 的剂量下，除虫菊素几乎对所有的农业害虫及卫生害虫家蝇、蚊子和蟑螂均表现出良好的毒杀活性。以 5％除虫菊素乳油稀释 2 500 倍，施药 1 d 后对甘蓝蚜的防治效果可达 80％，明显高于相同稀释倍数的 10％氯氰菊酯乳油。

在一定温度范围内，随着温度的升高，除虫菊素的杀虫活性降低。在较高温度下，除虫菊素更易水解，当除虫菊素的用量不足以杀死害虫时，害虫容易因除虫菊素的水解而从"击倒"中恢复过来。当除虫菊素的用量足以杀死害虫时，随着温度的升高，害虫的死亡速度加快。

与拟除虫菊酯不同，由于活性成分复杂，害虫难以对除虫菊素产生抗药性。经过多代连续的人工选择后，家蝇和蚊子对氯氰菊酯和溴氰菊酯会产生强烈的抗药性，但对除虫菊素几乎不产生抗药性。

六、除虫菊素的杀虫作用机理

除虫菊素属神经毒剂，与滴滴涕作用机制相似。

除虫菊素作用于钠离子通道，引起神经细胞的重复开放，最终导致害虫麻痹、死亡。钠离子通道是神经细胞上的一个重要结构，钠离子通道允许钠离子进入细胞内而达到传递神经冲动的作用。细胞膜外的钠离子只有通过钠离子通道才能进入细胞内。当受到刺激时，在刺激部位上膜的通透性改变，钠离子通道打开，大量钠离子进入细胞内。

除虫菊素与滴滴涕（DDT）的毒理机制十分类似，但除虫菊素击倒作用更为突出。除虫菊素的毒理比滴滴涕复杂，因为它同时具有驱避、击倒和毒杀 3 种作用方式。除虫菊素不但对外周神经系统有作用，对中枢神经系统甚至对感觉器官也有作用，而滴滴涕只对外周神经系统有作用。

除虫菊素的中毒症状一般分为兴奋期、麻痹期和死亡期 3 个阶段。在兴奋期，昆虫到处爬动、运动失调、翻身或从植物上掉下，然后活动逐渐减少，再进入麻痹期，直至死亡。在前两个时期中，神经活动各有其特征性变化。

兴奋期长短与药剂浓度有关，浓度越高，兴奋期越短，进入麻痹期越快，而低浓度药剂可延长兴奋期的持续时间。除虫菊素对外周神经系统、中枢神经系统及其他器官组织主要是肌肉同时起作用。由于药剂通常是通过表皮接触进入，因此先受到影响的是感觉器官及感觉神经元。

除虫菊素对突触体上 ATP 酶的活性也有抑制作用，对 ATP 酶活性的影响程度与除虫菊素的浓度有关，浓度越高，酶活性降低越多。在除虫菊素中加入增效醚能增加它对 ATP 酶的抑制程度。

七、除虫菊素的毒性

除虫菊素属低毒农药。

除虫菊素对大鼠的急性经口 LD_{50} 为 1 500 mg/kg，对小鼠的 LD_{50} 为 400 mg/kg。除虫菊素 I 对大鼠的急性经口 LD_{50} 为 260~420 mg/kg，除虫菊素 II 的 LD_{50} 为 7 600 mg/kg。除虫菊素对大鼠的急性经皮 LD_{50} > 1 800 mg/kg，除虫菊素 I 对大鼠的静脉注射 LD_{50} 为 5 mg/kg，除虫菊素 II 的 LD_{50} 为 1 mg/kg。

除虫菊素在哺乳动物胃中能迅速水解为无毒物质，个别人长期接触，皮肤可能出现皮炎，但无慢性中毒症状。长期使用除虫菊素含量低于 5 000 mg/kg 的饲料喂食大鼠，亦未出现明显中毒病症。在工作超过 7~8 h 的工作场所空气中，除虫菊素的最高允许浓度为 15 mg/m³。

除虫菊素对鱼有毒，在 12 ℃ 的静水中，对鱼类 96 h 的 LD_{50} 为 24.6~114 $\mu g/L$，对幼年大西洋鲤的 LD_{50} 为 0.032 $\mu g/mL$。

除虫菊素浓乳剂对蜜蜂有毒，但经水稀释后的喷射液不仅无害，而且对蜜蜂还有驱避作用。

在温血动物体内，除虫菊素通过酯键的水解而降解，当受日光和紫外线的影响时，就开始在羟基上降解，促使其结构上的酸和醇部分发生氧化。

除虫菊素在鸟类和哺乳动物体内的代谢和排泄比在昆虫和鱼体内快得多，在植物上最初的代谢途径和在牲畜体内的代谢途径相类似。除虫菊素在土壤中也发生同样形式的水解和氧化反应。

八、除虫菊素的应用

除虫菊素是国际公认的最优秀的植物性农药之一，降解迅速，无残留，气味清淡自然，无刺激性，毒性极低，杀虫谱广，对害虫具有明显的驱避作用，广泛应用于各种杀虫领域，主要用于对安全和环保性要求高的场所。

19 世纪初期，除虫菊主要用于家居卫生害虫的防治，特别是对蚊、蝇、蟑螂和甲虫效果非常理想。最初的驱蚊盘香，主要以除虫菊花粉或提取了除虫菊素后剩余的渣粉作为原料，灭蚊和驱蚊的效果都很明显。直到现在，日本和东南亚国家等还主要用除虫菊作为盘香的原料。

除虫菊素现在被广泛用于环境公共卫生害虫的防治，防治对象包括蟑螂、白蚁及红火蚁。其产品不仅可安全用于医院、办公室、超市、宾馆、饭店及蛋糕房、罐头厂、果脯制品厂等食品加工或分装厂或食物处置场所等室内空间的害虫防治，还可用于外环境（如公园、游乐场、集贸市场等公共场所）及绿化植物、草坪的害虫防治。

20 世纪 40 年代中期，除虫菊素制剂就被广泛应用于农业害虫的防治，并取得了良好效果。由于其具有来源少、价格高、在田间的持效期过短等局限性，除虫菊素制剂逐渐被随后兴起的常规化学农药取代。目前除虫菊素在农业上主要用于防治茶叶和花卉上的害虫。

我国登记生产的除虫菊素杀虫剂主要为防治卫生害虫的气雾剂、蚊香、电热蚊香片、电热蚊香液和喷射剂，防治农作物害虫和花卉害虫的乳油、水乳剂和微胶囊悬浮剂，如0.25%除虫菊素杀虫气雾剂、0.6%除虫菊素电热蚊香液、5%除虫菊素乳油和3%除虫菊素微胶囊悬浮剂等。

第八节 辣椒及辣椒素

一、辣椒概述

辣椒（*Capsicum annuum*）为茄科辣椒属一年或多年生草本植物，全身是宝，富含辣椒碱、二氢辣椒碱、辣椒红素、辣椒玉红素、β胡萝卜素、碳水化合物、大量的维生素 C 以及钙、磷等。辣椒素为辣椒的主要活性成分，具有镇痛、消炎、杀虫、杀菌、驱避等生物活性。早在 1962 年，美国环境保护局（EPA）首次登记了含单一活性成分的辣椒碱农药品种并于 1991 年免除了其在水果、蔬菜及谷物上残留量的限制，这种产品为驱避剂，现仍然处于登记状态，其在环境中可彻底降解，无残留，对人畜安全，是一种具有广阔市场空间的生物农药品种。

二、辣椒的分布及种植情况

辣椒原产于中南美洲热带地区，考古学家 R. S. Macneish 发现最早的辣椒种植地可以追溯到大约公元前 7500 年的墨西哥。辣椒在世界温带和热带地区均有种植，主要产地是印度，尤其是德干半岛的中南部；拉丁美洲、非洲和亚洲辣椒种质资源丰富。目前，辣椒已成为世界上仅次于豆类和番茄的第 3 大蔬菜作物。

1640 年，辣椒首次被引种到中国。自 20 世纪 90 年代以来，在辣椒及其加工制品市场需求不断增长的推动下，我国辣椒产业快速发展，并呈现出基地化、规模化和区域化的趋势。1991—1997 年我国辣椒种植面积和总产量分别以 7.67% 和 9.53% 的速度增长，高于世界平均增长速度 5.44% 和 4.88%。1997 年，我国辣椒种植面积和总产分别占世界的 26% 和 40%。2 000 年以来我国辣椒生产继续保持快速发展势头，2003 年种植面积增加到 $1.30 \times 10^6 \ hm^2$，辣椒总产达到 $2.8 \times 10^7 \ t$，占世界辣椒种植面积的 35% 和辣椒总产量的 46%。2003—2007 年辣椒种植面积趋于稳定，2007 年为 $1.33 \times 10^6 \ hm^2$，我国已成为全球辣椒第一出口大国。

三、辣椒中主要活性成分及其特性

辣椒素（capsaicinoid）是一种极度辛辣的香草酰胺类（图 2 - 14）混合生物碱，是辣椒的主要活性成分。自 1876 年 Thresh 首次从辣椒果实中分离得到辣椒碱以来，至今已发现20 多种辣椒碱类物质，主要为辣椒碱、二氢辣椒碱、降二氢辣椒碱、高二氢辣椒碱、高辣椒碱及降辣椒碱（图 2 - 15），此外还含有一些含量极低的物质，如壬酰香荚兰胺和辛酰香荚兰胺等，这些类似物均具有良好的杀虫和驱避活性。

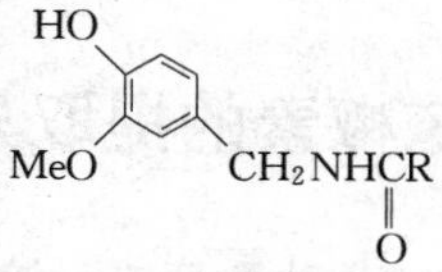

图 2-14　辣椒素的分子结构

辣椒碱（capsaicin）的化学式为 $C_{18}H_{27}NO_3$，相对分子质量为 305.41。二氢辣椒碱（dihydrocapsaicin）的化学式为 $C_{18}H_{29}NO_3$，相对分子质量为 307.43。辣椒碱熔点为 65～66 ℃，易溶于乙醇、丙酮、氯仿、乙醚等有机溶剂，不溶于水，但溶于碱性水溶液。在所有活性物质中，辣椒碱和二氢辣椒碱的含量占 76%～96%。

辣椒素的含量一般占干果的 0.4%～0.8%，因品种、成熟程度、气候条件和栽培条件等不同而有所差异。匈牙利种红辣椒中含辣椒素 0.64%～0.67%；保加利亚种含辣椒素 0.17%～0.78%；中国种含辣椒素 0.1%～0.8%；日本种含辣椒素 0.2%～0.7%；印度种含辣椒素 0.27%～1.13%。在印度和非洲一些辣椒品种中辣椒素含量达 1.7%～2.0%。辣椒素在果实的不同部位的含量也不同，胎座中的辣椒素含量最高，果肉次之，种子最低。具体表现为：胎座及隔膜组织中含量最高，达到干物质重量的 2%左右，果皮中为 0.24%，种子中仅占干物质的 0.12%。

辣椒碱的辛醇-水分配系数（$\lg K_{ow}$）为 3.04，土壤吸收系数（K_{oc}）为 $1.10×10^3$。据此预计，辣椒碱可能被束缚在土壤表层，对地下水污染的可能性很低。土壤细菌能够将辣椒碱代谢成香草醛、香草醇和香草酸，在沙壤土中，辣椒油树脂的半衰期为 2～8 d。辣椒碱对光稳定性好，高盐度对辣椒碱破坏性较大，而高浓度的油则有利于辣椒碱的保存。在中性条件下辣椒素最稳定，偏酸或偏碱性越强辣椒碱越不稳定，温度越高对辣椒碱的破坏性越大。

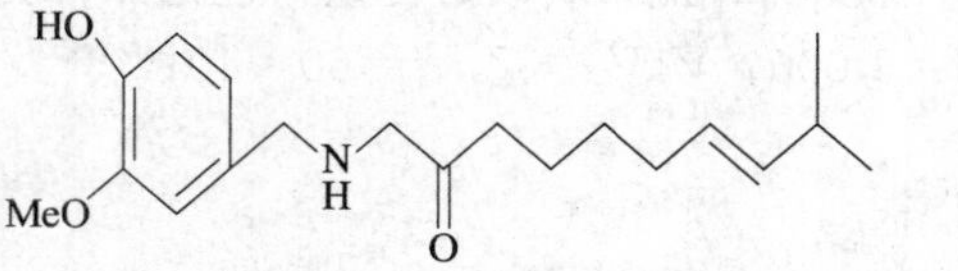

辣椒碱（capsaicin）

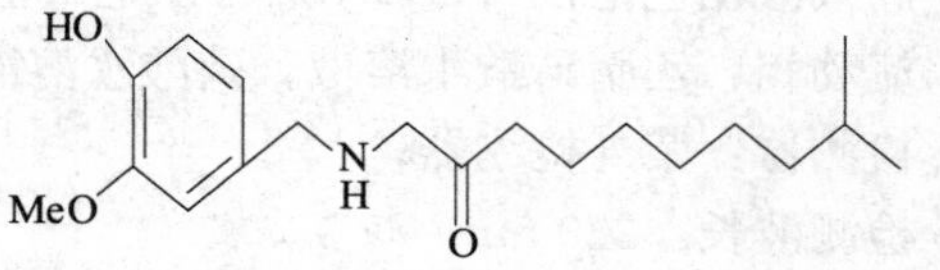

二氢辣椒碱（dihydrocapsaicin）

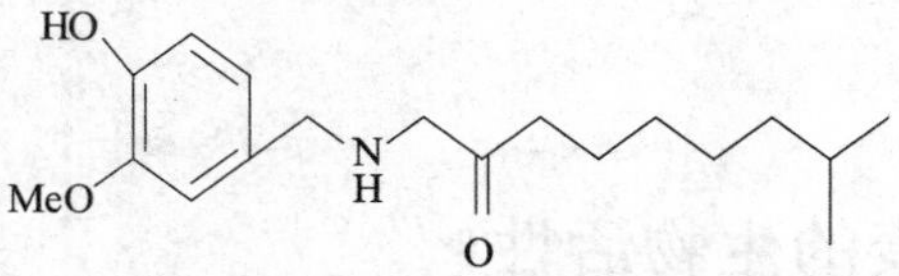

降二氢辣椒碱（nordihydrocapsaicin）

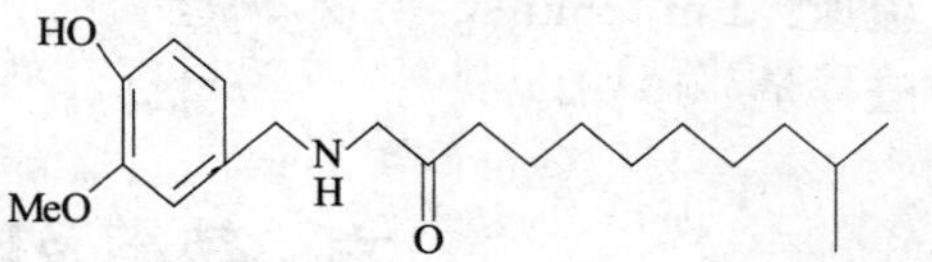

高二氢辣椒碱（homodihydrocapsaicin）

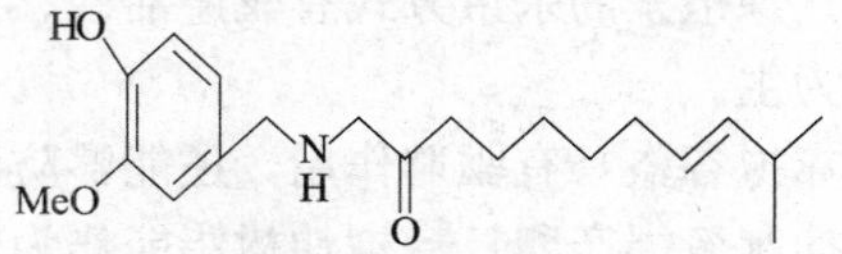

高辣椒碱（homocapsaicin）

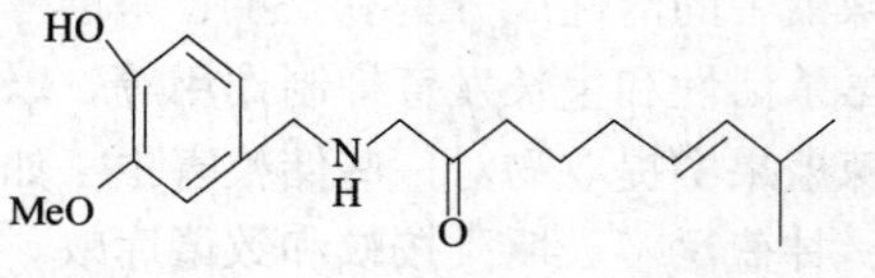

降辣椒碱（norcapsaicin）

图 2-15　辣椒素中的主要成分及结构

四、辣椒素的提取与分离

从果实中提取辣椒碱及其类似物的方法主要有：溶剂萃取法、酶法、超声波提取法、微波辅助萃取法、超临界流体萃取法等；分离技术主要有：色谱柱层析法、制备高效液相色谱法（Prep - HPLC）、结晶法、离子交换法等。

溶剂萃取法采用石油醚、乙醇、丙酮等单一溶剂或混合溶剂，将辣椒皮粉常温搅拌、浸取、过滤数次，滤液浓缩得到辣椒油树脂，滤渣脱溶剂后可作为饲料使用。用体积分数65%～75%的酒精在温热条件下搅拌后冷却静置分层，树脂状物质脱出残留溶剂后可得到辣椒红色素，溶有辣椒素和其他杂质的稀酒精经浓缩蒸馏后得到辣椒素含 6%～10%的辣椒精。

酶法提取技术较传统溶剂提取法能将辣椒素产量提高 30%。将辣椒皮粉用一定浓度的纤维素酶缓冲液进行酶解反应，反应一定时间后进行离心分离，去上清液后在烘箱烘干。将烘干后的辣椒在一定温度下用丙酮浸提一定时间，旋转蒸发浓缩浸提液，回收丙酮溶剂，然后将浓缩物置于烘箱烘干，得到辣椒素粗产品。实验确定辣椒素酶解最优条件为：酶解温度为 45 ℃，酶解液初始 pH 5.4，酶解时间为 3 h，酶量为 7.5 mg/g（辣椒干重）。

将辣椒素粗提物用乙醇稀释溶解，加入刚活化的适量活性炭（0.5 mL 辣椒素粗提液加 1 g 活性炭），50 ℃水浴加热并搅拌 5 min 脱色，倒出清液，再用 90%乙醇洗脱两次，合并提取液，减压回收溶剂得到含量为 95%以上的辣椒素样品。

五、辣椒碱和二氢辣椒碱的检测分析

高效液相色谱仪（HPLC）可以定量检测辣椒碱和二氢辣椒碱的含量，色谱条件为：
流动相：乙腈磷酸水溶液，磷酸水溶液（1：1 000，V/V）：乙腈＝60：40；
检测器：紫外检测器；
检测波长：280 nm；
色谱柱：ODS C18 反相柱（5 μm，150 mm×4.6 mm）；
流速：1 mL/min；
进样量：10 μL。

六、辣椒及辣椒素的生物活性

辣椒中的活性成分具有杀虫、杀菌等生物活性。辣椒素的杀虫方式有驱避活性、拒食活性、毒杀活性和生长发育抑制作用等，以驱避活性为主。

辣椒果实提取物对一些储粮害虫（如玉米象和赤拟谷盗）有驱避作用，还能够防治二斑叶螨、甘蓝尺蠖、斯氏按蚊和致倦库蚊。辣椒粉能抑制葱蝇产卵。辣椒油树脂能作为驱避剂防治棉花害虫。辣椒碱能抑制棉铃虫幼虫的生长发育，可用于防治紫花苜蓿象鼻虫幼虫、烟粉虱和菜青虫，同时对小菜蛾表现出一定的触杀作用和胃毒作用以及较强的产卵驱避作用和拒食作用。

七、辣椒素的杀虫作用机理

辣椒碱及其类似物的杀虫机制非常复杂，国内外研究尚未透彻，目前主要的解释是辣椒碱对害虫的触杀作用明显，害虫与辣椒碱接触后即表现麻痹（不活动、不取食）、瘫痪最终死亡的现象。其次，辣椒碱对害虫具有胃毒作用，害虫取食后抑制解毒酶系、影响消化吸收、干扰呼吸代谢、破坏膜、引起神经系统功能障碍，致使害虫因正常的生理活动受阻而引致生理病变，使生长发育受到抑制而死亡。

辣椒碱脂溶性强，有强烈的经皮吸收作用，与神经细胞膜上的辣椒碱受体（vanilloid receptor，VR_1）结合，能促进钙或钠离子等阳离子进入细胞膜。辣椒碱激活辣椒碱受体，钙离子通道开放，钙离子内流，细胞质中钙离子浓度升高，引起神经元及其纤维释放神经肽（如 P 物质、神经激肽 A、降钙素基因相关肽、血管活性肠肽）和兴奋性氨基酸（如谷氨酸和天冬氨酸）。

八、辣椒及辣椒素的毒性

辣椒是世界上最普遍最常用的香料，长期被当做优质的调味品。辣椒碱被广泛用于医药、食品、饲料、化妆品、船用油漆及军事武器等领域。1991 年美国环境保护局（EAP）认定辣椒碱类化合物为生物化学农药，现在又进一步免除了其在水果、蔬菜上残留量的限制规定，并且免除了耐药性、残留检验。

（一）辣椒碱的急性毒性

1. 辣椒碱的急性经口毒性　辣椒碱经口处理后，对雌小鼠和雄小鼠的 LD_{50} 分别为 7.4 mg/kg 和 118.8 mg/kg；对雌大鼠和雄大鼠的 LD_{50} 分别为 148.1 mg/kg 和161.2 mg/kg。处理后小鼠和大鼠均出现分泌唾液、皮肤红斑、行动缓慢、呼吸徐缓和紫绀等症状。尸检结果显示，在死亡动物中发现胃底溃疡，但存活动物没有发现病理变化。据估计，辣椒碱对人的 LD_{50} 为 500～5 000 mg/kg。

2. 辣椒碱的急性经皮毒性　辣椒碱处理小鼠，经皮 $LD_{50} > 512$ mg/kg，然而在检测剂量下没有发现明显的毒性现象。辣椒碱可导致皮肤红肿，小鼠耳接触辣椒碱在 1 h 内出现皮肤水肿，但之后产生反应小。辣椒碱会严重刺激眼睛，能导致大鼠和小鼠角膜病变。

3. 辣椒碱的急性吸入毒性　人吸入辣椒碱后，短时间内可引起支气管缩小、咳嗽、恶心以及上身不协调症状。轻度哮喘患者及非哮喘的人吸入辣椒碱后会引起呼吸阻力增加，患哮喘和其他呼吸系统疾病患者可能更敏感。

（二）辣椒碱的慢性毒性

辣椒碱通过灌胃或与食物混合喂养啮齿动物，实验结果表明其体重降低；然而在总食物中添加 10% 的红辣椒连续喂养，对小鼠没有任何影响。试验动物喂食 5 g/(kg·d) 的红辣椒一年，显示不同的饮食影响辣椒素对兔肝、脾的毒性作用，高脂肪的饮食下对辣椒素的毒性作用影响最大；相比之下，动物吃高蛋白、高碳水化合物饮食的毒性反应与对照相比无明显差别。研究人员用纯辣椒素每周 1 次局部处理小鼠背部（每鼠每周 0.64 mg），连续 26 周，导致小鼠皮肤异常，包括炎症、表皮结痂、表皮增厚、溃疡；胃部、唾液腺和口腔出现严重病变。辣椒素每天两次处理大鼠的后爪,连续处理 10 周,接触最高剂量(0.75％辣椒碱)导致动物疼痛的敏感性增强,但随着时间的推移这种敏感性逐渐下降;长期使用低剂量(0.075％辣椒碱)处理的大鼠 C 纤维功能降低,但停止给药后这种现象消失。

辣椒碱对非靶标生物的毒性情况与靶标昆虫和哺乳动物是相同的,辣椒碱对蜜蜂和其他有益昆虫表现出一定的毒性,但是对鸟类无毒,对鱼虾的毒性未见报道。

九、辣椒杀虫剂应用情况

含辣椒碱的生物杀虫剂主要登记用于防治蔬菜和柑橘及观赏性植物害虫,能在用药 24 h 内杀死小菜蛾、蚜虫、菜青虫、红蜘蛛、银纹夜蛾、粉虱、叶蝉、蓟马、斑潜蝇、介壳虫和跳蚤等害虫,用药 21 d 后对上述害虫还能起到有效驱避作用。也可用于土壤线虫防治,其中辣椒碱活性成分以辣椒油树脂形态存在。

自 1962 年辣椒碱单一活性成分首次在美国作为农药商品被登记,到 1992 年,共有 10 个含辣椒碱的农药登记品种。这些农药品种为辣椒碱单一成分或与大蒜或芥末油的活性成分复配而成的颗粒剂、粉剂、液体制剂。

在我国,厦门南草坪生物工程有限公司从 1996 年开始组织一批院士、博士生导师参与攻关,运用生物技术从辣椒干果中萃取提炼,研制辣椒碱杀虫农药,通过优化筛选配方和微乳剂应用研究,开发了生物可降解农药,经农业部农药检定所田间药效试验,证明该产品具有良好的触杀和驱避作用,对作物害虫有药效高、持效长。2001 年 6 月,该农药品种成功申请国家发明专利,2002 年这种绿色农药在厦门上市。

第九节　番荔枝及番荔枝内酯

一、番荔枝概述

番荔枝(*Annona squamosa*)为番荔枝科(Annonaceae)番荔枝属(*Annona*)植物,为热带地区著名水果,原产于美洲热带。因其果实外形酷似荔枝,故名番荔枝,又名林檎、佛头果、甜果等。番荔枝具食疗功能,在细胞毒性、抗肿瘤、抗疟和防治寄生虫等方面都具有显著的生物活性。同时它还具有优秀的杀虫、杀螨、抗菌和除草等活性。我国民间有用番荔枝根治疗急性赤痢、精神抑郁症和脊髓病骨病,用番荔枝果实治疗恶疮或用做杀寄生虫药剂的实例。番荔枝的叶和种子可做驱虫剂,从种子中提取的油料物质和未成熟的干果粉都可用做农用杀虫剂。在印度,人们将番荔枝种子捣碎后用于捕鱼或用做杀虫剂。

二、番荔枝的分布及种植情况

番荔枝科植物分布于美洲热带地区、非洲以及东南亚,多为乔木或灌木,共 120 余属 2 100余种。我国有 24 属 103 种,广东、广西、海南、福建、台湾和云南等地均有栽培。植株高 5 m，树皮薄、灰白色，树冠球形或扁球形。单叶，互生，椭圆披针形或长圆形，长 6～17 cm，先端尖或钝，基部圆或阔楔形。花黄绿色，1～4 朵聚生于枝顶或与叶对生，花期 5～6 月。聚合浆果，肉质，近球形，果径 5～10 cm，8～10 月成熟时黄绿色，味甘美芳香。喜光，喜温暖湿润气候，不耐寒，要求年平均温度在 22 ℃以上，适生于深厚肥沃排水良好的砂壤土。

三、番荔枝中主要活性成分

番荔枝含有丰富的活性化学物质，最重要的是番荔枝内酯（annonaceous acetogenin，AA）。番荔枝内酯是一类具有多种生物活性的物质。自 1982 年在番荔枝科紫玉盘属植物 *Uvaria accuminata* 的根部发现第一个抗肿瘤活性很强的番荔枝内酯 uvaricin 以来，其抗癌化学成分番茄枝内酯的研究成为继紫杉醇之后国内外植物化学和肿瘤药理学的又一个研究热点。到目前为止，在番荔枝科各种植物中已发现了 300 多个番荔枝内酯化合物，并且发现它们具有驱虫、抗微生物、抗肿瘤、抗寄生虫、抗疟以及逆转肿瘤多药耐药性等活性。

这类化合物的特征为分子中含有 0～3 个四氢呋喃（THF）环、1 个甲基取代或经重排的 γ-丁内酯和两个连接这些部分的长烷基直链，在长脂肪链上通常含一些立体化学多变的含氧官能团（如羟基、乙酰氧基、酮基氧）或双键等，碳原子数通常为 35～37（图 2-16）。

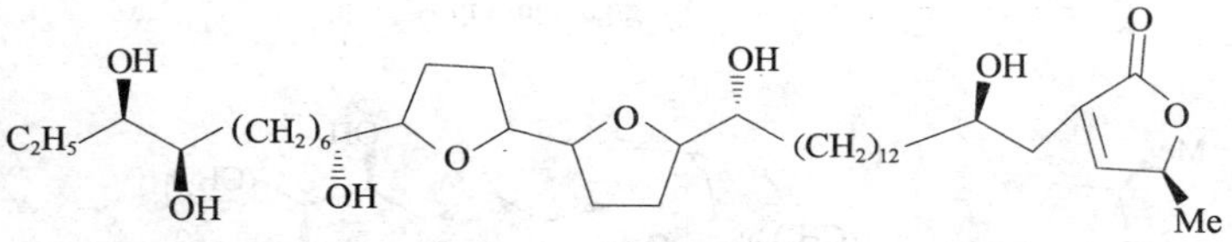

bullatetrocin

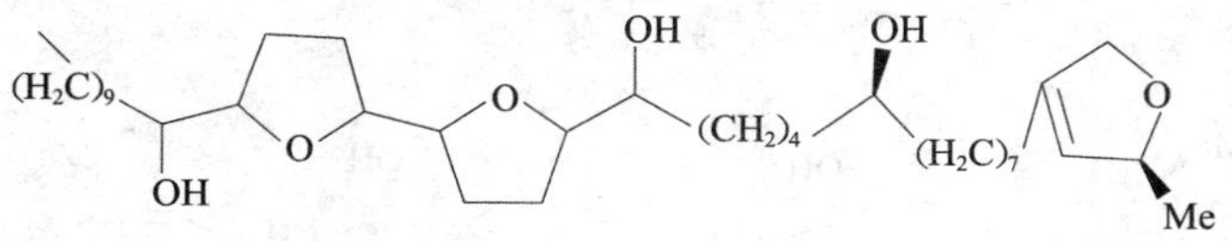

trilobin

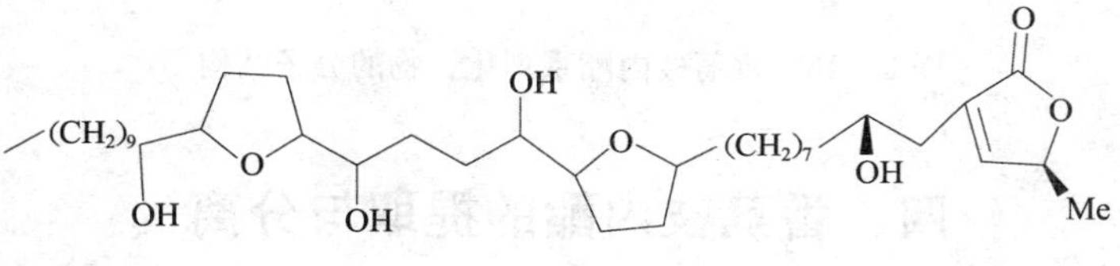

bullatalicin

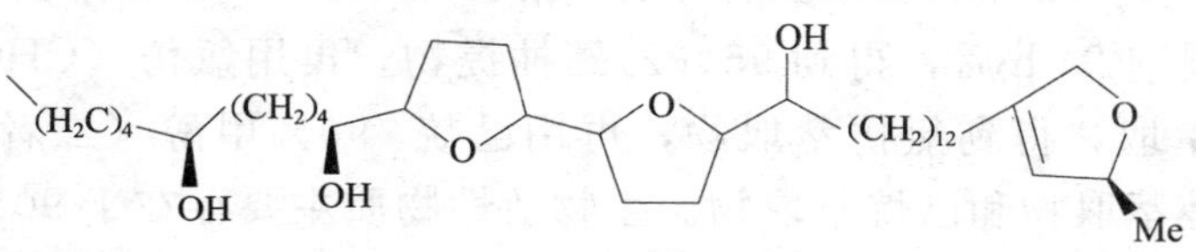

motrilin

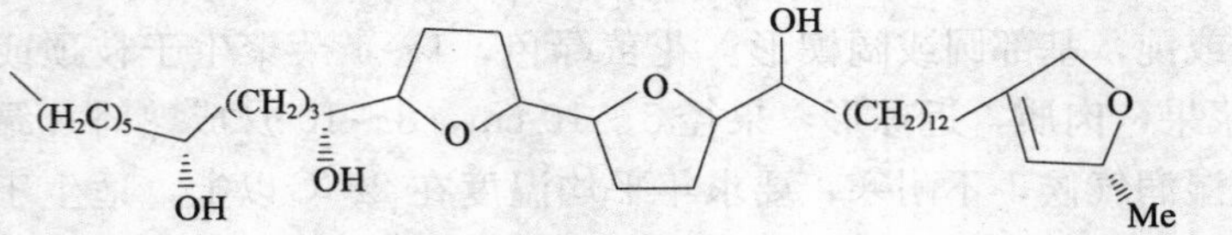

annonin I (squamocin)

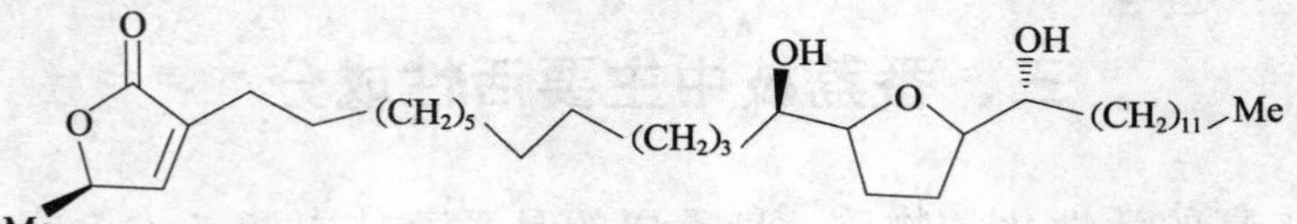

annonacin

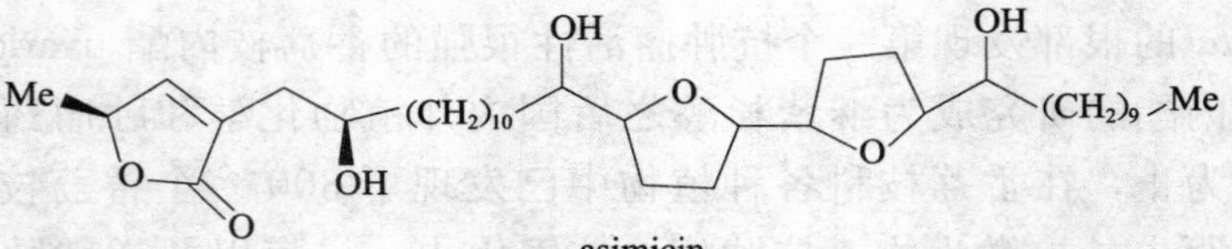

asimicin

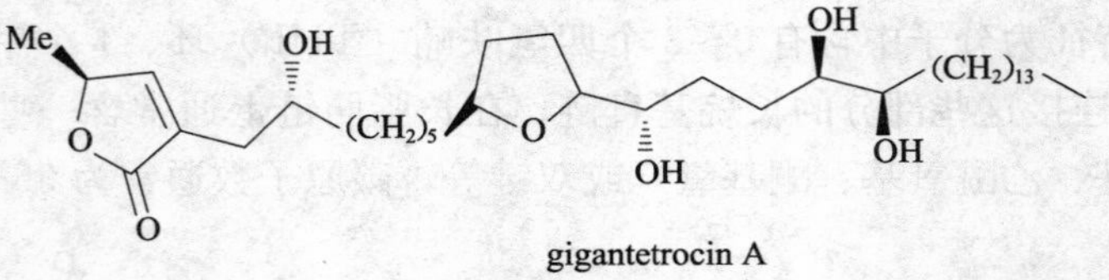

gigantetrocin A

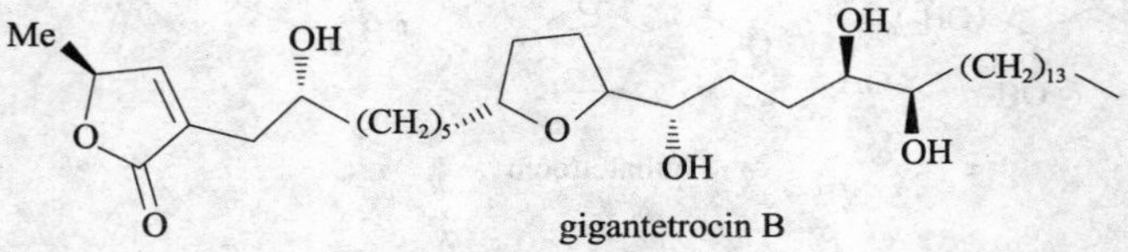

gigantetrocin B

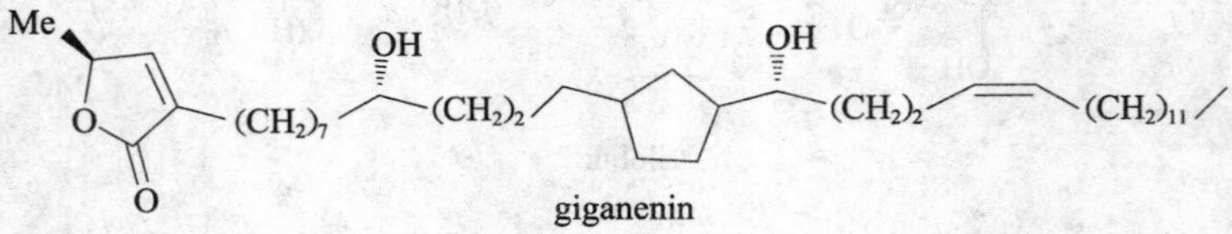

giganenin

图 2-16　番荔枝内酯系列化合物的分子结构

四、番荔枝内酯的提取与分离

采集番荔枝果实，洗净，剥取其种子，晾干后粉碎，用 8 倍体积的 95％工业乙醇冷浸 3 次，每次浸泡 24 h 后，得到 95％乙醇抽提物，再用氯仿（CHCl₃）水溶液（二者等体积混合）萃取，得到氯仿萃取物，再用己烷-90％甲醇（二者等体积混合）萃取，分别得到甲醇萃取物和己烷萃取物。生物活性物质主要存在于 90％甲醇萃取物中，它是多种番荔枝内酯的混合物。为了得到各种纯品需进一步分离，常用的方法有硅胶柱层析、反相柱层析和薄层层析等。对于一些难以分开的对映体，可以使用液相色谱等手段。

五、番荔枝内酯的生物活性

番荔枝内酯及番荔枝植物具有优异的杀虫、杀螨、抗菌和除草等活性，在细胞毒性、抗肿瘤、抗疟和防治寄生虫等方面也具有显著的生物活性。番荔枝内酯通过强烈的胃毒和拒食作用来体现其杀虫活性。研究表明，它比世界公认的高效植物源农药鱼藤酮及有机磷农药乙酰甲胺磷的效果还要好。

在印度，番荔枝的果实、种子和叶片均被用来杀虫、毒鱼和堕胎。在南美洲秘鲁，毛叶番荔枝（Annona cherimolia）是传统的抗人体寄生虫药物。在马来西亚婆罗洲，番荔枝科植物绒毛哥纳香的叶片被用做驱蚊剂。

番荔枝甲醇提取物处理菜粉蝶 4 龄幼虫，48 h 后仍然维持高拒食活性，拒食率均在93.35% 以上。其枝叶提取物对双纹须歧角螟（Trichophysetis cretacea）成虫产卵驱避率为95.05%，种子提取物对埃及伊蚊 24 h 的 LC_{50} 为 5.12 mg/L，在 0.5 μg/头剂量下，褐飞虱成虫致死率为 100%。M. B. Isman 等将种子提取物加入乳化剂制备成水乳剂，对小菜蛾 1龄、2 龄、3 龄和 4 龄幼虫 24 h 的 LC_{50} 分别为 200 mg/L、300 mg/L、390 mg/L 和670 mg/L，并发现其对斜纹夜蛾幼虫具有拒食活性。郭成林等研究发现，枝叶提取物在10 g/L 的浓度下，对黄曲条跳甲成虫 24 h 的校正死亡率为 75.2%。番荔枝乙醇提取物对赤拟谷盗的 LD_{50} 为 0.632 μg/kg。杨仁洲等报道，刺果番荔枝（Annona muricata）种子中海南哥纳香素已和刺番荔枝素庚（howiicin F 和 howiicin G）的混晶对菜粉蝶幼虫（Pieris rapae）和小菜蛾（Plutella xylostella）有拒食和胃毒作用。

Rupprecht 等 1986 年从番荔枝科植物泡泡树（Asimina triloba）的皮和种子中分离得到asimicin，并首次报道了其杀虫效果。Mikolajczak 等将整个番荔枝内酯归为杀虫药剂，并于1988 年获得了 asimicin 的美国专利。Moescher 等研究发现番荔枝化合物 annonin 对小菜蛾、桃蚜及棉蚜具有较好的杀虫活性，并于 1987 年获得美国专利。Shankaram 等研究发现从番荔枝提取的 squamocin 等一系列化合物对很多鳞翅目害虫具有防治效果，并于 2003 年获得美国专利。Rupprecht 等报道 asimicin 对多种害虫显示强烈的胃毒、拒食和杀卵活性，在0.005% 浓度下对墨西哥瓢虫的致死率为 100%；0.05% 的浓度对棉蚜的致死率为 100%；在0.5% 浓度下丽蝇死亡率为 50%；对埃及伊蚊（Aedes aegypti）的毒杀效果尤为明显，在0.0001% 浓度下死亡率就高达 100%。另外 asimicin 对瓜条叶甲（Acalymma vittatum）有很好的拒食活性，将 0.1% 和 0.5% 的药液喷于菜叶上，对瓜条叶甲的拒食率分别为 80% 和100%。Ratnayake 等也报道 asimicin 对棉蚜和墨西哥瓢虫等有强烈的致死作用。He 等测定了 44 种番荔枝内酯化合物对鳃足虫（Artemia salina）和埃及伊蚊幼虫的杀虫活性，结果发现大多数化合物对鳃足虫和埃及伊蚊的 LC_{50} 小于 50 mg/L，其中 bullatacin 和 trilobin 对埃及伊蚊的作用效果优于鱼藤酮。Alali 等发现所测的 6 种番荔枝内酯化合物对德国蜚蠊（Blattella germanica）均有较好的毒杀作用，并且可延缓 5 龄幼虫的生长发育。

何道航等发现刺番荔枝素 A(howiicin A) 和刺番荔枝素 B(howiicin B) 对小菜蛾（Plu-

tella xylostella）和菜粉蝶（*Pieris rapae*）幼虫有强烈的胃毒作用与拒食活性。用 0.1％浓度液浸叶后饲喂小菜蛾与菜粉蝶 3 龄幼虫，48 h 死亡率均高达 100％，拒食率分别为98.18％和95.65％；处理菜粉蝶幼虫 48 h 死亡率分别为 80％和70％。

Colom 等按照 50 $\mu g/g$ 的质量浓度把化合物 squamocin 拌在草地贪夜蛾的人工饲料中，结果表明，squamocin 对草地贪夜蛾幼虫的致死率为 100％，而且成虫的死亡率也达 100％，同时蛹的翅膀和腹部发育畸形。在 9 个供筛选的番荔枝内酯化合物中，squamocin 是唯一一个对幼虫致死率达到 100％的化合物。squamocin 对果蝇幼虫和卵也具有很强的活性。squamocin 含量为125～140 $\mu g/g$ 时对果蝇幼虫的致死率达 100％，且卵不能孵化。squamocin 对大马利筋长蝽 4 龄蛹 72 h 的 LD_{50} 为 0.16 $\mu g/$蛹。

六、番荔枝内酯的检测分析

高效液相色谱仪（HPLC）可以定量检测番荔树内酯 annonin I 的含量，色谱条件为：
色谱柱：ODS C18 柱（5μm，150 mm×4.6 mm）；
流动相：乙腈水溶液，乙腈：水（V/V）＝75：25；
流速：1.0 mL/min；
柱温：30 ℃；
检测波长：220 nm；
进样量：10 μL。
在上述条件下 annonin I 的保留时间为 26.19 min。

七、番荔枝内酯的杀虫作用机理

番荔枝内酯的作用机理高度类似于鱼藤酮，作用于昆虫线粒体，抑制线粒体氧化还原酶的活性，减少 ATP 的生成，从而导致害虫死亡。天然的番荔枝内酯是线粒体复合物 I 的优秀抑制剂。

Londershausen 等进行了一系列实验发现番荔枝内酯是线粒体中氧化磷酸化作用的NADH-辅酶 Q 还原酶（complex I）的抑制剂。annonin I 对绿蝇（*Lucilia cuprina*）和飞蝗线粒体中的 NADH 细胞色素还原酶和复合物 I 具有抑制作用，并观察到暴露于番荔枝内酯的昆虫在死亡前表现出运动迟缓、嗜睡等症状，这些症状通常是由呼吸系统抑制剂引起的 ATP 水平降低造成。再用 annonin I 和抗菌素处理小菜蛾，发现在 LT_{50} 时的 ATP 水平为 1.45 $\mu mol/g$ 和 1.35 $\mu mol/g$（体重），比对照的 1.98 $\mu mol/g$ 低。许多生物体（包括人和蠕虫）的组织都对番荔枝内酯敏感，这表明番荔枝内酯的作用机制是抑制了这些组织中共同的生理系统，进一步的试验表明是抑制了线粒体的电子转移过程。朱孝峰等研究表明，squamocin 诱导 HL-60 细胞凋亡依赖 caspase-3 途径的激活，squamocin 激活 caspase-3可能与 SAPK/JNK 的激活相关。

K. I. Ahammadsahib 等研究发现 bullatacin 是强烈的电子传递抑制剂，抑制 NADH 和辅酶 Q 之间的电子传递。Lewis 等用从泡泡树提取物的一个活性馏分 F020 和纯 asimicin 研究了对欧洲玉米螟幼虫的线粒体的作用，结果表明，F020 和 asimicin 对氧化磷酸化无解偶联作用。在低浓度下，二者都抑制 ATP 酶的活性；在高浓度下，电子传递在 NADH 和辅酶 Q 之间被抑制。这种作用机制与鱼藤酮有差异，鱼藤酮作用于 NADH - 辅酶 Q 氧化还原酶偶联位点，并抑制氧化磷酸化。Zafra - Polo 等对已分离的 128 种番荔枝内酯进行研究，表明这类化合物对细胞线粒体的呼吸链 NADH - 泛醌（ubiquinone）氧化还原酶有抑制作用。Ahammadsahib 等报道琥珀酸盐和抗坏血酸可解除番荔枝内酯对线粒体呼吸链的抑制，可用于番荔枝用量过量时抢救。

由上可知，番荔枝内酯可能的作用机制是，通过抑制线粒体 NADH 氧化还原酶的活性，从而阻止呼吸链电子的传递，使 ATP 产生迅速减少。这一作用机理与常规杀虫剂是完全不同的，可由此研发出一类新型的杀虫剂。

● 复习思考题

1. 什么是植物性农药？植物性农药具有什么优势和局限性？

2. 植物性农药按成分分类可包括哪些类型？

3. 印楝素的作用机制有哪些？目前在登记的印楝素农药单剂、原药以及混配制剂有哪些？

4. 鱼藤酮可以从哪些植物中获得？其作用机制和毒性有哪些特点？目前在登记的鱼藤酮农药单剂、原药以及混配制剂有哪些？

5. 我国植物性农药登记和使用有什么发展特点？

6. 植物性农药的发展前景如何？

● 主要参考文献

程少敏，邓忠贤 . 2011. 新型生物杀虫剂印楝素的应用 [J]. 新农业（10）：47.

黄继光 . 2008. 羽裂蟹甲草和鞘柄木的化学成分及其生物活性 [D]. 广州：华南农业大学 .

李晓玲，金晓弟 . 2004. 植物源杀虫剂研究进展 [J]. 中国媒介生物学及控制杂志，15(5)：406 - 408

林燕，胡志鹏 . 2010. 关于农药使用管理与农产品安全的思考 [J]. 农药市场信息，5(5)：11 - 14.

宋宜娟，韩红岩，许维岸 . 2011. 印楝素对黄粉虫生长发育、能量储存及相关消化酶的影响 [J]. 农药，50(6)：414 - 416，425.

吴文君 . 2006. 从天然产物到新农药创新——原理与方法 [J]. 北京：化学工业出版社 .

徐汉虹 . 2001. 杀虫植物与植物性杀虫剂 [M]. 北京：中国农业出版社 .

张兴 . 2002. 植物农药与药剂毒理学研究进展 [M]. 北京：中国农业科学技术出版社 .

CHARI M S, RAO R S N, PRABU S R. 1992. Bio - efficacy of nicotine sulfate against pests of different crops [J]. Tobacco Research, 18(1 - 2)：113 - 116.

DUBEY N K, et al. 2008. Current status of plant products as botanical pesticides in storage pest management [J]. Journal of Biopesticides, 1(2)：182 - 186.

MULLA M S, SU T Y. 1999. Activity and biological effects of neem products against arthropods of medical and veterinary importance [J]. Journal of the American Mosquito Control Association, 15(2)：133 - 152.

NERIO L S, OLIVERO V J, STASHENKO E. 2010. Repellent activity of essential oils：A review [J]. Bioresource Technology, 101(1)：372 - 378.

PALUCH G, BRADBURY R, BESSETE S. 2011. Development of botanical pesticides for public health [J].

Journal of ASTM International, 8(4): 21 - 27.

RAND P W, et al. 2010. Trial of a minimal - risk botanical compound to control the vector tick of lyme disease [J]. Journal of Medical Entomology, 47(4), 695 - 698.

SINGH D, et al. 2006. Botanicals as pesticides and their future perspectives in India [J]. Frontiers in Environmental Research (2): 95 - 108.

ZHANG J M, et al. 2010. Study on anti - microbial activities of total alkaloids in *Elaeagnus mollis* [J]. Medicinal Plant, 1(8): 62 - 64, 67.

第三章

真菌源农药

昆虫病原真菌是自然界控制害虫群体的主要因素之一。已鉴定出的昆虫病原真菌有700余种，而其中只有10余种用于防治害虫，主要有绿僵菌、白僵菌、拟青霉、木霉、虫霉、蜡蚧霉和盾壳霉。

第一节 真菌源农药概述

一、国内真菌农药的应用现状

国内早已开始应用真菌防治病虫草害，如白僵菌防治松毛虫和玉米螟，一些产品曾具有相当的规模，如防治菟丝子的胶孢炭疽菌鲁保2号。目前应用较多的杀虫真菌主要有球孢白僵菌（*Beauveria bassiana*）、金龟子绿僵菌（*Metarhizium anisopliae*）、玫烟色拟青霉（*Paecilomyces fumosoroseus*）、莱氏野村菌（*Nomuraea rileyi*）、汤普森被毛孢（*Hirsutella thompsonii*）和蜡蚧轮枝菌（*Verticillium lecanii*）等10多种真菌。到目前为止，我国真菌农药企业基本处于小而弱的状况。真菌农药生产厂家产品以金龟子绿僵菌、球孢白僵菌为主；在真菌农药生产工艺方面，单纯的液体发酵生产的孢子或菌体，因活性和耐储性低而受到限制。国内大多数企业采用的浅盘、窗纱或无纺布开放式生产模式，空间利用率低，而且容易感染杂菌，产品质量不稳定，成为真菌源农药在我国产业化进程中发展缓慢的重要原因之一。

近年来，我国加强了真菌生物农药的研究和产业化力度，取得了很大的进展。重庆大学与重庆重大生物技术发展公司联合进行杀蝗绿僵菌生物农药的研制，2008年获得蝗虫防控的绿僵菌生物农药的正式登记证，成为我国首家获得正式农药登记证的真菌农药高新技术企业。至今已建成年生产绿僵菌母粉400 t、油悬浮剂2 000 t、粉剂4 000 t的全封闭液固两相清洁式真菌制剂生产线，一个具有国际先进水平的真菌农药研究中心和产品生产基地已经建成。大批防治农林重大害虫的真菌生物农药系列产品正在大力研发，部分产品已进入田间药效登记试验阶段，将陆续投放市场。

江西天人集团与国内科研机构合作建立了真菌杀虫剂生产基地，是我国发展真菌杀虫剂的又一成功典范。安徽农业大学拥有几十年的真菌杀虫剂研究成果；中国科学院过程工程研究所创制的气相双动态固态发酵技术从根本上克服了常规真菌开放式发酵易染菌、质量难以控制的弊病，建立了真菌杀虫剂固态发酵新工艺。我国真菌杀虫剂工业化水平全面提升。

二、真菌农药的优缺点

（一）真菌农药的优点

1. 选择性强，对人畜安全　目前应用的真菌杀虫剂，只对病虫害有作用，对人畜及各种有益生物较安全，对非靶标生物的影响较小。

2. 对生态环境影响小　真菌杀虫剂的有效活性成分完全来源于自然生态系统，极易被日光、植物或各种土壤微生物分解，对自然生态环境安全、无污染。

3. 可以诱发害虫流行病　真菌杀虫剂在害虫群体中能水平传播或经卵垂直传播，在一定的条件下，具有定殖、扩散和发展流行的能力。

4. 扩散力强，杀虫谱广　与细菌杀虫剂相比，真菌杀虫剂具有较强的垂直与水平扩散能力和较广的杀虫谱。在害虫体内新产生的真菌可进一步扩散，有助于害虫的持续控制与害虫流行病的发生。

5. 害虫对真菌杀虫剂不易产生抗性　中国科学院微生物研究所研究显示，真菌杀虫剂的多种杀虫机理使得害虫对真菌杀虫剂产生抗药性的概率几乎为零。

（二）真菌农药的缺点

真菌农药与化学农药相比也存在许多缺点，简要概括起来主要包括以下几点。

1. 防治效果较缓慢　虫生真菌在侵染害虫时，往往都要经历附着、产生附着孢、形成穿透钉、降解昆虫表皮、在昆虫体内大量繁殖等一系列的复杂过程，很难在短时间内得到很好的效果。

2. 容易受到环境因素的制约和干扰　真菌孢子萌发需要适宜的温度和湿度等条件，对环境的依赖性大。

3. 产品有效期短，稳定性较差　真菌孢子在高温下不能长期保存，即便是加了色拉油以及保护剂，孢子的活性在 1 年后也会降低，所以真菌农药的货架期比化学农药短。

第二节　杀虫真菌农药

一、虫生真菌的发展历史及来源

人们对虫生真菌的发现具有悠久的历史。昆虫的真菌流行病，史籍中多次记载过蝗虫感染蝗噬虫霉（*Entomophage grylli*）后"抱草而死"的现象，最早记录于《五代史五行志》后汉乾祐二年（公元 949 年），欧洲的最早记载要比我国的记载晚 800 多年。但人类利用真菌防治害虫的历史只有 100 多年。1843 年，Bassi 用实验证明了是白僵菌使蚕病在法国和意大利等国大流行，这项工作开创了昆虫疾病的微生物病原学说，奠定了昆虫病理学的基础，也是虫生真菌研究的真正开始。利用微生物防治害虫以病原真菌为最早，俄国 Metchnikoff 于 1880—1897 年应用绿僵菌（*Metarhizium anisopliae*）防治金龟甲，成功地使其幼虫发病，揭开了利用真菌防治害虫的序幕。19 世纪 90 年代以后，由于人们对人工放菌的效果产生质疑，这一研究一度中断，直到 20 世纪 20—30 年代，俄、美、日等国利用白僵菌、绿僵菌防治玉米螟、马尾松毛虫及蛴螬获得成功，至 20 世纪 70 年代末 80 年代初，人们对保护环境的呼声越来越高，生物农药又提到了重要的议事日程上，真菌治虫的研究随之发展。昆虫病原真菌是自然界控制害虫群体的主要因素之一，已鉴定出的昆虫病原真菌有700余种，而其中只有10余种用于防治害虫，因此开发和利用昆虫病原真菌具有巨大的潜力。真菌杀虫剂独特的体壁入侵方式对刺吸式口器害虫、鞘翅目害虫以及昆虫的卵和蛹具有较好的防治效果，比细菌和病毒杀虫剂有更大的优势。

二、我国虫生真菌资源及利用

虫生真菌的种类很多，代谢类型复杂，从鞭毛菌亚门到半知菌亚门无不含有虫生真菌，共涉及约100属。对现有资料的不完全统计，我国的昆虫病原真菌资源已经鉴定到种的有33属127种。其中鞭毛菌亚门1种、接合菌亚门19种、子囊菌亚门50种、担子菌亚门2种、半知菌亚门55种。

我国目前已对一些种类进行了真菌治虫的应用研究。早就开始应用白僵菌防治松毛虫和玉米螟，淡紫拟青霉防治线虫病，哈茨木霉防治土传病害等，一些产品曾具有相当的规模，如胶孢炭疽菌防治菟丝子的鲁保2号、防治森林的马尾松毛虫的白僵菌等。

利用白僵菌防治40多种农林害虫获得成功，防治面积较大的有松毛虫、玉米螟和水稻叶蝉。绿僵菌正在工厂化生产用于防治地下害虫、天牛和飞蝗等。拟青霉中有两种已得到应用，淡紫拟青霉不仅具有较高的杀虫活性，而且其发酵液具有类似生长素和细胞分裂素的作用，可用于防治大豆孢囊线虫和烟草根结线虫，提高作物产量；肉色拟青霉固体发酵孢子粉对稻飞虱有一定的防治效果。

第三节　绿　僵　菌

绿僵菌（*Metarhizium anisopliae*）是世界上最早用于田间防治的昆虫病原真菌，1878—1879年俄国生物学家Metchnikoff首次从奥地利丽金龟中分离出绿僵菌，并提出利用啤酒酵母培养绿僵菌的方法，在乌克兰成功地进行了绿僵菌对奥地利丽金龟和甜菜象甲的防治试验，揭开了绿僵菌在害虫防治领域研究与应用的序幕，使之成为害虫生物防治的先驱。绿僵菌寄主范围广，至少包括直翅目、革翅目、半翅目、鳞翅目、双翅目、膜翅目和鞘翅目等7目200多种昆虫，它致病力强，对人畜和作物无毒害，使用安全，且有较长的后效，已被联合国粮食与农业组织推荐为环保产品推广应用。

一、绿僵菌的分类与寄主范围

（一）绿僵菌分类和寄主范围概况

Tulloch于1976年将绿僵菌属定为2种，金龟子绿僵菌（*Metarhizium anisopliae*）和黄绿绿僵菌（*Metarhizium flavoviride*）。他将金龟子绿僵菌分为两个变种：金龟子绿僵菌大孢变种 [*Metarhizium anisopliae*(Metsch.)Sorokin var. *majus* Tulloch] 和金龟子绿僵菌小孢变种 [*Metarhizium anisopliae*(Metsch.)Sorokin var. *anisopliae* Tulloch]。金龟子绿僵

菌大孢变种的分生孢子大，为 $10\sim16\ \mu m\times3\sim4\ \mu m$，较少见，寄主范围较窄。金龟子绿僵菌小孢变种的分生孢子小，为 $5\sim8\ \mu m\times3\sim4\ \mu m$，寄主范围广，至少寄生 8 目 200 余种昆虫及一些螨类和线虫，在生物防治中有重要价值，已开发为真菌杀虫剂，并已在巴西等国注册。

1986 年 Rombach 将黄绿绿僵菌分为黄绿绿僵菌小孢变种（*Metarhizium flavoviride* Gams et Rozsypal var. *minus* Rombach）和黄绿绿僵菌大孢变种（*Metarhizium flavoviride* Gams et Rozsypal var. *flavoviride* Rombach）。

我国学者郭好礼应用扫描电子显微镜观察真菌分生孢子的微结构，发现 3 个新种：平沙绿僵菌（*Metarhizium pingshanese*）、贵州绿僵菌（*Metarhizium guizhouensis*）和柱孢绿僵菌（*Metarhizium cylindrosporae* Chen et Guo）。1991 年，梁宗琦等从虫草新种戴氏虫草上分离的绿僵菌命名为戴氏绿僵菌（*Metarhizium taii* Liang）。1992 年郭好礼和陈庆涛将绿僵菌修定为 8 种，分别为金龟子绿僵菌（*Metarhizium anisopliae*）、大孢绿僵菌（*Metarhizium majorosporae*）、贵州绿僵菌（*Metarhizium guizhouensis*）、柱孢绿僵菌（*Metarhizium cylindrosporae*）、翠绿绿僵菌（*Metarhizium iadini*）、平沙绿僵菌（*Metarhizium pingshanese*）、黄绿绿僵菌（*Metarhizium flavoviride*）和黄绿绿僵菌小孢变种（*Metarhizium flavoviride* var. *minus*）。其分类地位属于半知菌亚门（Deuteromycetina）丝孢纲（Hyphomyces）丝孢目（Hyphomycetales）丝孢科（Hyphomycetaceae）绿僵菌属（*Metarhizium*）。

（二）绿僵菌的类群

Driver 等（2000）基于分子系统发育对绿僵菌属（*Metarhizium*）做了全面的修订。Driver F. 和 Milner 共测定了 123 株绿僵菌菌株的 ITS 的序列，结果支持绿僵菌是一单系类群。目前绿僵菌划分为金龟子绿僵菌、黄绿绿僵菌和白色绿僵菌 3 种，其中金龟子绿僵菌下分 4 个变种，且这 4 个变种是单系发生的。黄绿绿僵菌下分 5 个类群，正式确认其中 4 个类群亚种的分类地位。故此将绿僵菌分为以下类群。

1. 白色绿僵菌 白色绿僵菌（*Metarhizium album*）专性侵染叶蝉，分生孢子拟卵形或椭圆形，菌落产孢前形成由菌丝段（虫菌体）而不是由菌丝体组成的膨大团块，孢子灰棕色。

2. 金龟子绿僵菌小孢变种 金龟子绿僵菌小孢变种（*Metarhizium anisopliae* var. *anisopliae*）的绿色孢子一般是柱状，长为 $5\sim7\ \mu m$，形成孢子柱，在 $15\sim32\ ℃$ 范围内生长。黄勃（2008）提出国内曾报道的平沙绿僵菌、贵州绿僵菌和戴氏绿僵菌应归于此类，但未得到公认。

3. 金龟子绿僵菌大孢变种 金龟子绿僵菌大孢变种（*Metarhizium anisopliae* var. *majus*）具长度超过 $10\ \mu m$ 的大孢子，迅速生长的菌落产生黑绿色的孢子，常在赤道国家的金龟子上发现此菌。

4. 金龟子绿僵菌蝗变种 金龟子绿僵菌蝗变种（*Metarhizium anisopliae* var. *acridum*）包含所有分离自蝗虫，能内生产孢和在 $37\ ℃$ 生长良好的菌株。该类多数菌株产生小拟卵形的孢子，其他菌株产生大的柱状孢子。

5. 金龟子绿僵菌鳞鳃金龟变种 金龟子绿僵菌鳞鳃金龟变种（*Metarhizium anisopliae* var. *lepidiotum*）仅含少数已知菌株，孢子柱状，孢子大小为 $7.3\sim10.6\ \mu m\times3\sim4.1\ \mu m$，培养中产生过量的绿色孢子层，且均分离自澳大利亚昆士兰的金龟子幼虫。

6. 黄绿绿僵菌小孢变种　黄绿绿僵菌小孢变种（*Metarhizium flavoviride* var. *minus*）含 2 个菌株，分别分离自菲律宾和所罗门岛的叶蝉，其中 ARSEF2037 为该变种的模式菌株。该变种的地理分布和寄主范围可能很窄。

7. 黄绿绿僵菌大孢变种　黄绿绿僵菌大孢变种（*Metarhizium flavoviride* var. *flavoviride*）包含黄绿绿僵菌的模式菌株（ARSEF2025）和黄绿绿僵菌大孢变种的模式菌株。其特点是孢子大，部分一端有些膨大，培养中形成绿色的分生孢子垫，所有菌株均分离自土栖甲虫或土壤，且在低温下生长良好。

8. 黄绿绿僵菌新西兰变种　黄绿绿僵菌新西兰变种（*Metarhizium flavoviride* var. *novazealandicum*）包含许多来自新西兰和澳大利亚的菌株。其特点是孢子短柱状，具细腰，在 10 ℃以下生长良好，所有菌株均分离自土壤昆虫或土壤。

9. 黄绿绿僵菌瘿绵蚜变种　黄绿绿僵菌瘿绵蚜变种（*Metarhizium flavoviride* var. *pemphogum*）含 2 个菌株，均分离自英国的根蚜，菌落颜色为亮绿色。虽柱状绿色孢子和金龟子绿僵菌小孢变种相似，但低温性和聚类结果表明黄绿绿僵菌是其正确的种名。翠绿绿僵菌（*Metarhizium iadini*）实际应当鉴定为黄绿绿僵菌瘿绵蚜变种。

此外，黄勃（2008）提出拟布里特班克虫草（*Cordyceps brittlebankisoides*），原先被认为是金龟子绿僵菌大孢变种的有性型，可能是黄绿绿僵菌下的一新变种。绿色野村菌近似种 ITS 序列研究表明，它们的分类地位应属于绿僵菌属。绿僵菌的寄主范围广，能寄生 8 目 30 个科约 200 种昆虫、螨类及线虫。

二、绿僵菌的生物学特性

（一）绿僵菌的营养条件

绿僵菌的生长发育对营养要求并不苛刻。

1. 碳源　常用的碳源有葡萄糖、蔗糖、马铃薯淀粉、乳糖、D-果糖和 D-山梨糖，最适其生长的碳源是 D-甘露糖，较不适的碳源是 D-阿拉伯糖；对孢子形成有利的是 i-肌醇和甘油。

2. 氮源　氮素是真菌合成氨基酸、蛋白质、核酸和细胞质的主要成分，可分为无机氮和有机氮。

（1）有机氮源　常用的有机氮源有花生饼粉、豆饼粉、麦麸、鱼粉、蛋白胨和酵母膏。绿僵菌对有机氮的利用能力较强，对不同种类有机氮利用能力不同，蛋白胨作为氮源优于豆粉。色氨酸、谷氨酸和组氨酸对绿僵菌的生长和孢子形成都有利，但含硫的氮源则有不利影响。

（2）无机氮源　绿僵菌对无机氮的利用在不同培养条件下有差异，如绿僵菌大孢变种在以硝态氮为氮源的察氏培养基上只生长菌丝，不形成孢子。

3. 矿物质　矿物质在虫生真菌生长过程中也不可缺少，其主要功能是构成细胞的主要成分，作为酶的组成部分并维持酶的活性，调节细胞渗透压、氢离子浓度和氧化还原电位等。一般真菌所需矿物质包括硫、磷、镁、钾、钠、钙和铁等。除此之外还需要一些微量元素，如铜、锰、锌和硼等，它们极微量的存在往往强烈刺激虫生真菌的生命活动，而过量的微量元素反而会引起毒害作用。

（二）绿僵菌生长发育的环境条件

1. 温度 温度对绿僵菌的生长发育影响很大，通常在 15～35 ℃条件下都能生长，其中以 25～30 ℃为生长适温，菌丝生长和孢子形成的最适温度为 25 ℃。温度高于 40 ℃和低于 7～8 ℃时分生孢子不萌发，10 ℃以下菌丝不能生长，高温恒温培养时易产生衰老菌丝。绿僵菌的有些菌株具有较好的耐高温特性，农向群等（1999）研究了 2 株白僵菌和 3 株绿僵菌的分生孢子在高温短时处理及高温培养条件下的萌发和成活，结果表明，从非洲采集的 M189 对高温的抵抗力最强，在 40 ℃处理 4 h 和 50 ℃处理 1 h，孢子的发芽率保持在 40％以上。近几年也发现了一些低温型菌株，如 Amiri 等（1999）对加拿大不同地区分离到的 32 个绿僵菌菌株的耐低温性进行测定，发现其中 10 个菌株可以在 8 ℃的低温条件下正常生长并产生孢子。这些低温型菌株的发现为在寒冷地区应用绿僵菌防治害虫提供了可能。

温度对储存中的孢子存活率也有很大的影响。Burgess(1998) 的试验表明绝大部分菌物类生物杀虫剂的储存期都随着储存温度的升高而缩短。

2. 湿度 水分对虫生真菌的生长和发育起着至关重要的作用。大多数真菌孢子和菌丝生长的最适相对湿度为 95％～100％。绿僵菌生长发育要求空气相对湿度在 93％以上，以 98％～100％为最适。在离体条件下孢子发芽要求饱和湿度，而孢子形成亦要求相对湿度在 93％以上。孢子在侵染昆虫时能否萌发，与孢子所处微环境中的相对湿度有关，孢子有可能从昆虫节间组织中相对湿度较高处萌发。

3. 温度与湿度对孢子的影响 孢子的寿命及毒力的保持与温度和湿度的关系十分密切，在相对湿度 97％、19～26 ℃下孢子生长较理想，相对湿度 33％～75％时，孢子很快死亡；在低含水率（4％～6％）下保存能抑制孢子的萌发。

4. 氧气和酸碱度 氧气和酸碱度对绿僵菌的生长发育均有较大的影响，其中氧气对孢子萌发和菌丝生长有促进作用。在开放培养中，氧气对分生孢子的形成显得更加重要。绿僵菌在 pH 4.7～10.0 的环境中均能生长，其最适 pH 为 6.9～7.2，在微碱微酸的条件下生长良好，形成的分生孢子量多。

5. 光照 强烈光照对绿僵菌分生孢子的萌发和菌丝的生长都有较强的杀伤和抑制作用。紫外线主要影响细胞 DNA 的结构。在野外自然光照条件下将孢子喷洒在植物叶片上，孢子的半致死时间为 4～400 h。一般情况下，植物叶面上的孢子，日晒 100 h 后只有 23％萌发，日晒 150 h 后完全失去萌发力。Fargues 等（1995）比较了球孢白僵菌 65 个菌株、金龟子绿僵菌 23 个菌株、黄绿绿僵菌 14 个菌株和玫烟色拟青霉 33 个菌株对紫外线的耐受性，发现黄绿绿僵菌的各个菌株对模拟光的耐受性最高，其次是球孢白僵菌和金龟子绿僵菌，玫烟色拟青霉对模拟光的耐受性最低。同时紫外线的照射也会抑制孢子的萌发速度。Alves 等（1989）在大量生产绿僵菌时，测试 12 种温度和光周期的组合发现，28 ℃时 14 h 的光照对其孢子的萌发最适合。但阳光对孢子的形成亦有缓阻作用，交替光照对孢子形成最理想。

三、绿僵菌杀虫机理

利用绿僵菌对害虫进行微生物防治具有广阔的前景，但是绿僵菌的致死时间比化学杀虫剂长。为了更加有效地应用该微生物制剂，国内外从绿僵菌的入侵机理以及在寄主体内与寄主的相互作用进行了深入的研究。

（一）绿僵菌的入侵机理

绿僵菌的分生孢子首先附着于寄主体表。绿僵菌孢子是疏水性的干燥孢子，其表面被几层交织在一起的疏水物质所覆盖。Fargues（1984）提出，静电力促使孢子与寄主表皮开始接触，这种作用属非特异性。另外在绿僵菌孢子壁上检测到外源凝集素，这些黏合有糖原的碳水化合物与寄主表皮上的残糖特异性作用，并起到初始识别作用。病菌孢子常从昆虫的口器、节间膜褶皱或气门等柔软高湿部位直接侵入。这些部位可以促进孢子萌发，软化的表皮易于被分生孢子侵入结构降解并穿透。分生孢子附着在寄主昆虫表面是侵染过程的第一步，一旦能正常萌发生长，则产生入侵菌丝，发生入侵，最终导致寄主死亡。在这个过程中，绿僵菌形成特殊结构（如附着胞等），同时分泌各种相应的酶（如几丁质酶等），破坏寄主体表，侵入寄主体内，与此同时克服昆虫体表上的某些物质的抑制作用以及寄主体内一系列的免疫活动。

1. 附着胞 绿僵菌分生孢子附着在寄主表皮上萌发后形成芽管，芽管在穿透表皮之前先分化形成一个附着胞，附着胞经过一段时间的膨大后，就会形成与感染密切相关的结构——侵染钉，体壁穿透正是在此处发生的，通过电子显微镜观察到在穿透钉周围表皮层的错位。昆虫体壁抵抗真菌侵染的第一道屏障和在信号传递中起重要作用的上表皮，为一层结构复杂的薄膜。成功侵染的前提条件是能够抵抗昆虫表面抗真菌物质（如体壁表面短链脂肪酸类）。昆虫寄主和病原菌之间的信号交换，使真菌菌丝停止伸长而形成附着胞，是穿透入侵的信号标志。绿僵菌附着胞形成是病原菌与寄主建立寄生关系中至关重要的环节。

2. 酶 昆虫表皮是一层结构致密的防御屏障，成分主要为几丁质和蛋白质，几丁质是N-乙酰葡萄糖胺以 $\beta-1,4$ 糖苷键连接而成的不分支的链状多糖，构成了昆虫表皮的骨架，占表皮干重的 $17\%\sim40\%$。占昆虫表皮干重 50% 以上的蛋白质镶嵌和覆盖在几丁质骨架上，将几丁质包裹起来。绿僵菌穿透体壁时常产生附着胞，附着胞上再产生穿透钉，同时分泌昆虫表皮降解酶类，在这些酶的共同作用下，将虫体局部体壁溶解，穿透钉依靠机械压力穿透昆虫表皮，伸入体腔内。Raymond 等（1995）把绿僵菌接到含有蟑螂表皮的培养基内，试图揭示绿僵菌在寄主体表时的胞外蛋白的合成及分泌情况，试验发现绿僵菌分泌到培养基中的蛋白质至少有 42 种。从被绿僵菌侵染的昆虫表皮上，发现和分离到一系列昆虫表皮降解酶，包括几丁质酶、酯酶、脂酶和蛋白酶等。

（1）几丁质酶 Samsinakova（1971）、El-Sayed 等（1989）和 Gupta（1994）分别用不同真菌对多种昆虫幼虫进行测定，发现绿僵菌和白僵菌等真菌对一些昆虫幼虫的毒力与其胞外几丁质酶的活性有关。

（2）酯酶 Gupta 等（1991）把 5 株不同来源的绿僵菌分别培养在含有明胶、葡萄糖和硝酸盐及含有昆虫表皮提取物的培养基上，比较它们的产酶情况，结果发现所有菌株在这些不同的培养基上都有酯酶产生，且酯酶产生情况与毒力存在相关性，认为酯酶是菌株致病因子之一。

（3）脂酶 昆虫表皮最外面有一薄层蜡质，是昆虫病原真菌入侵寄主的第一道屏障，一些学者认为脂酶破坏蜡质膜，在真菌入侵过程中具有重要作用。

（4）蛋白酶 近年研究发现，在侵染昆虫表皮时，昆虫病原真菌胞外蛋白酶往往最先产生（<2 h），在 3～5 d 后才检测到几丁质酶，且蛋白酶的产量明显高于几丁质酶，这与昆虫表皮主要成分是一致的。昆虫病原真菌侵入寄主昆虫表皮时，先分泌蛋白酶降解昆虫表皮中

的蛋白质，当蛋白质包裹的几丁质暴露后才诱导几丁质酶产生，且几丁质酶存在时间很短，很快被表皮几丁质降解产物所抑制。因此认为昆虫病原真菌胞外蛋白酶是菌株主要的毒力因子。

St Leger 等研究表明，绿僵菌侵入寄主昆虫表皮时能产生多种胞外蛋白酶类，包括类枯草芽胞杆菌蛋白酶（subtilisin like protease，Pr1）、类胰蛋白酶（trypsinase like，Pr2）、金属蛋白酶、羧肽酶和氨肽酶等。这与 Michael（1987）发现的真菌降解昆虫表皮胞外蛋白酶类相似。绿僵菌产生的昆虫表皮降解蛋白酶类枯草芽胞杆菌蛋白酶为一组碱性水解蛋白酶（pI 为 9.0～10.2），与其他胞外蛋白酶相比，类枯草芽胞杆菌蛋白酶底物特异性小，具有降解多种蛋白质的功能，如酪蛋白、弹性蛋白、胶原蛋白和牛血清白蛋白等，对昆虫表皮的降解活性显著大于类胰蛋白酶等其他胞外蛋白酶。用类枯草芽胞杆菌蛋白酶抗体处理后的绿僵菌菌株，杀虫时间延长；紫外线和化学试剂引起类枯草芽胞杆菌蛋白酶基因突变的绿僵菌菌株毒力显著下降，表明类枯草芽胞杆菌蛋白酶与菌株毒力有关。类胰蛋白酶降解昆虫表皮能力弱，能促进类枯草芽胞杆菌蛋白酶的前体转变为成熟酶。Cole（1993）在被绿僵菌侵染的昆虫表皮中分离到一种半胱氨酸蛋白酶，命名为 Pr4，其作用与类胰蛋白酶（Pr2）相似。

病原真菌侵入寄主昆虫表皮过程中，蛋白酶产生及表皮蛋白质降解可以分为 4 个基本步骤：①病原真菌大量产生类枯草芽胞杆菌蛋白酶（Pr1）前体，在类胰蛋白酶（Pr2）和 Pr4 的作用下切掉其信号肽成为成熟酶；②表皮蛋白质被类枯草芽胞杆菌蛋白酶降解为多肽；③其他蛋白酶与类枯草芽胞杆菌蛋白酶共同降解多肽为短肽；④氨肽酶和羧肽酶产生，将短肽水解成真菌可以吸收利用的氨基酸。

（二）绿僵菌入侵后的杀虫机理

1. 吸收营养　病原真菌突破昆虫表皮之后，在血腔中大量繁殖，如半知菌在血腔里产生虫菌体或形成菌丝后再产生虫菌体。真菌从昆虫体内不断吸收维持自身生长、繁殖必需的营养物质，最终导致昆虫死亡。

2. 分泌毒素　Kodaira（1961，1962）在培养金龟子绿僵菌的滤液中分离到两种杀虫活性很强的物质，其中一个命名为破坏素 A（destrucsin A）。破坏素是一种环状六肽毒素（cyclic hexapeptide destrucsin）。Samuels 等（1988）发现破坏素对寄主有免疫压力、肌肉麻痹和损害马氏管的功能。并非所有的绿僵菌都能产生这类毒素，但对鳞翅目毒力很高的的菌株常产生这类毒素。另外 1969 年 Aldridge 等从金龟子绿僵菌中分离出细胞松弛素（cytochalasin）。细胞松弛素是一种间杂环结构毒素，对哺乳动物有急性毒性，可抑制血细胞的运动，降低血细胞的吞噬能力。

四、绿僵菌在生物防治中的应用

绿僵菌主要用于防治地下害虫、天牛和蝗虫等，其中以金龟子绿僵菌（*Metarhizium anisopoliae*）和黄绿绿僵菌（*Metarhizium flavoviride*）应用最广。

（一）蝗虫防治

Prior 和 Greathead（1989）提出用金龟子绿僵菌（*Metarhizium anisopliae*）分生孢子油悬浮剂防治蝗虫的策略。国际生物防治研究所 1993 年在贝宁南部的 Mono 和 Oueme 省小区面积为 1 hm²，重复 3～4 次的田块上，喷洒孢子油悬浮剂防治蚱蜢，使虫口减少 90％～

95％，且一些感病蚱蜢迁出小区时将病菌孢子带到了未防治区。在贝宁北部 Malanvill 的谷子种植带，用喷雾机施药，在 9 hm² 的试验地上回收笼罩样品，最高死亡率达 85％。大量室内试验和田间试验表明，绿僵菌分生孢子油悬浮剂能有效防治多种蝗虫，是一种有效控制蝗虫的生物防治制剂。绿僵菌油悬浮剂已被联合国粮农组织（FAO）推荐为环保产品推广应用。

中国农业科学院生物防治研究所应用绿僵菌防治草原蝗虫，室内试验处理第 3 天发现死虫，第 7 天死亡率超过 50％，第 10 天死亡率达 100％。1999 年内蒙古应用绿僵菌油悬浮剂防治亚洲小车蝗，20 hm² 草地上喷洒绿僵菌油悬浮剂，亚洲小车蝗的死亡率随时间的延长而增高，8 d 虫口减退率为 50.8％，防治效果为 48％；12 d 虫口减退率为 89.2％，防治效果为 88.1％。2000 年新疆应用绿僵菌饵剂防治意大利蝗虫，7 d 防治效果为 74.3％，30 d 防治效果为 88.7％；同年应用绿僵菌油悬浮剂防治意大利蝗虫，30 d 时防治效果为 82.4％。2001 年 8 月在甘肃祁连山 833.3 hm² 的草地喷洒绿僵菌油悬浮剂，祁连山痂蝗等几种蝗虫的死亡率随时间的延长而增高，7 d 防治效果为 76.0％，12 d 防治效果为 84.6％；其他昆虫（如蚂蚁和蜂等）在施药后活动如常，鸟、鼠和蛇等进出觅食行为正常。2002 年 7 月，甘肃在绿僵菌防治蝗虫试验地对绿僵菌 2 种剂型对草原蝗虫的持续控制效果进行调查，绿僵菌油悬浮剂和饵剂对草原蝗虫的持续控制效果在施药后第 2 年分别达到了 72.6％和 81.6％。

绿僵菌作为防治草原蝗虫的专性生物制剂，可以持续有效地控制草原蝗虫种群密度在经济受害水平以下，对草地生物多样性无影响，无二次中毒，不污染环境，具有推广价值。

重庆大学从 2000 年开始金龟子绿僵菌生物农药的研制，2008 年获得金龟子绿僵菌孢子 CQMa102 母粉、金龟子绿僵菌 CQMa102 油悬浮剂正式登记证，成为我国获得正式登记的具有自主知识产权的杀蝗真菌生物农药。真菌杀蝗生物制剂 100 亿/mL 杀蝗绿僵菌油悬浮剂，在山东、天津、河北、河南、安徽、山西、新疆和内蒙古等 10 多个省、直辖市、自治区的蝗虫发生区，在 3～4 龄蝗蝻期施药 10 d，虫口减退率 85％以上。2006—2009 年我国北方蝗区采用绿僵菌飞机施药灭蝗面积 1.33×10⁵ hm²（200 万亩）以上。

（二）蛴螬防治

蛴螬是一类重要的地下害虫，危害多种农作物，以花生受害最重。1879 年俄国的梅契尼可夫（Metchnikoff）利用金龟子绿僵菌（*Metarhizium anisopliae*）防治金龟子的经典试验，揭开了微生物防治蛴螬等害虫的序幕。澳大利亚利用该菌防治甘蔗根金龟（*Antitrogus parvulus*）、甘蔗金龟子（*Sericesthis* sp.）及甘蔗鳞鳃金龟（*Lepidiota frenchi*）等幼虫，防治效果可达 80％。我国早就利用金龟子绿僵菌（*Metarhizium anisopliae*）和布氏白僵菌（*Beauveria brongniartii*）等防治蛴螬，防治蛴螬的真菌杀虫剂已经完成田间药效登记试验。李贵芳等（1994）利用绿僵菌（*Metarhizium anisopliae*）对危害天麻的双叉犀金龟（*Xylotrupes dichotomus*）进行田间防治试验，结果表明蛴螬感染致病，死亡率 75％；防治双叉犀金龟越冬幼虫，寄生率达 85％～90％。重庆大学王中康（2009）在山东日照市花生地的花生播种期和幼果期，利用金龟子绿僵菌（CQMa128）生物制剂对大黑鳃金龟、暗黑鳃金龟和铜绿丽金龟进行试验，结果表明，绿僵菌乳粉剂和微粒剂对蛴螬的防治效果均达 70％～85％，对田间土蜂和瓢甲等其他天敌无不良影响。

（三）天牛防治

樊美珍对 12 个菌株进行生物测定，筛选出对青杨天牛、光肩星天牛和黄斑星天牛毒力高的 Ma83 和 3305 两个菌株并生产菌粉进行了林间小区试验，在陕西渭河林场进行大面积（133.3 hm²，即 2000 亩）林间防治试验，防治效果达 73%～85%。另外在室内试验肿腿蜂携带绿僵菌成功地引起感染的基础上，林间放蜂 15 万头，防治光肩星天牛 6.67 hm²（100亩），感染率为 40%左右。王中康（2008）利用绿僵菌 CQMa117 微粒剂在广西北海和钦州等地对交叉危害柑橘、木薯和甘蔗的土天牛在苗期进行防治，平均防治效果为 75%～85%。

（四）其他害虫防治

谢杏杨等（1984）应用从澳大利亚引进的美国品系绿僵菌成功感染白蚁，在 4～9 d 内使供试白蚁全部死亡。樊美珍等于 1983 年从青杨天牛（*Saperda populnea*）罹病幼虫上分离到 1 株金龟子绿僵菌短孢变种，对枇杷天牛、柑橘吉丁虫和吹绵蚧等 5 种害虫进行防治，致死率为 24.2%～92.8%。1987—1990 年在陕西南部利用其孢子粉 $5.0 \times 10^9 \sim 6.9 \times 10^9$ 孢子/g 防治柑橘吉丁虫（*Agrilus auriuentris*），在成虫期或幼虫期均收到良好的防治效果。1988—1990 年，利用绿僵菌防治苹果桃小食心虫（*Carposina niponensis*），7 个引入菌株中两个菌株效果突出，室内试验幼虫死亡率达 100%。菲律宾和韩国等国利用金龟子绿僵菌小孢变种和黄绿绿僵菌小孢变种控制褐飞虱和叶蝉等水稻主要害虫，每公顷施用 $2.5 \times 10^{12} \sim 7.5 \times 10^{12}$ 孢子或 1.5～2.0 kg 的干菌丝粉，2～3 周后褐稻虱成虫死亡率达 63%～98%。一些热带国家曾利用绿僵菌防治多种害虫，例如巴西防治稻绿蝽（*Oebalus poscilus*），印度防治玉米螟（*Ostrinia nubilalis*）和棉铃虫（*Heliothis armigera*），古巴防治甘薯象甲（*Formicariw elegamtulue*）等。美国某公司研制了一种有效成分为 0.35%绿僵菌的高效生物灭蟑螂盒，对德国小蠊有很好的防效。

五、绿僵菌农药的研制与生产

（一）绿僵菌的制剂研制

近 10 年来，欧美发达国家登记注册杀虫真菌农药 50 多个，其中绿僵菌杀虫剂 8 个（表3-1）。我国至 2009 年止，登记注册的绿僵菌杀虫剂品种有 10 多个。

1989 年英国国际生物防治研究所首次将绿僵菌制成高浓度孢子油悬浮剂，成功地解决了真菌农药在干燥条件下的应用难题，扩大了真菌农药的应用范围。目前，绿僵菌油悬浮剂（产品名 Green muscle®）已在非洲注册登记，大面积应用于非洲沙漠蝗的防治，成为最重要、最有效的生防手段。蝗虫生物防治国际合作研究表明，绿僵菌对包括蝗虫天敌在内的非目标生物十分安全，并且可对蝗虫实现持续控制。许多国家开始研制杀蝗绿僵菌农药，澳大利亚研制出的绿僵菌农药 Green guard®，已应用于大面积草原蝗虫防治。

2001 年，重庆大学基因工程中心从自然罹病的黄脊竹蝗僵虫上分离到一株金龟子绿僵菌菌株 CQMa102，该菌株毒力高，专杀蝗虫，产孢量高，抗污染力强，耐高温，制成的100 亿/mL 杀蝗绿僵菌油悬浮剂，田间笼罩和大面积试验，10 d 防效 80%～90%。另外，重庆大学还从僵虫体内分离获得了对土栖天牛有良好杀虫效果的菌株，鉴定为金龟子绿僵菌大孢变种（*Metarhizium anisopliae* var. *majus*，CQMa117），能够防治土栖的蔗根土天牛（*Dorysthenes granulosus*），以 CQMa117 的孢子粉为主要有效成分与缓释载体（占 60%～70%）、保护剂（占 8%～10%）等制备的缓释性微粒剂，在广西和广东甘蔗产区通过种蔗处理和根部拌土施药，对蔗根土天牛的防治效果达 80%～85%，该制剂为我国土栖天牛危害的防治提供了绿色环保的防治手段。

表 3-1　国内外已注册的绿僵菌杀虫剂商品

商品名	菌种名称	防治对象	生产者
Biogreen	*Metarhizium anisopliae*	草地甲虫	Biocare Technology，澳大利亚
Metaquino	*Metarhizium anisopliae*	沫蝉	巴西
Bio - path	*Metarhizium anisopliae*	蟑螂	EcoSience，美国
Bio - blast	*Metarhizium anisopliae*	白蚁	EcoSience，美国
Cobicon	*Metarhizium anisopliae*	甘蔗沫蝉	委内瑞拉
Green muscle	*Metarhizium anisopliae*	沙漠蝗	南非
Green guard	*Metarhizium anisopliae*	草地蝗虫	澳大利亚
Killoca	*Metarhizium anisopliae*	各种蝗虫	重庆重大生物公司 中国

（二）绿僵菌生物农药的生产

真菌杀虫剂是活菌体，其产品需具备毒力高、抗逆性强和储藏期长等特点，生产工艺独特而困难。目前主要采用固体发酵、半固体发酵及双相发酵方式生产绿僵菌的气生分生孢子、液生分生孢子和干菌丝。

1. 气生分生孢子的生产　现在许多国家采用液固两相法培养（在塑料袋内大米培养基上产孢）生产气生孢子，这种方法难以放大和实现自动化。重庆重大生物公司采用液固两相全封闭循环生产新工艺，使单位干重固体培养料的绿僵菌孢子产率达 4%～5%，高于国际先进水平 3.7%，感染率低于 $1×10^{-5}$，产孢率和生产成本等经济技术指标超过国内外同类产品。

2. 液生分生孢子的生产　液体发酵法具有生产周期短、产品不易被污染、生产率高和培养条件易控制等优点而一直备受关注。但由于液生孢子不耐储藏、孢子寿命短且生活力弱，使应用受到限制。

3. 干菌丝的生产　菌丝体在发酵罐中生长快，可压缩，体积小，便于冷藏运输，有望替代分生孢子而被大量生产应用。已有厚垣孢子，微菌核发酵产物可以利用，有望替代性孢子。

六、绿僵菌杀虫剂生产的存在问题和发展方向

目前我国真菌杀虫剂产业化程度极低。真菌杀虫剂生产企业规模小，产品单一，科技含量低，生产工艺落后，低水平重复仿制居多。我国真菌杀虫剂研究开发与生产结合不够紧密，科研成果转化率低。科研和生产属于不同的部门，利益各不相关，导致科研成果与技术转化不畅通。产业化工艺研究缺位导致目前研究成果多，而罕有商品化的新产品问世。实现企业与院校、科研机构联合创新生产是我国生物农药实现跨越发展的必经之路。

第四节　白　僵　菌

白僵菌是当前世界上研究和应用最多的一种虫生真菌。早在 1834 年，意大利学者

Agostino Bassi 首次发现家蚕（*Bombyx mori*）罹患白僵病，翌年由 Balsamo 将病原鉴定并命名为 *Botrytis bassiana*，即球孢白僵菌（*Beauveria bassiana*）。白僵病的发现是整个微生物领域的重大里程碑。

一、白僵菌的分类与寄主范围

（一）白僵菌的分类概述

白僵菌属于丝孢纲丛梗孢目丛梗孢科白僵菌属，是一种广谱性的昆虫病原真菌。白僵菌属自 1912 年建立以来，种的分类一直比较混乱，没有统一的认识，有些种的归属甚至存在很大分歧，这是因为白僵菌的寄主繁多，形态学特征多变。形态学特征是白僵菌属分类的一个重要指标，形态特征常因营养条件和寄主而发生变异。所以白僵菌属种的分类，应以形态学特征为主，兼顾生理生化指标和核酸指标，才能使分类更准确。此外用营养特征（利用碳源能力）、同工酶酶谱分析、酶活性分析、血清学反应和 DNA 限制性内切酶酶解片段电泳分析等多种生理生化指标进行分类，是对白僵菌形态学分类的有益补充，可提高分类的可靠性。我国对该属的分类最初采用 Macloed 的分类方法，按分生孢子的形态分为球孢白僵菌和布氏白僵菌两个种，球孢白僵菌有 50% 的球形孢子而布氏白僵菌有 98% 的卵形孢子。目前对白僵菌属的分类拓宽了形态指标，而且引入了生理生化指标和核酸指标。形态指标包括孢子的形态、颜色、菌丝特征、菌落及载孢体等方面。

（二）白僵菌主要类群

下面是白僵菌属部分种的主要形态特征。

1. 球孢白僵菌　球孢白僵菌［*Beauveria bassiana*（Balsamo）Vuillemin，1912］菌丝细长，直径为 1.5～2.0 μm，丝状有隔。菌落平坦粉末状，表面白色或灰色。产孢细胞基部呈典型的瓶状或丝状，垂直着生于菌丝分枝或短的小分枝上。分生孢子着生在之字形产孢细胞梗上。孢子多数为球形，直径为 2.0～4.0 μm。

2. 布氏白僵菌　布氏白僵菌［*Beauveria brongniartii*（Saccardo）Petch，1926］菌落絮状、茸毛状或粉状，表面白色、乳白色或淡黄色，能使某些受感染的昆虫变成粉红色或紫色，也可使明胶培养基的边缘变为红色或紫红色。菌丝细长透明有隔，产孢细胞形状不定，瓶状或丝状，垂直着生在主轴菌丝上或短的分枝上，形成一个球形的产孢细胞束。分生孢子卵圆或椭圆形，大小为 2.0～6.0 μm×1.5～3.0 μm，孢子着生在由产孢细胞顶部延伸而成的之字形丝状结构上。

3. 白色白僵菌　白色白僵菌［*Beauveria alba*（Limber）Saccas，1948］菌丝透明有隔，常在隔附近有分枝。分枝细长，直径为 1.0～2.0 μm。分生孢子梗垂直生于菌丝上，顶端生有 2～4 个轮生的产孢细胞或产孢细胞直接着生于菌丝上。孢子着生在之字形产孢梗上，孢子透明，球形或卵圆形，大小为 1.6～2.5 μm×1.7～3.2 μm。菌落纯白色，椭圆形，表面絮状，边缘规则。

4. 双型白僵菌　双型白僵菌［*Beauveria amorpha*（Hohnel）Samson et Evans，1982］在成熟的菌丝上，由多个产孢细胞形成一个轮状结构。产孢细胞基部膨大，直径为 2.0～4.0 μm，顶端延伸出 18 μm 长的之字形结构，分生孢子着生在之字形结构上。分生孢子透明，表面光滑，圆柱状常向一侧略弯曲，大小为 3.5～5.0 μm×1.5～2.0 μm。在麦芽或燕麦琼脂培养基上 14 d 后菌落大小为 2.5～4.0 cm，开始表面白色棉絮状，以后变成粉末状；表面起初无色，长期培养变成黄褐色。

5. 蠕孢白僵菌　蠕孢白僵菌 [*Beauveria vermiconia* de Hoog et Rao，1975] 菌丝透明表面光滑，直径为 1.5～3.5 μm，常二分枝。产孢结构（conidial apparatus）紧密成簇，由一群膨大的细胞构成，大小为 5.0～60 μm×3.0～4.0 μm，这些膨大细胞进一步分枝产生较小的膨大细胞或产孢细胞。产孢细胞有一个椭圆或瓶状的基部，大小为 4.0～5.0 μm× 2.0～2.5 μm，顶部延伸出一个之字形或镰刀形结构，外侧 2.5 μm，内侧 1.0～1.5 μm。

6. 缘膜白僵菌　缘膜白僵菌 [*Beauveria velata* Samson et Evans，1982] 菌落透明有隔，直径 2.0～4.0 μm，淡黄色至浅褐色，孢子形成后表面粉末状，背面起初无色，然后变为黄色。产孢细胞 4～8 个成束着生在成熟的菌丝分枝上，基部膨大呈球形 2.5～3.0 μm，顶端延伸出短轴丝。分生孢子透明，表面光滑，常被具突起的松散胶质层包被。孢子球形或椭圆形 3.0～4.0 μm。

（三）白僵菌的寄主范围

白僵菌可侵染 15 目 149 科的 700 余种昆虫和螨类，白僵菌致死的昆虫占真菌致死昆虫的 21%，是极其重要的昆虫病原真菌。

二、白僵菌的生物学特性

（一）白僵菌的形态特征

白僵菌菌丝无色透明，较细，有隔膜，是营养、取食和生长的结构。分生孢子呈球形或卵圆形，直径为 1～4 μm，无色透明，是繁殖、侵染和传播的结构。分生孢子梗多着生在营养菌丝上，粗为 1～2 μm，产孢细胞（瓶梗）浓密簇生于菌丝、分生孢子梗或膨大的泡囊（柄细胞）上，球形或瓶形，颈部延长成粗 1 μm、长 20 μm 的产孢轴，轴上有小齿突，呈膝状弯曲（之字形弯曲）。产孢细胞和泡囊常增生，在分生孢子梗或菌丝上聚成球状或卵状的密实孢子头。根据孢子形态主要将白僵菌分为两类：球孢白僵菌和布氏白僵菌，它们的主要区别在于球孢白僵菌产生的分生孢子多为球形或近球形，而布氏白僵菌产生的分生孢子绝大多数为卵圆形或椭圆形。

（二）白僵菌的营养条件

白僵菌对营养的要求，主要是碳源、氮源和少量微量元素。它能利用各种含有淀粉和糖类的农副产品作为碳素营养和能量的来源。对氮源的要求也不甚严格，在人工培养基上极易培养。在缺乏碳源或氮源的合成培养基上，白僵菌菌丝虽能生长，但不产生分生孢子。稍加碳源，可促使菌丝生长，并产生大量的分生孢子，产生孢子的数量随碳源浓度的提高而增加。氮源对孢子的作用在有光的情况下才能发挥出来。提高氮源的浓度，菌落的厚度随之增加，但菌丝生长速度稍有下降。可见碳源对孢子产生比氮源更为重要。白僵菌在蔗糖、葡萄糖、果糖、乳糖、麦芽糖和可溶性淀粉为碳源的培养基上都能很好地生长和产孢，对碳源要求不苛刻。

（三）白僵菌生长发育的环境条件

白僵菌的生长发育需要适宜的环境条件，如适宜的温度、湿度、酸度和光照等。

1. 温度　温度影响孢子发芽和菌丝生长的速度及致病率的高低，白僵菌对温度的适应范围较广，分生孢子在 5～30 ℃均能萌发和生长，适温范围为 18～28 ℃，最适温度为 25 ℃。

2. 湿度 湿度对于分生孢子的萌发和菌丝的生长较为重要，分生孢子的形成要求空气相对湿度 75％以上，在 95％以下分生孢子难以萌发。潮湿条件下，感病虫尸体内的菌丝才能穿出体壁，长成气生菌丝，形成分生孢子，随风飞散传播。

3. 光照 光照对白僵菌孢子的萌发、菌丝生长和孢子产生均有影响，在黑暗条件下，孢子萌发时间缩短，菌丝生长速度稍慢，但菌落显著增厚，该菌落再经一段时间的光照可形成大量孢子。在一定的光照强度范围内，孢子数量随光照度增加而增加。长时间紫外线照射具有杀死白僵菌分生孢子的作用、抑制孢子的发芽和菌丝的生长，抑制虫尸上白僵菌气生菌丝形成分生孢子。

4. 氧气 白僵菌是好气性寄生真菌，氧对分生孢子萌发、菌丝生长均有促进作用，对孢子产生未显示不利作用，但在供氧不足或通气不良的情况下，孢子产生数量反比供氧充足时多。

5. pH 白僵菌在 pH 3.0～9.4 间均能萌发，其孢子萌发和菌丝生长以微酸性为最适。

三、白僵菌的侵染机制

白僵菌主要通过体壁侵入虫体，也可通过消化道、气孔及伤口等途径侵入。白僵菌对寄主的侵染一般要经历侵入前和侵入后两个阶段，包括分生孢子附着、芽管萌发、附着孢形成、穿透寄主表皮、菌丝段血腔内增殖、毒素产生、寄主死亡、菌丝入侵所有器官、菌丝穿出表皮、分生孢子产生与扩散等过程。

1. 附着 分生孢子可随气流和水流附着在寄主的外表皮。附着分为吸附（absorption）和固化（consolidation）两个阶段。吸附过程是非特异的，分生孢子有很强的疏水性，昆虫表皮也有很强的疏水性，两者接触时，由于共同的疏水作用而介导吸附的发生。分生孢子吸附后，产生酶和分泌黏性物质，进一步固着在体壁上，这就是固化阶段。

2. 萌发 昆虫表皮能提供孢子萌发所需的营养，对萌发有刺激作用。N-乙酰氨基葡萄糖、几丁质和长链脂肪酸等都能刺激分生孢子的萌发。体表有充足氨基酸和葡萄糖胺，可满足分生孢子的萌发和菌丝生长的需要，使之在极短时间内穿透表皮。除表皮营养因素外，还需克服寄主昆虫表皮抑制真菌物质的作用。昆虫表皮抑制孢子萌发的脂肪酸是短链脂肪酸，以辛酸和癸酸为主。分生孢子萌发后，形成长短各异、分支或不分支的芽管，在适宜的条件下会长出能黏附于寄主体壁上的黏性物质——附着孢。

3. 穿透 分生孢子萌发形成的芽管可直接穿透表皮，也可先形成附着胞。芽管侵入虫体与酶和机械压力的作用有关，酶先将虫体局部体壁溶解后，芽管靠机械压力穿透上皮组织，伸入体腔内；也与菌丝表面的半乳糖残基有关，这种糖的残基能解除昆虫血细胞凝集素（hemagglutinin）的活性，降低白僵菌菌丝对昆虫血淋巴细胞或其他保卫细胞的敏感性。白僵菌穿透家蚕幼虫表皮需 16～40 h。

4. 菌丝生长 芽管在穿透表皮后，在血腔里产生虫菌体或延长形成菌丝后再产生虫菌体。昆虫血细胞具有识别、捕获、包囊和破坏外来异物的机能，使菌丝的生长、繁殖受到遏制。当血细胞的数量不足以包囊所有的侵入菌丝时，菌丝就在血腔中进行营养生长，产生简形孢子（芽生孢子），筒形孢子可直接长成菌丝。菌丝不断增殖，侵入器官，充满体腔，血细胞失去吞噬作用，使正常的体液循环受到阻碍，造成生理饥饿，引起组织细胞的机械破坏。同时菌丝分泌的毒素和代谢产物（如白僵菌素和草酸盐类等）会使血液的理化性质改变，使寄主正常的代谢机能和形态结构改变，最终不能维持正常的生命活动而死亡。

5. 毒素的产生 白僵菌菌丝广泛侵入器官和组织之前，就可战胜寄主的防卫反应，推测是其毒素所致。目前发现白僵菌的几种毒素中最重要的有 3 种：①白僵菌素（beauvericin），为一种环状缩羧肽，影响离子的运载；②白僵菌交酯（beauverolide），作用于围心细胞；③球孢交酯（bassianolide），毒性高，使核酸变性，使昆虫肌肉呈特异的松弛状态而后死亡。也有试验表明白僵菌毒素不导致幼虫大量死亡，指出该毒素与球孢白僵菌引起的美洲棉铃虫死亡无关。目前认为，真菌毒素可能通过干扰寄主细胞的免疫系统而起作用，在病原菌对寄主的致病过程中起重要作用，但毒素对昆虫的毒杀机理尚未明确，且并非所有白僵菌菌株都产生毒素。

四、白僵菌剂型研究与应用

白僵菌剂型的种类有粉剂、可湿性粉剂、乳悬剂、油悬浮剂、颗粒剂、胶囊剂、干菌丝及无纺布菌条等。目前新的剂型有乳悬剂和乳粉剂等。

（一）白僵菌原粉与粉剂

真菌杀虫剂固体发酵产品连同固体培养基一起粉碎，便是原菌粉。将固体培养基表面的真菌孢子分离提纯，得到含孢量很高的高孢粉；将高孢粉进一步加工，即制成粉剂。填充料是影响粉剂中孢子存活率的主要因素，滑石粉、高岭土、凹凸棒土和硅藻土均是较好的填充料，同时在粉剂中加入抗紫外剂和荧光素钠、七叶苷可提高孢子在环境中的稳定性。在瑞士，人们曾用脱脂牛奶作为布氏白僵菌芽生孢子的黏着剂和紫外保护剂。黄长春等（1996）筛选出 Oxife 为最优抗紫外剂。各种助剂的研究应用使得粉剂配方日趋完善。

（二）白僵菌可湿性粉剂、乳剂和油悬浮剂

可湿性粉剂是将孢子粉、湿润剂和载体混合而成的一种剂型。乳剂是用乳化剂将分生孢子制成水悬液。油悬浮剂是以油（常用柴油或植物油等）为稀释剂，将分生孢子制成悬浮液。美国 Abbott 实验室于 20 世纪 80 年代集中研究过白僵菌的可湿性粉剂。Kybal 和 Kalalova（1987）开发出一种叫 Boverol 的白僵菌可湿性粉剂，在 10 ℃下可保存 12 个月。在我国，张爱文等（1992）以白炭黑为填充料研制出的可湿性粉剂具有较好的细度与稳定性，10～20 ℃储存 8 个月后孢子萌发率 85% 左右。广东 1982 年开始应用白僵菌乳剂防治马尾松毛虫，1985 年研制出超低量喷雾乳化剂，杀虫率为 80.1%。油悬浮剂在低相对湿度下有利于孢子萌发，在高温下能延长孢子寿命，有利于孢子对疏水基质（昆虫体壁）的吸附。李农昌等（1996）对白僵菌油悬浮剂的溶剂油、抗氧化剂、增活剂、紫外吸收剂、增效剂及稀释剂进行研究，提出生产工艺流程，制定出白僵菌油悬浮剂的质量检测方法与企业生产标准。我国白僵菌粉剂已用于松毛虫防治，取得了良好的防治效果。此外油悬浮剂还适用于飞机超低量喷雾。

（三）白僵菌微胶囊剂

为了延长菌丝或孢子在环境中的存活时间和提高侵染效率，制备出用可溶性淀粉、明胶

和氯化钙等为囊壁材料包被菌丝或孢子的微胶囊剂。目前对该剂型的研究应用较少，伊可儿等（1992）生产的白僵菌微胶囊剂储藏 10 个月后孢子萌发率最高可达 80.28％；储藏 12 个月后对马尾松毛虫的校正死亡率达 66％以上。刘志强等（1994）利用白僵菌聚合凝胶防治玉米螟（*Ostrinia nubilalis*），这种微胶囊剂能延长孢子活力，施药两个月后杀虫效率达 84％以上。

（四）白僵菌复合剂

杀虫速度慢严重限制了真菌杀虫剂的使用，将化学杀虫剂、植物源杀虫剂及其他生物杀虫剂与真菌杀虫剂制成混合制剂能提高杀虫速度。杨瑞华等（1994）用灭幼脲 3 号和白僵菌的混合剂防治马尾松毛虫，杀虫效果比二者单用均提高 20％以上。陈顺立等（1998）用苏云金芽胞杆菌（Bt）孢子、核型多角体病毒（NPV）和白僵菌孢子制备复合微生物杀虫剂，林间防治双线盗毒蛾（*Porthesta scintillans*），防效比三者单用分别提高 12.80％、22.4％和 53.77％。以上研究只是将真菌杀虫剂与其他生物农药或化学农药混合，属于桶配混合剂型，并非永久性混合剂。汤坚等（1997）在这方面做了有益的探索，研制出白僵菌混合粉剂的最佳配方（20％紫外保护剂 OF、4％灭幼脲原粉、25％凹凸棒土及 51％的高孢粉），制定了产品的技术指标和包装标准，李农昌等（1997）对该产品制定了详细的企业标准。

（五）白僵菌干菌丝粉

利用白僵菌的液体发酵物，将其制成干菌丝颗粒，可在作物上产孢侵染害虫。干菌丝制备过程中，不同真菌应采用不同的预干温度，蔗糖可作为较好的保护剂。干菌丝为真菌杀虫剂液体发酵产物的应用提供了新途径，该剂型尚未得到广泛应用。

（六）白僵菌无纺布菌条

无纺布菌条是日本日东电工公司发明的一种真菌杀虫剂新剂型，用无纺布为培养基载体，让昆虫病原真菌在其上生长，害虫接触其上的孢子而受到侵染。我国已开始广泛利用无纺布菌条防治各种天牛。张波等（1999）用布氏白僵菌无纺布菌条防治光肩星天牛，对成虫的感染率在网箱内达 61.1％，在旱柳林地的感染率为 38％；无纺布上的孢子萌发率 19 d 后达 70％以上。采用无纺布菌条和引诱剂结合防治众多林业害虫，应用潜力巨大。无纺布菌条是一种新型的、很有希望大面积应用的真菌杀虫剂剂型，可用于各种天牛的防治，也可用于具越冬、越夏或迁移习性害虫的防治。

（七）白僵菌油孢子乳粉剂

重庆大学基因工程中心新近研制出用植物油包裹孢子表面形成油孢子，加上相容性非离子活性剂、硅藻土制成乳粉剂，可以长期储存，可加水稀释，已申报国家发明专利。

五、已登记的白僵菌产品及其生物防治的应用

至今为止，白僵菌在国际上已有 20 余种产品注册登记（表 3-2），用于防治蛴螬、家蝇、介壳虫、白粉虱、蚜虫、蓟马、马铃薯叶甲、萤蠊、蝗虫、蚱蜢、蟋蟀、棉铃象、棉跳盲蝽、玉米螟、天牛和甘蔗金龟子等害虫。我国 20 世纪 50 年代开始白僵菌的研究和应用，应用球孢白僵菌防治松毛虫、玉米螟是世界上杀虫真菌应用面积最大、最为成功的事例，成功防治害虫 40 种以上（表 3-3），但国内完成登记注册的白僵菌产品为数甚少。

（一）白僵菌用于地下害虫防治

对许多地下害虫和在土壤中有生活史的害虫，土壤是一个理想的防治场所。虫生真菌以分生孢子、芽生孢子、菌丝段或感病虫尸等方式进入土壤，降低虫口数量。Ferron（1983）用布氏白僵菌防治西方五月鳃金龟（*Melolontha melolontha*），发现土壤中孢子量达 10^{10} 个/m^2 时便能引发次年的流行病，而虫尸上的病原真菌保证了土壤中有足够的侵染源感染下一代害虫，具宿存和传播能力。

表 3-2 世界各国登记注册的白僵菌杀虫剂

商品名	目标害虫	生产厂商或国家
Aschersonin	白粉虱、介壳虫	前苏联
Biolisa Kamikiri	天牛	日本日东电工
Betel	甘蔗金龟子	法国 NPP（Calliope）
Bio-Save	家蝇	美国
Biotrol FBB	介壳虫	美国 Abbott
BotaniGard™	白粉虱、蚜虫、蓟马	美国 Mycotech
Boverin	马铃薯甲虫	前苏联
Boverol	马铃薯甲虫	前捷克斯洛伐克
Boverosil	马铃薯甲虫	前捷克斯洛伐克
Conidia	蛴螬	德国 Bayer
Entomophthorin	蛴螬	瑞士 Andermatt Melocont
Entomophthorin	蛴螬	澳大利亚 Kwizda
Mycocide GH	蝗虫、蚱蜢、蟋蟀	美国 Mycotech
Mycotrol GH	粉虱、蚜虫	美国 Mycotech
Mycotrol-ES	蝗虫、蟋蟀	美国 Mycotech
Mycotrol-WP	白粉虱、蚜虫、蓟马	美国 Mycotech
Mycotrol Biological Insecticide	白粉虱	美国 Mycotech
Naturalis-L	棉铃虫、棉跳盲蝽、白粉虱	美国 Mycotech
Ostrinil	玉米螟	法国 NPP（Calliope）
Proecol	黏虫	委内瑞拉 Probioagro
Schweizer	蛴螬	瑞士 Eric Schweizer

（二）白僵菌用于食叶及刺吸类害虫的防治

对于虫生真菌来说，一般采用喷粉或喷雾的方式防治食叶及刺吸类害虫。虫生真菌对寄主昆虫的侵染主要是由体表入侵，通过喷粉或喷雾，将虫生真菌喷到植物表面或虫体，造成害虫死亡。我国早已应用白僵菌成功防治马尾松毛虫（*Dendrolimus punctatus*）和亚洲玉米螟（*Ostrinia furnacalis*），对大豆食心虫（*Leguminivora glycinivorella*）、甘薯象甲（*Cylas formicarius*）的防治也有研究。陈斌等（2003）用球孢白僵菌与吡虫啉混配防治温室粉虱（*Trialeurodes vaporariorum*），相对防治效果和虫口减退率均达 95% 以上。另外我国台湾用白僵菌防治甘薯象甲（*Cylas formicarius*）也取得了较好的防治效果。中美洲和南美洲等地用白僵菌制剂处理正在羽化的越冬棉铃象（*Anthonomus grandis*），使棉绒的产量提高了 74%。国外有利用球孢白僵菌制剂防治稻象甲（*Sitophilus oryzae*）的报道，防治效果达 86.2%。球孢白僵菌防治蝉也有不错的效果。

（三）白僵菌用于蛀干害虫的防治

蛀干害虫由于其生活及危害的隐蔽性使得该类害虫的化学防治十分困难。真菌杀虫剂为此类害虫的防治提供了新途径。无纺布菌条制剂的发明，为蛀干害虫的防治增添了新的防治手段，已成功用于黄星天牛（*Psacothea hilaris*）、桑楄天牛（*Glenea centroguttata*）和松墨天牛（*Monochamus alternatus*）等多种天牛的防治。近来，利用信息素与无纺布菌条相结合防治多种天牛、小蠹与象甲，显示出很好的应用前景。白僵菌对咖啡吸浆虫有较好的防治效果，对天敌和寄主植物没有危害。此外白僵菌对芒果剪叶象、甘蔗害虫和香蕉象鼻虫的防治也有成功的报道。

（四）白僵菌在其他害虫防治中的应用

国内外已有用白僵菌制剂防治卫生害虫的报道。加拿大用白僵菌孢子感染埃及伊蚊（*Aedes aegypti*），接种后 8 d 死亡率达 60%。Watson 等（1995）用其防治家蝇和厩螯蝇（*Stomoxys calcitrans*）取得了 90%左右的防治效果。Sosa - Gomez(1998)用白僵菌防治臭虫。我国付廷荣等（1988）发现白僵菌孢子对致倦库蚊（*Culex pipiens quinquefasciatus*）幼虫有较强毒杀作用，对白纹伊蚊（*Aedes albopictus*）幼虫药效稍差，对家蝇致死速度较慢，而对蟑螂不敏感。国外也有用球孢白僵菌防治白蚁的例子。

表 3-3　白僵菌应用种情况统计表

害虫种类	使用地点和方法	防治效果	试验规模
松毛虫 （*Dendrolimus* sp.）	在南方 12 个省区，采用喷粉、超低量喷雾、施粉炮，每公顷用 150～225 g 高孢粉	70%～90%	$5.0×10^5$～$7.0×10^5$ hm²/年，常年使用
亚洲玉米螟 （*Ostrinia furnacalis*）	吉林、辽宁和黑龙江等，玉米心叶期施用颗粒剂或封垛消灭越冬幼虫	70%～95%	$1.0×10^5$ hm²/年，常年
蛴螬 （*Holotrichia diomphalia*， *Holotrichia morosa*）	安徽、江苏、辽宁、山东、河南等	60%～80%	1 000 hm²/年，常年使用
茶小绿叶蝉 （*Empoasca formosana*）	浙江，可湿性粉剂喷雾	70%～85%	试验阶段，60 hm²/年
茶小黑象甲 （*Curculio* sp.）	喷雾	50%～70%	
茶梢蛾 （*Parametriotes theae*）	田间笼内试验	保梢率 75%	
茶小卷叶蛾 （*Adoxophyes honmai*）	喷雾	80%～85%	
韭蛆 （*Bradtsua idiruogaga*）	喷雾	60%～70%	小区试验
德国小蠊 （*Blattella germanica*）	诱剂	60%～80%	小区试验

（续）

害虫种类	使用地点和方法	防治效果	试验规模
水稻飞虱 （*Nilapavata lugens*）	喷雾	70%～80%	累积 5 000 hm²
桃小食心虫 （*Carposina nipponensis*）	山东，地面喷雾	80%～90%	累计 1 500 hm²
二十八星瓢虫 （*Henose culata*）	白僵菌喷雾马铃薯叶	90%以上	
黄地老虎 （*Euxoa segetum*）	用 200 倍白僵菌液加少量化学农药	73.9%	
地老虎 （*Agrotis sp.*）	在大白菜莲座期将菌粉撒入菜心	67%～81%	
水稻叶蝉 （*Nephotettix bipunctatus*）	浙江、湖南、江西、湖北等地，喷粉喷雾	50%～80%	
木麻黄毒蛾 （*Lymantria xylina*）	福建沿海地区，喷粉喷雾、粉炮	70%～90%	
樟荣叶甲 （*Alysa cinnamomi*）	喷雾或粉炮	70%～90%	
甘薯象甲 （*Cylas formicarius*）	喷雾或开沟施肥时施于沟内	90%	
大豆食心虫 （*Leguminivora glycinivorella*）	秋季幼虫脱荚时菌粉施于垄上	吉林：50%～70%， 山东：80%	小区试验
白菜地蛆 （*Delia floralis*）	白僵菌固体菌粉加水 50 倍混匀，施于白菜或萝卜，每株 0.15 kg	80%～88%	
家蝇 （*Musca domestica*）	用白僵菌水剂（1∶50）喷洒厕所	60%～100%	
三化螟 （*Tryporyza incertulas*）	在三化螟越冬幼虫化蛹时，用 500～700 倍菌液浇稻桩	78%～80%	
荔枝蝽 （*Tessaratoma papillosa*）	喷雾	80%	
糜子地老虎 （*Agrotis sp.*）	用白僵菌 50 倍液喷雾	66%～90%	
黑翅土白蚁 （*Odontotermes fomosanus*）	用白僵菌喷雾被害树木	80%～100%	
甜菜象甲 （*Bothynoderes punctiventris*）	撒粉于越冬场所（菌粉按 1∶6 掺土）	75%	
格氏栲栗实象甲 （*Curculio davidi*）	用 10 倍白僵菌液喷于虫体及表土	喷虫体时为 70%， 喷表土时为 24%	

（续）

害虫种类	使用地点和方法	防治效果	试验规模
楠木蛀梢象甲 （*Alcidodes* sp.）	用 5 亿/mL 孢子液林间喷雾	60%～80%	
柳杉茸毒蛾 （*Dasychira argentata*）	林间超低量喷雾	60%～85%	
榆黄叶甲 （*Pyrrhalta aenescens*）	林间喷雾	70%～80%	
榆绿天蛾 （*Ceratomia amyntor*）	林间喷雾（0.5 亿～2 亿孢子/mL）	66%～100%	
榆干隐缘象甲 （*Cryptorrhynchus lapathi*）	用菌液注孔内	72%～89%	
柳蝙蝠蛾 （*Phassus excrescens*）	用菌液喷洞口内	73%～83%	
三叶草夜蛾 （*Mamestra trifoli*）	白僵菌液（1 亿孢子/mL）喷牧草	68.2%～96.3%	
白杨透翅蛾 （*Paranthrene tabaniformis*）	用白僵菌粉棉球或将菌液注入蛀孔内	80%～90%	

六、白僵菌制剂的使用方法

（一）白僵菌制剂使用的环境条件

白僵菌是活体微生物杀虫剂，孢子萌发、生长、繁殖都受到外界环境的影响。温度能影响孢子萌发，菌丝侵入，一般在 20～30 ℃之间较为适宜其萌发和侵入。相对湿度对分生孢子的萌发和菌丝发育很重要。紫外线能杀死真菌孢子，白僵菌孢子曝晒 3 h，其侵染力被破坏。因此选择温度和湿度适宜的傍晚使用较佳。

（二）白僵菌的具体使用方法

1. 喷雾法 将菌粉配制成浓度为 3×10^8/mL 的菌液，加洗衣粉液作为黏附剂，一般菌液量与洗衣粉液量之比为 1∶5。用喷雾器将菌液均匀喷洒于虫体和枝叶上。

2. 喷粉法 往菌粉中加入填充剂，稀释至每克含 1 亿孢子，用喷粉器喷菌粉。喷粉效果往往低于喷雾。

3. 土壤处理法 防治地下害虫常用此法。将菌粉加细土混匀制成菌土施用。每公顷用菌粉 5.5 kg、细土 450 kg 混拌均匀即制成菌土，其含孢量为 $10^7\sim10^8$/cm³。施用菌土分播种和中耕两个时期，在表土 10 cm 内使用。

4. 与化学杀虫剂混合使用 用低于致死剂量的化学杀虫剂（如吡虫啉等）与白僵菌混用，使害虫更易被病原菌感染。

5. 与其他微生物杀虫剂混合使用 与细菌、病毒或其他真菌制剂混合使用，扩大治虫范围。

七、白僵菌的应用前景

目前我国农业正进入一个从传统农业向高效优质和可持续发展的现代农业转变的新的历史时期，化学农药造成环境的日益恶化给人类敲响了警钟，生物农药迎来了前所未有的机遇和挑战。当前白僵菌在杀虫机理、菌种选育、生产工艺和技术以及市场培育等方面都还面临很多问题，应该加强白僵菌生物农药的技术创新和市场培育，应该加强白僵菌毒力菌株筛选、生产工艺和剂型改良、杀虫机理以及利用基因工程进行毒力菌株改造等方面的研究。

第五节 虫 霉

虫霉目（Entomophthorales）真菌是接合菌门（Zygomycota）的重要类群，广布于全世界，多为昆虫的专性病原菌，具有如下特点：①感病活虫仍能到处活动，传播病原菌；②多数种类产生能主动强力弹射、重复发芽并具黏性的分生孢子，或产生具有长梗或星状角易被昆虫碰触而脱落的毛管孢子或水生四歧孢子；③许多虫霉具厚壁的休眠孢子，不具休眠孢子的虫霉也有其他有效的宿存机制；④侵染过程一般较快，能在短暂的阴雨天迅速形成流行高峰。许多虫霉能在合适的环境条件下迅速形成大规模的流行，能在短期内扑灭大面积、高密度的虫灾，是昆虫种群自然调节的重要因子。虫霉控制害虫暴发很早就有记载，我国 1 000 多年前的《旧五代史·五行志》记载："后汉乾祐二年（949年），宋州奏，蝗一夕抱草而死"，描述的是蝗虫因感染蝗噬虫霉而死的典型症状。20世纪60年代初加拿大西部大发生的蝗灾就是因该虫霉病的流行而被抑制的，蝗虫的感病率高达95%。另一种世界广布的虫霉新蚜虫疠霉 [*Pandora neoaphidis*（Remaudière et Hennebert）Humber] 在十字花科蔬菜和小麦蚜虫中传播流行，对全世界的蔬菜和小麦生产具有重要意义。虫霉对害虫种群的控制起着十分重要的作用，是害虫生物防治的重要材料。

一、虫霉的分类现状

1855年，德国人 Cohn 建立了 *Empusa* 属，后更名为虫霉属（*Entomophthora*）。目前被普遍接受的虫霉分类系统为 Humber 分类系统，Humber(1989，1981) 在新巴氏分类系统的基础上，根据细胞特征、休眠孢子的形成与萌发方式以及营养细胞的性状将虫霉目分为6科：蕨霉科（Completoriaceae）、抛头霉科（Meristacraceae）、蛙粪霉科（Basidiobolaceae）、新月霉科（Ancylistaceae）、虫霉科（Entomophthoraceae）和新接霉科（Neozygitaceae）。据基于 rDNA 的亲缘关系分析表明，蛙粪霉（*Basidiobus* spp.）不应归于虫霉目。科下分属主要根据一级特征，即细胞核的数目与性状、初级分生孢子的形态及释放方式、假根及次生分生孢子的形态等。现已习惯将巴氏系统出现前的虫霉属称为广义的虫霉，即整个虫霉目，把巴氏系统之后的虫霉属称为狭义虫霉属，就是所谓真正的虫霉。

二、虫霉的生物学特性

多数虫霉在生活史中同时具有分生孢子和休眠孢子两个循环，一般包括原生质体、菌丝段、菌丝、分生孢子梗、分生孢子及休眠孢子等阶段。有些种类缺乏原生质体阶段，有些种类缺乏或尚未发现休眠孢子阶段，另有些种类尚未发现分生孢子阶段。

（一）原生质体

原生质体是分生孢子产生芽管穿透寄主之后在血腔中形成的，通过出芽方式在血淋巴中迅速繁殖，能在寄主的固体组织上生长。原生质体有丝状、卵状、变形虫状、球状或不规则形状。原生质体不具细胞壁，其超微结构与有壁的真菌细胞相比，线粒体较小，团聚的粗内质网和多泡体较多，细胞质外表面有一层在有壁细胞中见不到的毛茸茸的纤维状外被，缺乏像有壁细胞里的电子致密体。

（二）菌丝段与菌丝

具原生质体阶段的虫霉，当原生质体充满寄主血腔后，开始发育出细胞壁，形成菌丝段，即所谓壁的再生。无原生质体阶段的虫霉，其穿透寄主体壁的不分支芽管先产生隔膜，然后断裂成菌丝段。菌丝段（hyphal body）亦译作虫菌体，可体外培养。菌丝段与菌丝的区别仅在于长短。菌丝段在寄主血腔通过出芽迅速繁殖生长，有时产生隔膜成为菌丝，它们主要起营养作用，吸收寄主血淋巴和组织中的养分供其生长繁殖。

（三）假囊状体与假根

1. 假囊状体　假囊状体（pseudocystidium）也称为囊状体或侧丝，是一种穿透器官，能穿透昆虫表皮，有助于分生孢子梗伸出；还能改变虫尸体表相对湿度，为分生孢子梗的形成或产孢创造条件。假囊状体的粗度多与分生孢子梗相近，少数粗达数倍。其原生质稀薄，缺乏异染色质；分布偏于一侧，形成细长的带，基部膨大，端部偶有分叉。

2. 假根　假根（rhizoid）和假囊状体一样，也是一种特化的菌丝，其作用是将虫尸固定在基物（例如叶）上，有助于疾病的传播。虫霉的假根有 3 种形态：单菌丝假根、假菌索和类假菌索结构。同一种虫霉在不同寄主上假根的形态可能不同。

（四）分生孢子梗

在伸出寄主体外的菌丝中，多数分化成直立、粗壮（多短粗）、多核的棒状分生孢子梗（conidiophore），其顶部由一隔膜形成单核或多核的产孢细胞。产孢细胞上部膨大、缢缩并产生隔膜。原生质转移到上部，形成初生分生孢子，这种分生孢子梗称为初生分生孢子梗。初生分生孢子发芽后产生芽管，芽管像分生孢子梗一样产生次生分生孢子，而产孢的芽管称为次生分生孢子梗。分生孢子梗聚集在一起，整齐地排列成栅栏状。

（五）分生孢子

分生孢子（conidium）是虫霉的无性繁殖体和侵染单元，在分生孢子梗上成熟之后释放出去，有被动脱离（passive detachment）和主动弹射（active discharge）两种释放方式。孢子如果没有落在寄主体壁上，便会在潮湿的环境里萌发产生芽管，芽管端部形成次生分生孢子。初生分生孢子将原生质转移到次生分生孢子后，只剩下一层空壳叫做形骸细胞（ghost），次生分生孢子梗以同初生分生孢子梗类似的方式将次生分生孢子弹射出去。次生分生孢子仍有侵染性，甚至是一些种的主要侵染单元，如遇潮湿环境里也可继续萌发，依次产生三生分生孢子和四生分生孢子。初生分子孢子、次生分子孢子、三生分子孢子和四生分生孢子统称为重复分生孢子（repetitional conidium），分生孢子具有重复产孢特征。

（六）休眠孢子

休眠孢子（resting spore）是虫霉生活史中具厚细胞壁，保护整个细胞度过不良环境的阶段。未成熟的休眠孢子叫做前孢子（prespore），细胞壁较薄，整个细胞均匀地充满细胞质和小液泡。孢子成熟后外壁加厚，细胞质浓缩，小液泡结合成一个中心或偏心的大液泡。虫霉有 4 种类型的休眠孢子：厚垣孢子（chlamydospore）、接合孢子（zygospore）、假接合孢子（azygospore）和柔毛孢子（villose spore）。许多虫霉在不良环境下容易形成厚垣孢子，其形状不规则，系菌丝段向内分泌一层厚壁而成。环境有利时，厚垣孢子产生芽管，由芽管产生分生孢子。

三、虫霉的侵染过程

虫霉对昆虫寄主的侵染，始于分生孢子在寄主体表的附着。在适宜环境条件下，孢子萌发形成芽管，穿透昆虫体壁。有些虫霉，如根虫瘟霉（*Zoophthora radicans*）和新蚜虫疠霉（*Pandora neoaphidis*），芽管在穿透寄主体壁前先形成附着胞再形成芽管。在芽管穿刺寄主体壁的过程中，虽然会产生菌丝黑化等现象，但通常这种寄主体液免疫反应不能阻止虫霉的侵入。菌体进入寄主血腔后，立即脱去细胞壁，这样可避免寄主的非特异性免疫反应，同时大量增殖，消耗寄主养分，导致寄主衰竭而死。在寄主临近死亡时虫霉重新产生细胞壁形成菌丝段，进一步分化形成假根和假囊状体，分生孢子梗长出虫尸体表，在条件适宜时产生并弹射分生孢子。分生孢子梗自虫尸体表长出，以节间膜等区域居多，顶端产生初生分生孢子。初生分生孢子通常主动弹射，在弹射范围内的寄主虽不直接接触虫尸也能被感染。专性寄生蝉的团孢霉属（*Massospora*）只侵染寄主后腹部，且不影响正常飞行，产孢结构在腹部大量形成，随寄主的移动而散布分生孢子，属被动释放。分生孢子虽很脆弱，但表面一般有黏液成分，易黏附到新寄主体表且很快萌发。分生孢子未落到新寄主上时，会继续产生次生分生孢子或三生分生孢子、四生分生孢子等重复分生孢子，直到孢子内原生质营养消耗殆尽。

在极端温度和湿度等不利的环境条件下或是缺少寄主存在的情况下，虫霉可以产生大量厚壁的休眠孢子，休眠孢子在条件适宜时可萌发产生芽生分生孢子，在新的流行季节成为初侵染源。

四、虫霉病的流行及其影响因子

虫霉引起寄主流行病十分迅速，短期内可使寄主种群毁灭。虫霉病的发生是病原物、寄主和环境相互适应相互作用的结果。研究虫霉病的流行，必须综合考虑寄主、虫霉、环境因子和人类活动的影响。

（一）寄主种群对虫霉病的影响

寄主种群遗传学、生物学和生态学特征关系到病害发生与否及程度。就寄主而言，其易感性、种群密度、动态趋势和空间分布等因素影响着流行病的发生。

1. 种群易感性对虫霉病的影响 寄主对虫霉的敏感性与寄主的遗传性状关系很大，寄主种内差异造成虫霉的侵染力不同，如豌豆蚜的不同生物型对暗孢耳霉或新蚜虫疠霉的侵染表现出迥异的敏感性。同一寄主不同龄期有不同感病性，如在豆田根虫瘟霉病流行期间，微叶蝉2～5龄若虫感染率为55%，而成虫感染率不超过19%。同龄幼虫刚蜕皮时最易受感染，蛹期较少受感染。成虫期昆虫因种类不同，感病性变化较大，如同翅目的蚜虫、飞虱、叶蝉类成虫易被感染，而鳞翅目的成虫一般不受感染。此外不适宜的营养或环境条件影响昆虫的正常代谢，造成虫体感病性差异。

2. 种群密度对虫霉病的影响 寄主种群密度是流行病发生的关键影响因子。种群密度和寄主感染率之间有时表现为典型的跟随效应，但这种相关性不能用简单的经验模型来描述。例如虫霉的流行被认为有一个种群密度阈值，低于此阈值，虫霉一般不流行。同时许多研究得出感染水平与寄主种群密度呈负相关，或在相关性分析中不显著，反映了病原寄主互作系统的复杂性。

3. 种群空间分布对虫霉病的影响 寄主的空间分布情况及活动能力也对虫霉流行程度有十分重要的影响，如在叶心处群集或活动能力较弱的蚜虫往往受虫霉的感染程度较低。

（二）虫霉本身对流行病的影响

虫霉本身对流行病的影响主要表现在寄主专化性、初始侵染源的时空分布和数量动态等方面。

1. 寄主专化性对虫霉病的影响 寄主专化性是在病原菌与寄主长期协同进化过程中形成的，有的专化性较强，有的较弱。多数虫霉在科一级水平上对寄主专化，如新蚜虫疠霉、普朗肯虫霉、暗孢耳霉和筒孢虫瘟霉是蚜科水平上专化的病原真菌，可在多种蚜虫种群中流行。有些虫霉寄主范围更窄，如舞毒蛾噬虫霉（*Entomophaga maimaiga*）和灯蛾噬虫霉（*Entomophaga aulicae*）分别侵染舞毒蛾和山毛榉褐灰舟蛾，即使同时同地发生也互不感染另一种寄主。有些虫霉寄主范围很宽，如根虫瘟霉能侵染同翅目、鳞翅目、双翅目、鞘翅目和膜翅目等种类繁多的寄主，但来源不同的菌株对原始寄主以外的昆虫类群可能侵染力很弱甚至没有侵染力，或虽具一定侵染力，但受染寄主死后不能再产生分生孢子和休眠孢子，故不具流行潜力。寄主专化性在种内的不同菌株之间，或复合种内的不同致病型之间也同样存在。

2. 侵染体时空分布对虫霉病的影响 初始侵染体是虫霉流行病发生的先决条件，不同时间和地点，侵染体的侵染能力也不同。Weseloh 和 Andreadis(1992) 从野外采集的舞毒蛾幼虫尸体内的休眠孢子，由于采集的季节，其萌发和感染寄主都会不同；埋于地面枯叶虫尸中的休眠孢子产生的分生孢子的侵染力明显强于同时采自树干暴露部位虫尸中休眠孢子所产的分生孢子。有些侵染体休眠孢子萌发，需要一定的温度、光照和湿度等条件，这些条件的分布具有时空性，从而影响该类侵染体的侵染力。在相对稳定的生态环境中容易找到这种时空分布规律，但在人为干扰频繁的农田生态环境，流行病初始侵染源的时空分布具有不确定性。

3. 侵染体数量对虫霉病的影响 侵染体的数量动态是虫霉流行学中一个不可忽视的因素。英国学者曾用低空孢子捕捉器监测田间孢子数量动态，在蚜虫病害流行期间成功地捕获到一定数量的虫霉孢子，如新蚜虫疠霉、新接霉、普朗肯虫霉、暗孢耳霉等。但空中孢子捕获量与感染水平的相关性分析结果并不一致，有的极显著，相关系数达0.98；有的相关性很低，相关系数仅为 0.5 左右。可能由于孢子捕捉法仅适于在虫霉流行季节监测作物冠层附近的孢子动态，但对确认初始侵染体的来源和数量并无用处。有些研究把田间虫尸数量视为代表侵染体的数量变量，在流行学分析中相当有用，例如巴西豆田微叶蝉根虫瘟霉病的流行程度与田间虫尸密度显著相关，加拿大安大略省美松针钝喙大蚜的加拿大虫瘟霉病的流行与林间蚜尸密度显著相关等。以虫尸数量来定量侵染体时，必须考虑虫尸的产孢量。

（三）环境因子对虫霉病的影响

虫霉和寄主的相互作用离不开所处的环境。环境既深刻地影响寄主种群的生理生态、发育及时空分布和密度，又影响着虫霉的活性、毒力、扩散传播及存活等。

1. 温度对虫霉病的影响　温度的适宜度是决定流行病是否发生的重要条件之一，也是流行病表现出季节性的原因。虫霉产孢、侵染和大规模流行的最适温度为 15～25 ℃，10 ℃以下的低温不利于虫霉流行，因为低温下产孢量显著降低，分生孢子侵染力减弱，侵染后潜伏期延长。虫霉分生孢子在 0 ℃以下一般不能存活，但也有些可在 −5 ℃下稳定保持侵染力 4～9 个月，如新蚜虫疠霉的分生孢子。除根虫瘟霉、飞虱虫疠霉和弗氏新接霉等少数种类外，30 ℃以上虫霉一般不流行。

季节性温度变化是休眠孢子产生和萌发的一个重要物候信号。低温有利于虫霉休眠孢子的萌发，休眠孢子需在较低温度下保持一定时间才能正常萌发，如暗孢耳霉需在 3～7 ℃下持续 3 个月，弗氏新接霉要在 5～14 ℃下持续 20 d。

2. 湿度对虫霉病的影响　虫霉分生孢子的产生和弹射要求饱和或近饱和的湿度，萌发和侵入也要求接近或超过 90% 的相对湿度，许多虫霉利用夜间低温露点所形成的饱和湿度大量产孢，分生孢子也正是在此间迅速完成对寄主的侵入。降雨量与流行病的发生密切相关，Wilding(1975) 发现豌豆蚜的感病与流行病发生前 12 d 的平均雨量呈正相关。人为提高湿度也可增强虫霉的流行。

此外毛管孢子、分生孢子和休眠孢子一般在高湿度下存活时间较长，而菌丝段在低湿度下存活更久。

3. 光照对虫霉病的影响　光照对虫霉流行的影响主要表现在以下两方面。

（1）光周期作为一种信号刺激和调节虫霉的生命现象　虫霉在夜间至凌晨产孢的节律是由光周期决定的，比如黑暗促进舞毒蛾噬虫霉的产孢、佛罗里达新接霉孢子的萌发和新蚜虫疠霉对寄主体壁的侵入。同时光照也能促进安徽虫瘟霉、蝇虫霉、蛙生蛙粪霉的产孢。光照还影响次级孢子的分化，如锥孢虫疫霉在光照下主要产生球形的 Ⅱ 型二级孢子，在黑暗中主要产生柠檬形的 Ⅰ 型二级孢子。当然也有些不受影响，如光照对根虫瘟霉的产孢、对筒孢虫瘟霉二级孢子的产生无影响。

（2）阳光中紫外线对虫霉孢子具有很强的杀伤力　光照对分生孢子的杀伤作用极强，虫霉的分生孢子在自然光照下，存活时间相当短，连续光照会导致孢子迅速失活。

（四）人类活动对虫霉病的影响

人类活动的介入，使得虫霉流行病三角关系变得更为复杂。由于耕作制度的不同，栽培管理措施的不同，如肥水管理、化学防治等常规措施会造成农田生态系统中光照、温度、水分、病原和寄主都发生变化，导致虫霉流行病的发生呈现较大的差异。

1. 化学防治的作用　化学防治是常规措施，虫霉对化学农药尤其是对杀菌剂的敏感性因菌种（株）不同而不同，这与化学农药的类型密切相关。因此利用虫霉流行病控制害虫或是将虫霉纳入害虫综合治理系统之前，必须选择使用与虫霉生物学相容的化学药剂，并且在使用时间上与虫霉流行的敏感阶段错开。

2. 信息激素的作用　害虫信息激素主要通过对害虫行为的调节而增强虫霉在害虫种群中的扩散，使流行病提前或加剧发生。如将小菜蛾的雄蛾用人工合成的雌蛾性激素引诱到诱集器中，让它们沾染上根虫瘟霉分生孢子后再飞回到大田中去，可在种群中扩散病原。

3. 天敌引入的作用　虫霉的寄主范围较窄，通常不会感染寄主的天敌。因此天敌的引入能够和虫霉相容，加强害虫控制。例如捕食性天敌或寄生蜂能够显著增强虫霉在害虫种群中的传播。即使有些虫霉与害虫天敌间产生不利互作关系，但由于虫霉和害虫天敌所适宜的天气条件明显不同，天敌在温暖干燥的条件下活跃，而虫霉则是在较为阴湿的条件下发生，因此能在时间和空间上错开。

4. 耕作制度的影响　在季节性作物系统中，作物收获和土壤翻耕等措施都会使环境中的虫霉侵染体大受影响。在田边保留一定的灌丛或植被，对虫霉的延续与早期增殖具有十分重要的意义。通过提高冠层郁闭度来调节田间小气候，可促发虫霉流行病。另外在温室及塑料大棚中利用虫霉流行病控制蓟马效果明显，如一种新接霉使辣椒和黄瓜上西花蓟马（*Frankliniella occidentalis*）死亡率达 60%。

五、虫霉侵染体的繁殖与应用

大多数虫霉对营养要求很高甚至苛刻，人工分离培养的难度很大，虫霉侵染体的繁殖与应用也因此受到制约。

虫霉对营养的要求以及分离培养的难易因种类不同而异，依据虫霉的营养要求和分离培养的难易，大致分 4 种情形。

① 新月霉科的耳霉，它们最容易分离培养，在普通培养基上可生长很好。

② 巴科霉（*Batkoa*）、虫疫霉（*Erynia*）、虫瘟霉（*Zoophthora*）和虫疠霉（*Neoaphidis*），它们通常能够分离培养，但营养要求较高，其中虫疠霉分离培养最难，虫疫霉及虫瘟霉较易。

③ 虫霉（*Entomophthora*）、噬虫霉（*Entomophaga*）和新接霉（*Pandora neozygites*），对营养的要求极为苛刻，在固体培养基平板上几乎不能分离和正常培养，但有些菌种可以用昆虫组织培养的方法进行分离和有限繁殖。

④ 斯魏霉（*Strongwellsea*），目前还没有任何成功分离培养的报道。另外蝗噬虫霉是公认的复合种，目前尚未获得真正的人工分离菌株。

六、虫霉类生物农药生产及制剂研制

（一）虫霉分生孢子的生产

虫霉分生孢子生产技术简单，但要得到质量均一的产品并不容易。分生孢子寿命短，对环境敏感，抗逆性极弱，人们对刺激分生孢子的形成与保藏也缺乏认识，在目前来看，生产分生孢子不具实用价值，不可能大量直接生产。

（二）虫霉休眠孢子的生产

虫霉休眠孢子是 20 世纪 70～80 年代研究的热点，曾被认为是最适宜于生物防治的材料。目前只有为数不多的虫霉能够通过离体培养产生休眠孢子，且条件相当苛刻。由于耳霉在寄主体内和离体培养时都很容易产生休眠孢子，在早期的研究中受到重视。Krejzova（1970）实现了块状耳霉休眠孢子的规模生产，但生产的休眠孢子对蚜虫却几乎没有毒力，随后将注意力转向了暗孢耳霉和有味耳霉，这两种耳霉的休眠孢子可以在全合成培养液中发酵生产。然而，休眠孢子萌发时间长、发芽率低、发芽同步性差，最重要的，用休眠孢子进行的一系列蚜虫防治试验没有获得成功，并且生产孢子需要巨量的发酵液，显然不具有实用性。近年来，舞毒蛾噬虫霉在细胞培养液中被发现能够产生休眠孢子，但由于成本过高而很难实际应用。鉴于这些原因，将休眠孢子开发为真菌杀虫剂是目前无法实现的。

（三）虫霉菌丝体的生产

1. 虫霉菌丝的生产　采用以大米为主要原料的固相发酵技术生产的新蚜虫疠霉菌丝体，保存期明显长于液体发酵生产的菌丝体，4 ℃可保存两个月。虫霉菌丝的干燥和保存技术也是菌丝生产的制约因素，菌丝一般在低温、含水量很低的情况下易储存。弗氏新接霉虫尸在 −14 ℃普通冰箱中保存 6 年，虫尸产孢量及初生孢子的萌发和侵染力仅稍有下降。要想大规模地生产出生物学特性一致的虫霉菌丝，要在培养基配方和发酵条件优化上做更多工作。

2. 虫霉菌丝制剂的剂型　欧洲联盟曾于 20 世纪 80 年代初开展利用新蚜虫疠霉防治蚜虫的合作研究，反复证明在温室或田间直接施用人工菌丝液的方法不适合虫霉。Shah 等将新蚜虫疠霉液体培养菌丝用海藻酸盐进行包埋制成颗粒，这种颗粒能够很好地复水弹孢并引起感染。但是田间应用菌丝制剂尚未获得稳定效果。

七、虫霉类生物农药存在的问题与发展方向

（一）虫霉类生物农药存在的问题

1. 液体培养的问题　对于虫霉来说，液体培养是快速获得大量匀质菌体的唯一方法，也是工业化生产的主要途径，但液体发酵产生的芽生孢子的寿命短且生活力弱，因而在使用上受到限制。

2. 菌株保存的问题　现在虫霉菌株长期保存的唯一方法是将培养物置于液氮中，但此法费用昂贵。而转接法会导致虫霉毒力、产孢性能衰退。

3. 制剂及剂型的问题　目前虫霉制剂的干燥环节还没突破，制剂在低温冷冻干燥过程中很容易失去活性。有趣的是，有研究表明制剂常温下缓慢干燥还能保持较高的活性。所以认为虫霉干燥能保持活性，关键是缺乏对该菌冻干及自然干燥过程中理化特性变化的认识。此外保护剂以及粉碎技术方面尚需做更进一步的研究。另外现有的以凝胶颗粒作为杀虫制剂在使用上不太方便，怎样能使颗粒剂黏附到叶表作用于害虫还须进行研究。

（二）虫霉类生物农药发展方向

制剂研制要在工艺设计上充分考虑虫霉的生物学特性。海藻酸盐作为包埋基质有诸多优点，但存在保水性差、助剂易渗漏、易失水干燥、回胀不佳、影响复水萌发、机械强度差以及胶球粘连等缺陷。进一步研究找寻好的添加成分或其他材料提高产孢或感染能力是发展的方向。

八、虫霉类生物农药的应用前景展望

虫霉目真菌广布于全世界，多为昆虫的专性病原菌，是昆虫种群自然控制的重要因子和害虫生物防治的重要材料。虫霉侵染力强，流行速度快，能诱发多种害虫的流行病，正逐渐成为我国微生物防治研究的热点之一，具有广阔前景。

许多虫霉菌在寄主的科一级水平上专化，被认为是杀虫谱最为理想的生物防治因子。迄今全世界虽无任何虫霉制剂注册，但人们对虫霉的应用前景非常看好，正不断加大应用和商品化的研究。现有40余种虫霉可以人工培养，近10种已成功地在实验室生产，在250 L发酵罐中的生产已获成功。

第六节 蜡蚧霉

蜡蚧霉最早发现于1861年Neither报道的锡兰寄生咖啡蜡蚧（*Lecanii coffeae*），1898年Zimmermann定名为蜡蚧头孢霉（*Cephalosporium lecani*），1939年Viegas将蜡蚧头孢霉归入轮枝菌属，并定名为蜡蚧霉 [*Verticillum lecanii* (Zimmermann) Viegas]。目前，Yan Jun等（1991）通过联合分类法把分离到的64种蜡蚧霉分为6个类群：①来源于昆虫，主要是蚜虫科；②植物锈病重寄生物；③来自英国的菌株；④从咖啡锈病病原菌分离的菌株；⑤从热带蚧类昆虫虫尸分离的菌株；⑥来自虫草菌（*Cordyceps*）和 *Torrubiella* 的菌株，感染热带森林节肢动物。

蜡蚧霉是一种寄主范围广泛的病原真菌，主要寄生同翅目昆虫，特别是蚜虫、粉虱和蚧类，也寄生直翅目、半翅目、缨翅目、鞘翅目、鳞翅目和膜翅目的昆虫和螨类。此外蜡蚧霉还是一些植物病原菌的寄主菌。

一、蜡蚧霉的生物学特性

（一）形态特征

蜡蚧霉的蜡蚧霉在查贝克琼脂上，菌落圆形，白色，培养10 d菌落直径为22～25 mm，培养14 d直径为31～34 mm。菌落表面绒毛状至絮状，结构致密、扩展，菌落中央有不规则沟纹，边缘波浪状，菌落背面奶油黄色，无可溶性色素，气生菌丝有分支，宽度为1.1～2.8 μm。分生孢子梗透明，基部膨大，向上逐渐变细，锥形；单生、对生或轮生在菌丝上。每一轮从气生菌丝的同一位置长出分生孢子。分生孢子透明，椭圆形、卵形或柱形，偶有圆形，大小为2.3～6.4 μm×1.1～2.5 μm。分生孢子在分生孢子梗顶端黏结成球形头状体，直径为4～10 μm，遇水解体，释放出分生孢子。每个头状体通常含孢子6～25个，多的可达70个，没有厚垣孢子。来自不同寄主、土壤和采集地点的蜡蚧霉的分生孢子大小变化范围很大，从2.18 μm^3 到18.25 μm^3。

马铃薯葡萄糖琼脂上，菌落亦为圆形，白色，菌落中央隆起呈笠状，表面有或无辐射状沟纹，结构致密、扩展，绒毛状至絮状。培养10 d菌落直径为24～27 mm，培养14 d直径为31～38 mm。菌落背面奶油黄色，无可溶性色素。

（二）蜡蚧霉的生长发育环境

1. 温度　蜡蚧霉的生长温度范围为 14～32 ℃，20～25 ℃较适合生长和繁殖，最适生长温度为 25 ℃。低于 20 ℃生长缓慢，高于 32 ℃多数停止生长，仅有少数在 36 ℃下才停止生长。不同寄主与地理环境来源的菌株对温度的反应或耐受范围有所不同。

2. 湿度　蜡蚧霉孢子的萌发和菌丝生长要求高湿度，在相对湿度大于 75% 的条件下，孢子萌发率、生长速度随湿度增加而提高。在饱和湿度、气温 26～28 ℃的环境中，孢子萌发率最高。相对湿度低于 75% 孢子几乎不发芽。

3. pH　pH 对蜡蚧霉孢子的萌发和产孢量有明显影响。pH 在 3.5～8.0，蜡蚧霉都能生长。最适 pH 为 6.5，此条件下，孢子萌发率最高，产孢量也最高。pH 3.8 以下或 8.0 以上产孢量大大减少；pH 4.5 以下或 8.5 以上孢子几乎不萌发。

4. 溶氧　通气条件对蜡蚧霉产孢量的影响很大，通气量足，产孢多。

5. 营养条件　蜡蚧霉对营养要求不严格，在培养真菌的培养基上都能生长。无机氮源以硫酸铵最适于生长繁殖。碳源要求不严格，葡萄糖、蔗糖和淀粉均可。另外微量元素对蜡蚧霉生长及产孢有一定影响，锌能明显促进菌丝生长和产孢，其次为铁和铜，而银抑制菌丝生长。

二、蜡蚧霉的侵染过程和致病机理

（一）蜡蚧霉的侵染过程

以蚜虫为例，蜡蚧霉感染蚜虫需经过以下过程：分生孢子黏附寄主表皮；孢子萌发及芽管产生；芽管入侵皮下定殖在前表皮；芽孢子生长进入血淋巴，吸收营养，产生代谢产物（如毒素、酶）；分生孢子释放。当温度和湿度适合时，虫体表面的分生孢子萌发，分泌降解昆虫表皮的几丁质酶、蛋白酶等促进菌丝和芽管穿透表皮，菌丝在血腔内大量生长，逐渐充满整个体腔，吸取虫体的营养和水分，使虫体营养耗尽、体循环发生障碍和组织细胞破坏，从而死亡。

（二）蜡蚧霉的致病机理

蜡蚧霉昆虫的致病作用可能是毒素导致的生理破坏与菌丝的机械破坏作用共同作用结果。蜡蚧霉进入昆虫体内后产生的毒素如白僵菌交酯、2,6-二羧酸吡啶和 C_{25} 化合物对昆虫有较高的毒杀活性，可在较短的时间内诱导滞缓效应、引起麻痹和最终导致死亡。

1. 白僵菌交酯的作用　1978 年日本学者 Masaharu 从一株由家蚕蛹虫尸上分离的蜡蚧霉的菌丝中提取得到了非结晶体环状缩梭肽类的白僵菌交酯（$C_{12}H_{21}NO_3$），其对家蚕和棉铃虫幼虫有胃毒作用。

2. 2,6-二羧酸吡啶的作用　1982 年英国学者 Norman 从 6 个不同来源的蜡蚧霉菌株提取了有杀虫活性的次级代谢产物 2,6-二羧酸吡啶和两种 C_{25} 化合物 $C_{25}H_{23}O_3$ 和 $C_{25}H_{38}O_4$。其作用的机理尚不清楚，推测 2,6-二羧酸吡啶可能是由阳离子参与的配基的协调模式。

3. 内毒素磷酸酯的作用　1994 年以色列学者 Galalina Gindin 从一株由棉子尖长蝽（*Oxycarenus hyalinipennis*）上分离的蜡蚧霉的菌丝中提取纯化到此物质，但具体结构不清楚。蚜虫、白粉虱和蓟马对此毒素均高度敏感。Gindin 认为此物质可能是在感染后期，真菌细胞发生降解时产生的。

三、蜡蚧霉生物防治的应用

20 世纪 80 年代，蜡蚧霉率先被英国用于防治温室白粉虱和蚜虫，并商品化。随后，西欧一些国家大力开发此菌。国内外用这种真菌防治温室病虫害已有很多成功的报导。

（一）蜡蚧霉用于防治蚜虫

欧洲已有用于防治蚜虫的蜡蚧霉商品制剂，英国开发出 Vertalec 和 Mycotal 两个产品，用 Vertalec 防治菊花和温室中的桃蚜（*Myzus persicae*），用 1 次药可控制达 3 个月；荷兰 Koppert B. V. 公司的产品也已注册生产。

（二）蜡蚧霉用于防治粉虱

蜡蚧霉对同翅目害虫有特异防治效果。用蜡蚧霉防治烟白粉虱（*Bemisia tabaci*）和温室粉虱（*Trialeurodes vaporariorum*）这两种世界经济作物的主要害虫收到了较理想的防治效果，而对此化学杀虫剂毫无办法，且易产生抗性。Franse(1994) 在新泽西用此菌防治粉虱，粉虱死亡率达 89%～96%。我国李国霞等（1996）研究北京地区此菌 11 个单孢分离菌株对温室粉虱 2 龄若虫致病性，筛选出 B3/S1－Sub2 号和 4 号两个优良菌株，对 2 龄粉虱若虫 12 d 的致死率达 95.76% 以上，为生物制剂的生产提供了具有价值的菌株。

（三）蜡蚧霉用于防治其他害虫

1. 蜡蚧霉用于防治线虫　对于有些线虫，此菌 1 周内就能在其体内大量繁殖。接种此菌后 16 h 内，菌丝就侵入凝胶化的异皮线虫母体。另外蜡蚧霉与胞囊线虫的性激素联合使用，能降低大豆田间胞囊线虫的数量。

2. 蜡蚧霉用于防治蚧类害虫　前苏联用蜡蚧霉产品 verticillin 防治橘树上的褐软蚧（*Coccus hesperidum*），蚧虫 3 周内死亡率达 85%～100%，但不能在蚧种群内宿存和扩散，田间防治必须反复引入。

此外蜡蚧霉的一些菌株可以杀死侧扁蚁（*Camponotus compressus*），降低畜栏扁虱的生活力，且不会对作物产生负面影响。

（四）蜡蚧霉与其他手段联合防治

蜡蚧霉可与害虫天敌联合用于控制害虫数量。前苏联曾用蜡蚧霉与蚜虫的捕食性天敌草蛉（*Micromus angulatus*）有效地防治了温室蔬菜上的蚜虫。尽管一些化学农药对菌丝生长或孢子萌发有影响，但在影响较小的情况下，两者仍可联合作用控制害虫，达到迅速和长期防治害虫的目的。Easwaramoorthy 等（1978）用蜡蚧霉分别与低浓度的滴滴涕（DDT）、高灭磷联合作用防治绿软蚧，显示滴滴涕、高灭磷与该菌相容，杀虫剂加到真菌孢子悬液中既可防治绿软蚧，又可防治其他害虫。在夏季高温、低湿的情况下，真菌控制虫口的作用受到很大的限制，分别用亚致死剂量的倍硫磷（fenthion）、利磷胺（phosphamidon）和蜡蚧霉联合防治咖啡绿软蚧，有明显的增效作用。蜡蚧霉还能与杀菌剂（如苯菌灵）联合使用同时防治害虫和病原真菌。另外还有轮枝菌与白僵菌或拟青霉混合，可用于防治森林害虫蠹蛾。

四、蜡蚧霉的田间施用

根据防治对象的不同，蜡蚧霉采取不同的施用方法、次数、间隔时间和孢子浓度。对于苗床，常以磷酸缓冲液（含 Triton X - 100 湿润剂）制备分生孢子或孢子液悬液，黄昏喷施，然后再用黑色聚乙烯薄膜覆盖苗床，创造有利于孢子发芽和入侵的高湿环境。田间施用防治效果与自然环境条件密切相关，在高湿条件下，孢子萌发、侵染致病力强，杀虫效果好。因此在实际应用中，应选择在湿度大的天气条件下喷施，或人工创造高湿度环境。

五、蜡蚧霉的致病力及其影响因素

1. 病原因素 不同菌株的致病力差异大。Jackson(1995) 研究 18 种对菊小长管蚜 *Macrosiphoniella sanborni* 致病力不同的蜡蚧霉，发现影响致病力的因素有孢子萌发速率、产孢率、胞外淀粉酶活性和几丁质酶活性，表明致病力的大小是这些因素共同作用的结果。

2. 寄主因素 昆虫不同的发育阶段影响蜡蚧霉的致病力，蜡蚧霉并非对所有昆虫的低龄阶段致病力较高，例如对蓟马幼虫的致病力低于成虫。

3. 环境因素 蜡蚧霉的致病力受温度和湿度的影响，受湿度影响尤为强烈。

六、蜡蚧霉的生产工艺

1. 固体培养 蜡蚧霉主要采用固体培养进行大量生产，灭菌的高粱属子粒装进塑料袋，接种蜡蚧霉后，密封袋口，放在室温下培养 3 周后可田间施用。

2. 固液双相发酵 用固液双相发酵法生产孢子粉，可克服固体培养孢子数量少和液体培养孢子寿命短的缺点。

（1）发酵方法 具体方法如下。

① 将菌接到液体培养基中（成分为：葡萄糖 2.5%、淀粉 2.5%、谷粒浸出液 2%、NaCl 0.5%、CaCO₃ 0.2%），将 pH 调至 5.0，在 19～21 ℃的温度下，摇床培养 4～5 d，可得 $4.5×10^5$/mL 芽孢子。

② 将芽孢子接到事先做好的小米培养基上（小米培养基的具体做法是：用开水浸泡小米至体积膨胀两倍，然后清水洗去多余淀粉，控干，室温干燥，500 mL 的三角瓶内装约 1 cm 厚，灭菌，摇松），控制相对湿度为 90%，25 ℃下培养 7 d，可长出大量菌丝。

③ 使相对湿度降到 50%，于 28～30 ℃下慢慢干燥 2～3 周，可长出大量孢子。

④ 打开瓶塞，充分干燥 5 d。

（2）发酵工艺 殷凤鸣（1996）采用此生产工艺生产防治湿地松粉蚧的蜡蚧霉，产孢量可达 55 亿/g，且成本大幅下降，具体生产工艺流程为：

① 一级斜面菌种在 19～21 ℃下培养 240 h。

② 二级三角瓶摇床液体种子在 19～21 ℃下培养 72 h。

③ 三级大罐通气培养扩大液种在 19～21 ℃下培养 72 h。

④ 四级固体开放培养在 19～21 ℃下培养 360 h，然后干燥，至含水率 30%以下时自然晾干。

⑤ 包装储藏。

（3）培养基

① 斜面培养基：成分为马铃薯 20%、蛋白胨 0.5%、磷酸二氢钾 0.05%、硫酸镁 0.03%、蔗糖 2%、琼脂 2%。

② 液体培养基：其成分为米粉 7%、花生枯 2%、麦麸 2%、蛋白胨 0.5%、蔗糖 2%。

③ 固体培养基：其配方为谷壳加麦麸，配比为 6：4。

七、蜡蚧霉应用中存在的问题及展望

接种体的发酵、制剂剂型及稳定性问题，还有对蜡蚧霉致病过程中真菌毒素的作用以及在温室大棚中流行的机制缺乏深入的了解，是蜡蚧霉在生物防治应用中的主要问题。此外我国对此菌剂型的加工处于探索阶段，至今未有注册生物杀虫剂。因此在研究此菌对病虫害控制机制的同时，还应加强此菌剂型与添加剂的研究以及此菌与温室作物微生态关系的研究，以便能尽快生产出适合我国病虫害具体情况的商品制剂。随着可持续农业和可持续植物保护战略的提出，蜡蚧霉在害虫综合治理中将发挥重要作用。

第七节　拟　青　霉

拟青霉是一种杀伤力强、寄主范围广的昆虫病原真菌，具有生活力强、易于培养、孢子丰富易扩散等特点，有些种类的代谢产物具有较强的杀虫活性。拟青霉的寄主范围广泛，有鳞翅目、鞘翅目、膜翅目、同翅目、直翅目、双翅目、半翅目、等翅目、革翅目和脉翅目等多种昆虫，能有效防治松小蠹、松毛虫、松梢螟、松叶蜂、松尺蠖、松卷叶蛾、板栗象甲、蜡、蝗、叶蜂、叶蝉、蚊、蚁、吉丁虫、天牛、叩头虫、蝼蛄和地老虎等多种害虫。有的种类侵染蝙蛾科昆虫形成虫菌体，系名贵的中药冬虫夏草。

一、拟青霉的分类地位

拟青霉属于半知菌亚门丝孢纲丝孢目丛梗孢科拟青霉属。原属于拟青霉属的部分种已归入棒束孢属（*Isaria*）。迄今为止，我国有记载的拟青霉属虫生真菌共 16 种或变种。它们是：粉质拟青霉（*Paecilomyces aecilomyces farinosus*）、玫烟色拟青霉（*Paecilomyces fumosoroseus*）、玫烟色拟青霉北京变种（*Paecilomyces fumosoroseus* var. *beijingensis*）、淡紫色拟青霉（*Paecilomyces lilacinus*）、细脚拟青霉（*Paecilomyces tenuippes*）、蝉拟青霉 [*Paecilomyces cicadae*（Migud）Samson]、斜链拟青霉（*Paecilomyces cateniolgipuns*）、环链拟青霉（*Paecilomyces cateniannulatus*）、中国拟青霉（*Paecilomyces sinensis*）、古尼拟青霉（*Paecilomyces gunniiliang*）、深绿拟青霉（*Paecilomyces arovirens*）、宛氏拟青霉（*Paecilomyces variotii*）、撑拟青霉（*Paecilomyces suffultus*）、爪哇拟青霉（*Paecilomyces javanicus*）、暗绿拟青霉（*Paecilomyces atrovirens*）和霍克斯拟青霉（*Paecilomyces hauksii*）。其中粉质拟青霉、玫烟色拟青霉和淡紫色拟青霉研究应用较多。

二、拟青霉的生物学特性

拟青霉的生长、发育及致病力受到多种环境因素的影响，其中温度和湿度最为关键。以粉拟青霉为例，其孢子萌发，在温度为 3～30 ℃、空气相对湿度为 60%～100% 均可萌发；

适宜萌发的温度为12～25 ℃，空气相对湿度为70%～100%；最适萌发的温度为16～22 ℃，最适萌发的空气相对湿度为80%～100%。适宜温度下，粉拟青霉孢子经12 h的吸湿膨胀发芽后，每个孢子长出1～2根芽管，伸长为菌丝，24 h后，孢子萌发率90%以上，40 h后产生分生孢子。以玫烟色拟青霉为例，高湿是其孢子萌发和穿透寄主的必要条件，在较低湿度下虽可侵染，但是随后孢子形成会受到抑制。在低碳的培养基中，玫烟色拟青霉能快速产生孢子，芽孢子的侵染能力比分生孢子强3倍，在田间通过雨水、气流、粉虱成虫、寄生蜂或其他节肢动物进行再侵染。此外营养条件（碳源和氮源）以及pH也会造成影响。

三、拟青霉的致病机理

淡紫拟青霉的致病机理与其产生的几丁质酶有关。目前对淡紫拟青霉几丁质酶的作用有两种解释，一种认为淡紫拟青霉与线虫的孢囊或卵接触后，菌丝缠卷整个卵，由于外源性代谢和几丁质酶的作用，卵壳中发生一系列超微结构变化，卵壳表皮破裂，真菌随后穿入而寄生在早期胚胎发育阶段的卵中。另一种解释认为，几丁质酶促进根结线虫卵的孵化，对卵中孵出的幼虫有致死作用。

淡紫拟青霉还能产生抗生素leucinostatin和lilacin、其他酶（细胞壁裂解酶、葡聚糖酶和丝蛋白酶）、促进植物生长的物质（类似生长素和细胞分裂素作用的物质）和对线虫有害的物质（醋酸）。这些因素共同组成了其致病机理。

四、拟青霉产品研制和应用

20世纪80年代末，玫烟色拟青霉在美国作为微生物杀虫剂在扶桑和一品红等作物上使用。前苏联生产的粉质拟青霉商品Penilomin，防治苹果囊蛾比白僵菌的效果更好，1965年在波罗的海岸用于防治西伯利亚松毛虫、球果螟、球果尺蠖和落叶松卷叶蛾，防治效果甚好。国外已登记的拟青霉商品制剂主要是玫烟拟青霉产品，如荷兰的Biocon、委内瑞拉的Bemisin和欧美的PreFeral等。

我国殷坤山等（1978，1979）从自然罹病的茶尺蠖蛹上分离到细脚拟青霉，将其固体发酵产物用于田间，取得了良好的杀虫效果。淡紫拟青霉已成为我国开发应用的主要杀虫真菌之一，一般采用液体发酵生产商品制剂，防治大豆孢囊线虫和南方根结线虫效果显著。云南玉溪北山林场微生物制剂实验中心与西南林学院开发研究粉拟青霉制剂，对松小蠹、松毛虫、松梢螟、松叶蜂、板栗象甲、菜青虫和玉米螟等多种农林果蔬害虫有显著的防治效果。此外拟青霉是茶园、田间和森林害虫生物防治中非常有利用潜力的生物因子，常用于对叶蝉、介壳虫、螨类和粉虱等害虫的控制，尤其适合用在农药残留要求高的茶叶生产中。

五、拟青霉杀虫剂的发展方向与展望

拟青霉资源丰富，其制剂具有经济、持效、高效和不污染环境的优点，是一类理想的绿色环保生物杀虫剂。其发展方向是：筛选更多适用于不同作物、不同环境使用的高效菌株，研究致病机理和产孢机理，对菌株进行改造培育。对筛选出的菌株进行定向培育，结合生产工艺研究，提高菌株的生产性能和杀虫效率，进行规模化生产。

第八节　杀虫真菌分泌的毒素

许多微生物（如细菌、真菌和放线菌等）都可以产生杀虫毒素。根据其性质，微生物产生的杀虫毒素大体上可分为：蛋白类毒素、脂多糖和具有其他化学特性的毒素（如甾体类、多羟醇类和萜类化合物）。真菌毒素是真菌的次生代谢产物，有 200~300 种，根据结构可分为：生物碱类、蒽醌类、丁烯酸内酯类、香豆素类、环氯肽类、nonadride 类、酚大环内酯类、哌嗪类、吡喃酮和吡喃类和镰刀菌烯醇类等，最多的是环状缩肽类。产生杀虫毒素的真菌主要有：白僵菌、绿僵菌、莱氏野村菌、曲霉、轮枝菌、镰刀菌、虫霉、虫草和拟青霉等。

一、杀虫真菌毒素种类

（一）白僵菌和绿僵菌的杀虫毒素

1. 白僵菌的杀虫毒素　白僵菌属真菌产生的毒素有白僵菌素、白僵菌交酯、布氏白僵菌素、卵孢子素、球孢交酯、草酸、几丁质酶和蛋白酶等高分子毒素酶、纤维素和球孢素等毒性色素。绿僵菌的破坏素 A、破坏素 B、破坏素 C、破坏素 D 和破坏素 E 对竹节虫目和鳞翅目昆虫有一定的注射毒性，对蚊幼虫也有毒性。

2. 绿僵菌杀虫毒素　绿僵菌产生的细胞分裂抑制素细胞松弛素 C 和细胞松弛素 D 具有阻碍细胞分裂、产生多核细胞及抑制细胞运动并挤出核等作用。目前在多种不同的真菌中已发现 10 多种不同的细胞松弛素。

（二）镰刀菌的杀虫毒素

镰刀菌腐皮镰孢（*Fusarium solani*）马特变种在液体培养基中可产生对红头丽蝇（*Calliphora vicina*）成虫有注射毒性的萘茜类色素物质，包括镰红菌素（即羟爪哇镰菌素）、脱水镰红菌素、爪哇镰菌素和镰孢菌酸。

（三）曲霉菌的杀虫毒素

曲霉产生的毒素是研究最为深入的毒素之一。从大蜡螟（*Galleria mellonella*）蛹上分离到的 1 株黄曲霉，其培养物滤液具有一定的杀虫活性，包括多种酚类化合物，如虫曲霉素和 5-羟基虫曲霉素等。

（四）虫霉菌的杀虫毒素

块状耳霉（*Conidiobolus thromboides*）以产生毒素而著称，其培养物的提取-4,4-二羟酸物氧化偶氮苯对红头丽蝇有很强的注射毒性。

（五）拟青霉的杀虫毒素

淡紫拟青霉（*Paecilomyces lilacinus*）几丁质酶对南方根结线虫（*Meloidogyne incognita*）有显著毒性，从淡紫拟青霉中也可分离出白僵菌素等杀虫毒素。宛氏拟青霉（*Paecilomyces variotii*）产生宛霉素和展青霉素。粉（质）拟青霉（*Paecilomyces farinosus*）和玫烟色拟青霉（*Paecilomyces fumosoroseu*）都可产生一种叫 2,6-二羟酸吡啶的有毒物质；玫烟色拟青霉还可以产生白僵菌素、白僵素交酯及青霉素等。桃色拟青霉（*Paecilomyces persicinus*）可以产生头孢菌素。

（六）其他真菌的杀虫毒素

1. 莱氏野村霉产生的杀虫毒素　莱氏野村菌（*Nomuraea rileyi*）菌丝体的甲醇萃取物可使舞毒蛾（*Lymantria dispar*）幼虫虫体打颤，肌肉麻痹，不能活动，最后停止取食而亡；对大蜡螟也有一定的毒杀活性。

2. 蜡蚧轮枝霉产生的杀虫毒素　蜡蚧轮枝菌（*Verticillium lecanii*）产生的毒素是一种环状缩肽类物质，对家蚕有胃毒致死作用。

3. 蜡蚧霉产生的杀虫毒素　蜡蚧霉次生代谢产物中含有吡啶二羧酸，对红头丽蝇有毒性作用的物质。蜡蚧霉 VIJ3095R 菌株的次生代谢产物对桃蚜、豆蚜和苜蓿蚜（*Aphis medicaginis*）均具有较高的触杀毒力。

4. 交链孢菌产生的杀虫毒素　交链孢菌产生的细格孢氮杂酸对丝光绿蝇（*Lucilia sericata*）、棉蚜（*Aphis gossypii*）和棉红蜘蛛均有一定的毒性。

5. 蛹虫草产生的杀虫毒素　蛹虫草（*Cordyceps militaris*）的培养物的滤液对尖音库蚊（*Culex pipiens*）、埃及伊蚊（*Aedes aegypti*）的幼虫和蚊的组织培养细胞有毒。

二、低分子毒素

（一）环缩肽类毒素

目前从虫生真菌中分离出了多种环缩肽类毒素。

1. 白僵菌素　白僵菌素（beauverin）是从球孢白僵菌菌丝体内纯化出来的，该毒素为环状三羧酸肽，分子质量为 783 u，分子式为 $C_{45}H_{57}N_3O_9$，是由 3 个相同的 D-α-羟异戊基-L-N-苯基组成的环状化合物，可致寄主细胞核变形、组织崩解。

2. 球孢交酯　球孢交酯（bassianolide）是从球孢白僵菌和蜡蚧霉侵染的家蚕幼虫中分离出来的，该毒素为环状四羧酸肽，分子质量 908 u，能引起 5 龄家蚕幼虫肌肉弛缓后死亡。

3. 破坏素　破坏素（destruxin）是从金龟子绿僵菌的培养液中分离到的，对竹节虫（*Carausius* sp.）和大蜡螟（*Galleria mellonella*）等昆虫表现出毒性，引起多数鳞翅目昆虫强直性麻痹。

（二）色素类毒素

现已从球孢白僵菌和布氏白僵菌中分出 3 种色素，一种是从培养液中分离出的红色色素卵孢素（oosporein），另两种是从菌丝体内分离出的黄色色素纤细素（tenellin）和球孢素（bassianin）。卵孢素是联苯醌类化合物，分子式为 $C_{14}O_8H_{10}$，分子质量 306 u，具有一定抗生作用，可抑制虫尸中的细菌繁殖。Cole 发现卵孢素对初孵 1 d 的小鸡有口服毒性，对植物的生长有一定的抑制作用。Eyal 研究证实可产生卵孢素的白僵菌菌株比不产生卵孢素的菌株有更高的致病力。Jells 研究发现这 3 种色素可破坏红细胞的细胞膜，抑制膜上 ATP 酶的活性，造成细胞功能失常。

（三）有机酸类毒素

多数真菌都可以产生有机酸类代谢产物。布氏白僵菌感染的昆虫表皮上有类草酸晶体（oxalic acid-like crystal），球孢白僵菌和布氏白僵菌培养液中都有草酸。草酸可溶解昆虫体壁的构成成分弹性蛋白（elastein）和类弹性蛋白（elastein - like），破坏昆的体壁。草酸是白僵菌感染昆虫血淋巴的过程中产生的一种毒素。布氏白僵菌培养液中还有柠檬酸。这些有机酸在孢子萌发穿透昆虫体壁的过程中起重要作用，草酸和柠檬酸在致死寄主的过程中有明显的协同作用。

（四）其他类毒素

从深层培养的莱氏野村菌（*Nomuraea rileyi*）菌丝体内提取的莱氏野村菌素，对舞毒蛾（*Lymantria dispar*）有注射毒性，对大蜡螟有触杀作用。从金龟子绿僵菌中分离的细胞松弛素（cytochalasin），对哺乳动物有急性毒性，可抑制血细胞的运动，降低其吞噬能力。从蛹虫草（*Cordyceps militaris*）的培养物中提取的虫草菌素（cordycepin），有较弱的抗菌活性，能抑制病虫尸体上细菌的生长。从茄病镰孢（*Fusarium avenaceum*）分离的镰红菌素（fusarubin）对红头丽蝇（*Calliphora vicina*）成虫有注射毒性。

三、高分子毒素

（一）酶类毒素

虫生真菌在侵入寄主体壁的过程中要分泌许多酶类，这些酶对致死寄主有重要的作用。目前已有几十种蛋白酶被纯化，有些蛋白酶的基因已被克隆。从金龟子绿僵菌的培养液中分离出一种可降解昆虫体壁的蛋白酶 MAP - 21，分子质量为 27 ku 左右，特异识别精氨酸，是一种类胰蛋白酶（trypsin - like proteinase，Pr2）。从球孢白僵菌的培养液中分离出一种凝乳弹性蛋白酶 BbPr1，为单体酶，分子质量为 33.6 ku 左右，能水解苯丙氨酸（Phe）或亮氨酸（Leu）形成的酰胺键和肽键。从金龟子绿僵菌培养液中分离到两种胰蛋白酶，一种是丝氨酸蛋白酶类（serine proteinase class），分子质量为 28.8 ku；第二种是半胱氨酸蛋白酶类（cysteine proteinase family），分子质量为 26.7 ku。从布氏白僵菌培养液中纯化出一种胰凝乳弹性蛋白酶，命名为 BBP。从球孢白僵菌的培养液分离出一种降解体壁的丝氨酸蛋白酶 bassiasin Ⅰ，分子质量约为 32 ku，由 379 个氨基酸构成。

（二）非酶类蛋白毒素

非酶类蛋白毒素可直接导致寄主昆虫致死。Mollier 对白僵菌 *Beauveria sulfurescens* 培养液通过层析获得对甘蓝夜蛾（*Mamestra brassicae*）细胞系有毒性的毒蛋白洗脱液，该毒蛋白不但抑制细胞增殖，还可将细胞致死，但奇怪的是该毒蛋白对甘蓝夜蛾的幼虫毒性很弱。该毒蛋白为一种糖蛋白，其 N 端同寡甘露糖型糖链相连，分子质量为 100～290 ku，对大蜡螟幼虫表现高毒性，注入幼虫体内伴随有体壁黑化现象。

四、毒素的分离与提纯

（一）低分子毒素的提取

1. 破坏素的提取　　破坏素的提取常用吸附法。将绿僵菌培养液的滤液用 0.7 mm 活性炭吸附，再用丁醇水溶液（丁醇与水等量混合）将活性物质从活性炭上洗脱下来，然后分离黄色相，真空喷雾浓缩，用苯充分萃提。苯液过中性氧化铝柱子，然后分别用含 5％和 10％乙醇的苯洗脱，分开收集，便可得到破坏素 A 和破坏素 B，苯油经重结晶即可得无色晶体。

李农昌从金龟子绿僵菌小孢变种 [*Metarhizium anisopliae* (Metschn.) Sorokin var. *anisopliae* Tulloch.] 的菌丝体中也纯化到了破坏素。

2. 白僵菌素的提取　武艺用吸附法提取白僵菌素的方法。将白僵菌培养液的滤液 pH 调至 2.0，加入 0.5 mm 活性炭吸附，抽滤取滤液。再将滤液 pH 调至 8.0，按 40 g/L 加入活性炭吸附毒素，将活性炭装柱后用甲醇（pH 调至 2.0）洗脱，将洗脱液 pH 调至 4.5，蒸发甲醇得浓缩黏稠物，进一步用丙酮沉淀，甲醇溶解，最后用乙醚沉淀，进行真空干燥获得毒素。

（二）高分子毒素的分离

高分子毒素的分离多通过柱层析和电泳相结合来完成，但层析方法和凝胶介质的选择各不相同。

杨星勇分离球孢白僵菌凝乳弹性蛋白酶 BbPr1 的方法：将发酵液离心浓缩后，上 Uhrogel AcA 54 柱凝胶过滤层析，用 pH 8.5 Tris - HCl 缓冲液洗脱，洗脱液的活性部分再上 Express Ion Q 柱，离子交换层析，收集洗脱液活性部分，等电聚焦电泳，电洗脱含目的蛋白凝胶，分离得 BbPr1。

Urtz 从白僵菌分离胰凝乳弹性蛋白酶 BBP 的方法：发酵液离心浓缩后上 CM Sepharose CL - 6B 柱，离子交换层析，收集活性部分进行等电聚焦制备电泳，电洗脱出目的蛋白酶，再上 Sephadex G - 75 柱进行凝胶过滤层析，便可收集到 BBP。

Mollier 从白僵菌纯化对大蜡螟高毒的糖蛋白的方法：发酵培养液离心、过滤，所得滤液用截留分子质量为 100 ku 的超滤膜进行超滤浓缩，上 DEAE -葡聚糖纤维素柱进行离子交换层析，用 0～0.5 mol/L NaCl 梯度液洗脱，收集毒性部分加入 1 mmol/mL $CaCl_2$，然后上 Con A - Uhrogel 柱，亲和层析，最后用甲基- α - D -吡喃甘露糖苷将与 Con A 结合而留在柱上的目的蛋白逐步洗脱下来。

第九节　寄主昆虫的防御机制

真菌的入侵和繁殖过程是寄主与病原菌相互抑制、相互斗争的过程。昆虫遇到寄生生物侵染时，体内可迅速产生各种反应，主要有血细胞反应和体液反应。昆虫对真菌侵入的防御主要是外部屏障防御，包括体壁和消化道防御；其次是血腔内的天然防御反应，即细胞防御和体液防御，包括血细胞吞噬作用、被囊化作用以及与酚氧化酶有关的黑化反应和溶菌酶等。

真菌主要由昆虫的体壁侵入，因此体壁的构造和防御机制对真菌的侵染尤为关键。昆虫体壁上有许多脂肪酸，其中能抑制孢子萌发的是一些短链脂肪酸（C_4～C_{12}），以辛酸和癸酸为主，它们对真菌的作用是抑制的而非杀菌，可能是通过破坏分生孢子膜的选择性，或进入细胞内使孢子萌发代谢紊乱（影响酶的分泌和合成）而达到抑制的目的。昆虫表皮蛋白对真菌有抵抗作用，寄主的抵抗作用决定于寄主对病原真菌分泌的蛋白酶活性的抑制能力。昆虫表皮的阻抑机制有以下 4 个方面：①表皮具有分子筛的作用，阻挡酶的进入；②寄主表皮的不同酶的可限制真菌酶对表皮的降解；③表皮中的各种成分可抵抗真菌酶的降解或保护表皮中易被酶化的成分；④寄主物质可抑制真菌的水解酶。

真菌很难对寄主昆虫产生胃毒作用，口服真菌的昆虫很少染病，这可能与消化道内消化液呈碱性不适于真菌生长有关。当真菌孢子萌发芽管侵入体壁，在血腔内大量增殖时，寄主体内的防御机制变得尤为重要，这对寄主是否致死起决定性的作用。昆虫体腔里的细胞防御反应，主要是各种血细胞对病原体进行吞噬和围歼。昆虫血细胞使异物结化、被囊化，同时发挥酚类氧化酶和溶菌酶的作用等。对不同金龟子幼虫注射真菌大孢变种后，免疫种铜绿丽金龟 [Anomala corpulenta (Motschulsky)] 和华北大黑鳃金龟 [Holotrichia oblita (Faldemann)] 的幼虫体内形成典型结构的被囊体。被囊体中央是坚硬的黑素化的黑核部分，孢子被有效地包裹在黑核内，不能萌发和致病，表明血细胞的被囊化与黑化反应在免疫种体内同时发生。这种黑化反应是一种体液反应，在病原物被血细胞包被之前，其表面就被体液的酚氧化酶系统产生的黑色素包围，从而隔离起来，这种反应即为体液性被囊化作用。钟伟（2003）等将蜚蠊的非致病菌金龟子绿僵菌（Metarhizium anisopliae）CQMa102 菌株的分生孢子注入美洲大蠊（Perilaneta americana）血腔后，诱导了蜚蠊血淋巴强烈的免疫反应，血细胞数量发生显著变化，血细胞通过吞噬作用和形成结节使真菌孢子钝化，萌发受到抑制或被彻底分解。

在害虫微生物防治中，开展昆虫防御反应的研究，是一个值得重视的问题。目前对血细胞免疫和体液反应的相互关系仍不清楚，这将是今后研究昆虫防御机制的重要课题。

第十节　真菌生物防治菌木霉

目前市场上控制植物病害的真菌产品有 50 余种，其中不少是植物生长促进剂、土壤改良剂、植物强化剂和伤口保护剂。这些产品主要来自木霉属（Trichoderma）和 Gliocladium。木霉是一类普遍存在的真菌，广泛分布于土壤、空气、枯枝落叶及各种发酵物上，是目前生产应用最普遍的植物病原菌的拮抗真菌。

一、木霉菌分类地位

木霉属（Trichoderma）真菌属于半知菌亚门丝孢纲丝孢目丝孢科。

由于木霉菌株形态特征复杂，木霉菌的种类鉴定长期处于混乱状态。1939 年 Bisby 主张木霉属（Trichoderma）是一个单种属（monotypic genus）。Gilman1957 年出版的《Manual of Soil Fungi》中把木霉属分为 4 种。1969 年 Rifai 和 Webster 依据对 Hypocrea 属的分生孢子阶段的研究，确定了 9 个集合种（species aggregate）。1984—1991 年 Bissett 对木霉属的分类进行了修订，将木霉属分为 5 组：①Hypocreanum 组，含 Trichoderma lactea；②Longibrachiatum 组，含 4 种：Trichoderma longibrachiatum（模式种）、Trichoderma citroviride、Trichoderma pseudokoningii 和 Trichoderma parceramosum；③Saturnisporum 组，Trichoderma saturnisporum（模式种）；④Pachybasium 组，含 19 种：Trichoderma hamatum（模式种）、Trichoderma crassum、Trichoderma croceum、Trichoderma fasciculatum、Trichoderma fertile、Trichoderma longipilis、Trichoderma minutisporum、Trichoderma oblongisporum、Trichoderma piluferum、Trichoderma polysporum、Trichoderma pubescens、Trichoderma anam、Trichoderma semiorbis、Trichoderma semiorbis、Trichoderma spirale、Trichoderma strictipilis、Trichoderma strigosum、Trichoderma to-

mentosum 和 *Trichoderma virens*；⑤*Trichoderma* 组，含 4 种：*Trichoderma viride*（模式种）、*Trichoderma aureoviride*、*Trichoderma koningii* 和 *Trichoderma atroviride*。

二、木霉菌的生物学特征

PDA 培养基上木霉菌菌落初为棉絮状或致密丛束状，颜色白色至灰白色。当分生孢子成熟后，菌落自中央到边缘渐变为不同程度的绿色，极少数为白色粉状。分生孢子梗从菌丝的侧枝生出，直立分枝，小枝常对生，顶端不膨大，产生分生孢子团。分生孢子球形，浅色或无色。

（一）木霉菌生长发育的物理条件

1. 温度　木霉菌生长适温为 20～28 ℃，6 ℃ 或 32 ℃ 下仍生长良好。它是一种嗜温真菌，在 37 ℃ 条件下能生长，但在 48 ℃ 条件下不能生长。

2. 湿度　木霉生长要求较高湿度。其营养生长的相对湿度要求 92% 以上，孢子的形成需要 93%～95% 的相对湿度，木霉在潮湿土壤中生命力较强。

3. 光照　光照增强可以促进分生孢子的产生，日光或紫外线能诱导产孢，380 nm 和 440 nm 波长的光诱导力最强，254 nm 和 110 nm 波长的光不能诱导繁殖体的产生。

4. pH 和 CO_2　木霉的最适 pH 为 5.0～5.5，在 pH 为 1.5 或 9.0 的培养基上也能生长，酸性条件比碱性条件下的萌发率更高。

CO_2 对木霉生长的影响取决于 CO_2 的浓度和培养基的 pH，在碱性培养基中，高浓度的 CO_2 有利于木霉菌的生长。

（二）木霉菌的营养条件

1. 碳源　多种有机物可作为木霉菌的碳源，较理想的是单糖、双糖、多糖和氨基酸等。

2. 氮源　胺是木霉菌最易利用的氮源，其他氮源（如氨基酸、尿素、硝酸盐和亚硝酸盐）也能维持其正常生长。天冬酰胺对生长特别有利，能促进孢子形成。

3. 无机盐及微量元素　无机盐对木霉菌的生长很重要，以绿色木霉为例，镁离子能促进其生长，铜离子能促进分生孢子色素形成，铁离子对孢子的形成也很重要。

三、木霉菌的防治对象

木霉菌是一种资源丰富的重要拮抗微生物，1950 年以前，人们就已经认识到木霉菌对植物病原菌的拮抗作用。现已用于防治研究的木霉菌有 8 种：哈茨木霉（*Trichoderma harzianum*）、钩状木霉（*Trichoderma hamatum*）、长枝木霉（*Trichoderma longibrachiatum*）、康氏木霉（*Trichoderma koningii*）、绿色木霉（*Trichoderma viride*）、绿黏帚霉（*Gliocladium virens*）、多孢木霉（*Trichoderma polysporum*）、棘孢木霉（*Trichoderma asperellum*），其中哈茨木霉和绿色木霉已有制剂生产。

木霉菌至少对 18 属 29 种病原真菌有拮抗作用，对一些土传植物病原菌有很好的防治效果，如立枯丝核菌（*Rhizoctonia solani*）、齐整小菌核（*Sclerotium rolfsii*）、镰刀菌（*Fusarium* spp.）核盘菌（*Sclerotinia* spp.）、疫霉菌（*Phytophthora* spp.）、腐霉菌（*Pythium* spp.）和交链孢（*Alternaria alternata*）等。国内外许多学者还将其用于防治水稻纹枯病。应该注意的是，木霉菌的不同种、同种的不同菌株甚至同一菌株的不同后代个体都存在着拮抗性的差异以及拮抗对象种类上的差别。

四、木霉菌防病机制

木霉菌的防病机制包括多种拮抗作用，归结起来共有竞争作用、重寄生、产生抗菌类物质和诱导抗性 4 种。

（一）竞争作用

木霉菌生命力强，生长快，能够迅速占领空间，与病原菌争夺营养。Danielson（1998）用对峙法研究绿色木霉对病原真菌的竞争作用，发现绿色木霉的生长速度明显高于病原真菌，同时木霉菌还可以在病原真菌的菌落上生长，致使其消解。薛宝娣等（1995）观察到当木霉菌与立枯丝核菌同在一平皿培养基时，木霉迅速生长，占据绝大部分培养基表面，并在立枯丝核菌的菌落上生长，覆盖整个菌落；立枯丝核菌消解，隔膜断裂。

（二）重寄生

重寄生现象是指真菌对病原菌的寄生，包括识别、接触、缠绕、穿透和寄生一系列的复杂过程，是木霉菌主要拮抗机制之一。木霉菌对寄主真菌识别后，菌丝沿寄主菌丝平行生长和螺旋状缠绕生长，并产生附着胞状分支吸附于寄主菌丝上，通过分泌胞外酶溶解寄主细胞壁，穿透寄主菌丝，吸取营养。Golam（1999）测定 15 种木霉菌对香蕉病原菌的抗病性，发现哈茨木霉菌和绿色木霉菌寄生性最强，它们直接侵入或缠绕在菌丝上，引起病原菌细胞膨大、缩短或变圆，原生质收缩，细胞壁破裂。

（三）产生抗菌类物质

木霉菌代谢过程中产生的拮抗性化学物质对病原菌具有毒性，这些物质包括抗生素、绿木霉菌素（viridin）、抗菌肽（antibiotic peptide）、木霉菌素（trichodermin）和胶霉素（gliotoxin）等。

哈茨木霉对立枯丝核菌防治机制之一是产生挥发性抗生素，主要成分为六戊烷基吡喃和戊烯基吡喃。从长枝木霉（*Trichoderma longibrachiatum*）和绿色木霉中分离提纯了一组特殊的抗菌肽，分别为 trichobrachin 和 trichovirin。木霉产生的挥发性乙醛对病原真菌具有抗性。哈茨木霉 FO60 菌株产生的代谢物质能抑制立枯丝核菌的菌落生长，降低其菌丝干重，破坏菌丝细胞壁，使细胞内物质外渗，引起立枯丝核菌菌丝的原生质凝聚，菌丝断裂解体。需注意有些代谢产物性质不稳定，在一定条件下会转化为不具抗菌活性的化合物，如胶霉素在某些酶作用下可转化为二甲基胶霉素而丧失活性。

（四）诱导抗性

植物对病原的抗性可以通过诱导产生，植株经诱导后激发产生一系列的防卫反应，加强与植物抗病性有关的物质代谢。诱导植物产生抗性的生物因子有真菌、细菌或病毒。一些病原的非致病性生理小种、弱致病性病原体、非致病性病原体以及真菌细胞的细胞壁都可作为诱导因子。

木霉菌能提高植物对病原菌的抗性。哈茨木霉能够诱导烟草氨基环丙烷羧酸（ACC）合成酶和氨基环丙烷羧酸氧化酶活性，氨基环丙烷羧酸合成酶和氨基环丙烷羧酸氧化酶在抗病信号分子乙烯的生物合成中起重要作用，表明哈茨木霉能够诱导抗病信号分子的产生而使寄主植物产生防卫反应。Yedidia 等（1999）发现哈茨木霉 T203 穿透到黄瓜根部外皮层，使几丁质酶和过氧化物酶活性的升高提前了 48～72 h，且叶部也出现了这 2 种酶的活性升高，表明 T203 诱导植物系统抗性产生。Elad 于 2000 年进一步证明了哈茨木霉 T39 的诱导抗性是哈茨木霉防治黄瓜病害的重要机制之一。

五、木霉制剂

（一）木霉制剂的类型

木霉制剂的类型包括菌丝体、分生孢子和厚垣孢子。

1. 菌丝体制剂　这种制剂的优点是真菌可在土壤中迅速生长，在储存和活化过程不必保持无菌条件；其缺点是使用不方便，储存期短。

2. 分生孢子制剂　目前已商品化的木霉制剂大多为分生孢子制剂。木霉菌分生孢子的产生条件相对不严格，条件适宜时各种固体或液体培养基都能够产生。

3. 厚垣孢子制剂　厚垣孢子是木霉菌在不利环境条件下产生的，它的优点是耐干燥、耐低温、对土壤抑菌作用不敏感、在土壤中存活时间长、易加工储存。但厚垣孢子的人工培养条件较苛刻。

（二）木霉制剂的剂型

木霉的商品化产品主要有悬乳剂、可湿性粉剂、颗粒剂和混配剂 4 种剂型。

1. 悬乳剂　分生孢子悬浮于由矿物油或植物油与乳化剂等助剂组成的乳液中即成悬乳剂。

2. 可湿性粉剂　分生孢子粉与粉状载体及湿润剂混合而成可湿性粉剂。

3. 颗粒剂　分生孢子与载体混合搅拌而成颗粒剂。

4. 复配剂　孢子粉与化学杀菌剂在适宜的载体上按一定比例混合而成复配剂。

（三）木霉菌培养基质及发酵类型

1. 固体发酵　目前国内外应用的固体发酵基质原料主要包括营养基质（如米糠、玉米秸秆、玉米芯、小麦秸秆、水稻秸秆、酒糟、甘蔗渣和谷物等）和非营养基质（如蛭石和海绵等）。固体发酵是一种成本低、操作简便、能耗少的环保节约型发酵工艺。

2. 液体培养　液体培养利用成本较低的糖浆、酵母膏和农用肥料进行液体发酵。液体发酵生产的孢子或菌丝在收获中损失较大，得率较低，孢子壁薄，抗逆性较差，不如气生分生孢子适用。

3. 固液双相发酵　固液双相发酵是利用液体发酵快速产生大量的菌丝体或芽生孢子，再转到固体营养或惰性基质上产生大量分生孢子。该工艺结合了液体发酵营养生长快和固体发酵产生气生分生孢子的双重优点，在目前真菌杀菌剂产品研发中得到广泛应用。

（四）木霉制剂的助剂类型

助剂的作用会影响孢子制剂的储存稳定性、田间持效性和田间作用速度。助剂的类型有载体、乳化剂、稳定剂和紫外保护剂。真菌杀菌剂的载体可呈液状或粉状，常用的液状载体主要是矿物油和植物油。常用的乳化剂是非离子型（OP）乳化剂和吐温 80。羟甲基纤维素钠是较为理想的悬浮稳定剂。抗坏血酸是用于孢子悬乳剂的紫外保护剂。

（五）环境因素对木霉制剂影响

利用木霉制剂防治病原菌，必须考虑环境因素的影响，包括温度、水势、pH、杀菌剂、金属离子和抑制性细菌，这些因素都会影响木霉制剂的防效。土壤温度和水势直接影响孢子的萌发、芽管伸长、菌丝生长、腐生能力以及非挥发性代谢物质的分泌。pH 影响木霉产生胞外酶的种类。有些杀菌剂（如苯并咪唑类）、重金属离子（如铜、锌、镍和钴的离子）和土壤细菌对木霉有较大毒害作用，不宜混合使用。利用木霉制剂进行综合防治，可通过突变体育种、原生质融合和转基因等技术筛选培育出耐低温、耐化学药剂、耐水分胁迫、耐细菌抑制、耐重金属元素的木霉菌，使木霉能够更好地适应环境条件的变化。

（六）木霉制剂的研发方向

木霉菌是一种重要的生物防治菌，其制剂的开发研究受到极大重视。目前木霉制剂的研发方向方向有下述几方面。

① 利用遗传工程技术创造耐环境因素胁迫，拮抗能力和诱导抗性强的生防菌株。

② 寻找木霉厚垣孢子产生机制及基因表达系统，构建产厚垣孢子的菌株，研发耐性强、易储存的厚垣孢子木霉生物防治制剂。

③ 变单一菌剂的使用为多菌混合使用，延长有效期并提高防治病害的广谱性。

④ 解决活菌制剂的保藏和生物防治菌种的复壮两大难题。

⑤ 制剂生产上选择适宜的载体和剂型防治不同病原菌引起的不同植物病害，以获得良好的防治效果。

⑥ 探索木霉菌株的适宜发酵培养条件，建立产量高、成本低、无污染的规模化发酵生产工艺。

六、木霉制剂施用技术

（一）木霉制剂用于土壤处理

木霉菌固体发酵后拌土防治豇豆立枯病和枯萎病，防治效果达 80％以上。Root Pro 是某公司新近开发的一种施用于蔬菜育苗床使用的土壤处理剂，用 Root Pro 土壤处理剂与苗床按 1：100 比例均匀搅拌后施用，能有效防治由终极腐霉菌、立枯丝核菌、小菌核菌、尖孢镰刀菌及交链孢霉菌等土传病原菌引起的苗期病害。

（二）木霉制剂用于种子处理

播种前每千克种子用 10 g 菌粉拌种，防治温室黄瓜根腐病，防治效果达 50％。另外用木霉菌做种子包衣，对于防治苗木出土前和出土后的猝倒病特别有效。将木霉粉或每毫升 5 亿个分生孢子制成包衣剂拌种，能有效防止菜豆、番茄、辣椒和棉花等作物的猝倒病。

（三）木霉制剂用于叶面果实喷施

木霉菌制剂对枝、叶、果实病害也有较好的防效。利用木霉菌 T5 菌株的孢悬液防治草莓灰霉病，防治效果 80％以上，在草莓等鲜食果品生产中有较大的推广价值。以色列某公司开发出哈茨木霉 T39 菌株发酵液的生物防治制剂 Trichodex，可有效防治灰霉病、苗枯病、霜霉病和白粉病等叶部病害及果实在储藏期的腐烂。

（四）木霉菌与杀菌剂结合使用

木霉菌和杀菌剂的组合应用可以增强生物防治效果，减少杀菌剂的用量，降低环境污染和农药残留。木霉是一种腐生真菌，对广谱性杀菌剂有较强的耐受性。用溴甲烷和五氯硝基苯等杀菌剂处理土壤后施入木霉菌制剂，可以防止病原菌的再侵染，提高花生立枯丝核菌和白绢菌的防治效果。

七、木霉的生物防治应用

木霉能有效防治土传病害。木霉菌（绿色木霉和哈茨木霉）处理棉花种子或土壤，可防治枯萎病和黄萎病。木霉菌拌土、拌种、注射及喷洒能有效防治西洋参立枯病、苹果轮纹病和番茄灰霉病。

木霉菌在土壤中迅速定殖的能力使其成为根病防治的重要生物防治菌。Bliss 用 CS_2 熏蒸土壤控制了密环菌引起的柑橘根腐病，其实是土壤中原有木霉菌迅速定殖和繁殖的结果。丝核菌的抑制土壤，腐霉病的抑制性土壤，都主要归功于土壤中原有木霉菌的作用。哈茨木霉已广泛用于防治番茄的白绢病、花生白绢病和辣椒白绢病等。

随着认识加深，木霉菌的应用也扩展到叶面微生物防治。美国用哈茨木霉夏季接种红枫树，可以保证其在 21 个月内不受层担子菌危害；绿色木霉接种于洋梨伤口，能有效地防治银叶病。多孢木霉和绿色木霉，分别用于防治洋梨银叶病和蘑菇上的轮枝菌病害，这在法国和英国已被注册。苹果花期喷撒喜凉的哈茨木霉分生孢子能成功防治眼斑病。

八、木霉菌的应用前景与展望

目前大量的研究工作围绕着木霉的菌株改造、生产工艺、控病谱等方面展开。紫外诱变、亚硝基胍诱变法以及原生质体融合技术均能改良菌株，增强木霉在植物根际的定殖能力以及提高抗菌素的产量。上海交通大学利用限制性核酸内切酶介导整合技术（REMI）成功构建了优于野生株的优良转化体菌系 Ttrm 31、Ttrm 43 和 Ttrm 55。此外将木霉菌不同胞壁降解酶基因在某种木霉菌株中高效表达，构建超级生物防治木霉菌，这可能是生物防治菌株改良的一个方向性工作。

木霉菌是多种重要植物病原真菌的拮抗菌，有着广阔的应用前景。由于木霉的广谱性，广泛适应性及拮抗靶标的多样性，随着生物技术日新月异，利用基因工程技术和原生质体技术构建生防工程菌；优化发酵条件；改良田间应用条件，促进木霉菌的定殖生存能力；加强木霉菌与植物之间互作研究，提高木霉菌的生防效果。这些对于防治植物真菌病害，促进农业生产具有重要意义。

第十一节　真菌生物防治菌盾壳霉

盾壳霉（*Coniothyrium minitans* Campbell）是核盘菌的重要寄生真菌，它能控制由核盘菌引起的多种作物菌核病。Campbell 1947 年首次从核盘菌的菌核上分离发现此菌，目前已受到世界各国生防学者的普遍关注。

一、盾壳霉的生物学特性

在 PDA 培养基上，盾壳霉菌丝初期白色，后变褐，直径 $2\sim6~\mu m$；孢子器原基白色，逐渐变成褐色再到黑色，成熟后孢子溢出堆积于孢子器孔口。多数盾壳霉菌株在 $4\sim25~℃$ 温度范围内能生长，$20\sim25~℃$ 生长最快。孢子正常萌发、生长和产孢的 pH 范围为 $3\sim8$。孢子萌发需相对湿度 90% 或更高，最适合其萌发和感染油菜核盘菌（Sclerotinia sclerotiorum）菌核的相对湿度为 95% 或更高。在土壤中，盾壳霉寄生核盘菌的最佳条件为土温 $20\sim25~℃$，pH $5.5\sim7.5$，水势大于或等于 -0.8 MPa。光照对盾壳霉孢子萌发及菌丝生长无明显影响，但能促进其分生孢子器的形成及成熟。此外 Mg^{2+} 在孢子的形成中起重要作用。盾壳霉侵染的最适条件为 $20~℃$、大于 95% 相对湿度。

二、盾壳霉的生态学特性

盾壳霉在自然界中分布广泛，除南美洲外，在其他各大洲共 29 个国家均发现此菌。它在自然界一般寄生在油菜核盘菌（Sclerotinia sclerotiorum）、三叶草核盘菌（Sclerotinia trifoliorum）、小核盘菌（Sclerotinia minor）和洋葱小核盘菌（Sclerotium cepivorum）的菌核。土壤中，盾壳霉的分生孢子器、孢子和菌丝在寄主菌核内可存活两年以上。土温对其存活有影响，高于 25 ℃存活时间短于 6 个月。盾壳霉在土壤中长期存活的特性，使其在自然条件下可自发诱导抑制菌核病。在土壤中，盾壳霉通过水流迅速扩散，土壤中的一些弹尾目昆虫、螨类也可以传带盾壳霉。

三、盾壳霉对核盘菌的寄生作用

盾壳霉可以寄生油菜核盘菌（Sclerotinia sclerotiorum）、小核盘菌（Sclerotinia minor）、三叶草核盘菌（Sclerotinia trifoliorum）、洋葱小核盘菌（Sclerotium cepivorum）、灰霉菌（Botrytis cinerea）、蚕豆灰霉菌（Botrytis fabae）及燕麦核盘菌（Sclerotinia nivalis）等病原菌的菌丝及菌核。盾壳霉的菌丝顶端直接穿透核盘菌菌丝，不形成附着孢（尽管有些情况下，盾壳霉菌丝细胞会产生类似附着孢的肿大结构，但这个结构的出现与侵入寄主菌丝并无关系），同时在其内部产生分枝，有的分枝在寄主细胞的内部生长，有的分枝穿出寄主细胞到菌丝外部生长。寄主菌丝被侵入点周围细胞的细胞质凝集成颗粒状，然后细胞质降解，细胞壁塌陷，最后整个细胞被消解。除寄生菌丝，盾壳霉还能寄生菌核，盾壳霉菌丝可以穿过菌核黑色素层进入菌核内部，从而致腐菌核，使其不能萌发。在有盾壳霉的土壤中，菌核会很快被寄生，变得扁平、发软，最终解体。被寄生的菌核既不能产生菌丝，也不能产生子囊盘。到侵染后期，盾壳霉菌丝四处扩展蔓延，在近菌核表层处、表层下或在髓部产生分生孢子器。寄主子囊盘受盾壳霉侵染几天后就会产生盾壳霉白色絮状菌丝，稍后，分生孢子器在子囊盘的菌丝体和子囊盘柄上产生，最后子囊盘皱缩，腐烂。

四、盾壳霉的防病潜力

在土壤中接种盾壳霉培养物，可以有效地控制由核盘菌引起的洋葱白腐病和向日葵、莴苣、芹菜菌核病，盾壳霉可以沿着病斑从土壤中扩展到植物地上部分，并寄生形成菌核。盾壳霉寄生核盘菌能力强，田间防病效果好并持续时间长，施用后对环境安全，俄罗斯已研制出一种盾壳霉制剂，曾在一定范围内使用。德国已注册一种盾壳霉制剂用于防治温室中的莴苣菌核病。

五、盾壳霉对油菜菌核病菌的生物防治机理

油菜核盘菌（*Sclerotinia sclerotiorum*）是一种世界性病原菌，其分布广，危害大，难根治。盾壳霉（*Coniothyrium minitans*）是该病原菌的破坏性寄生真菌，可以有效、专一地抑制病原菌菌核的形成与萌发，对该病原菌的生物防治有较大的应用潜力。

盾壳霉破坏性侵入和寄生在油菜核盘菌的菌丝体和菌核中，在其细胞内和细胞间生长发育，形成菌丝体和分生孢子，从而导致病原菌菌丝体的细胞死亡、分解，菌核形成数目和萌发力降低，最终达到防治该病的目的。目前盾壳霉对寄主菌核和菌丝体的侵染、寄生、致腐机理方面的研究主要集中在表观观察和间接推测，更深层的理化特性方面的研究较少。不过，目前可以肯定的是，盾壳霉在侵染寄主菌核和菌丝体的过程中，存在机械压力与酶解两种作用途径。盾壳霉能形成胞外 β-1,3-葡聚糖酶，可以分解菌核细胞壁中的 β-1,3-葡聚糖，说明该酶可能促进盾壳霉对病原菌细胞的侵染。除葡聚糖酶以外，盾壳霉的发酵滤液中还有几丁质酶、漆酶、三种 3-(2H)-苯并呋喃酮和两种色烷类胞外产物。这些产物的形成机理、作用途径还不清楚，但是盾壳霉寄生致腐菌核的能力与菌丝体的生长速度和菌落类型无关，而与其分泌这些胞外酶的能力有一定关系。

六、盾壳霉研究进展

盾壳霉是 1947 年美国学者 Campbell 首先发现并报道的。1970 年代后，由于化学杀菌剂抗性严重发生，造成环境污染和残留危害，便开始利用盾壳霉在温室或田间防治油菜核盘菌（*Sclerotinia sclerotiorum*）、三叶草核盘菌（*Sclerotinia trifoliorum*）和洋葱小核盘菌（*Sclerotium cepivorum*）。美国和澳大利亚等国已成功地将盾壳霉用于生菜、油菜和向日葵等作物的菌核病生物防治，20 多个国家和地区在开发利用这种资源。

华中农业大学于 20 世纪 90 年代初对盾壳霉开始了系统的研究，首次发现其可以产生拮抗多种细菌的抗生物质，对多种细菌具有较强的抑制作用，对水稻白叶枯病病菌和水稻细菌性条斑病病菌具有强烈的抑制作用，在室外防治水稻白叶枯病已取得了较好的结果。首次发现盾壳霉中存在一些可以在液体振荡培养时大量产生分生孢子的菌株（如 ZS-1 菌株），此菌株在 10 L 发酵罐中同样可以产生大量的厚垣孢子，为商品化生产盾壳霉防治油菜菌核病提供了可能。此外他们还利用农杆菌（*Agrobacterium tumefaciens*）介导转化盾壳霉，成功建立了农杆菌介导高效率转化盾壳霉的技术体系，获得了 20 000 多个 T-DNA 标记的转化

子，为挖掘盾壳霉中的有益基因资源提供了材料。

七、盾壳霉利用存在的问题与发展前景

盾壳霉对油菜菌核病菌的防治可以起到根治与预防的双重作用，在生产实践中具有很大的应用潜力，但是在菌种改良和盾壳霉孢子的大规模培养方面需要深入研究。

（一）盾壳霉的菌种改良

盾壳霉生长缓慢，孢子萌发启动晚，菌丝体延伸速度缓慢，导致了生物防治滞后；孢子成熟晚，产量小，限制了大规模生产；分生孢子在土壤中存活时间短，导致了孢子用量大、效率低；菌株特性差异影响了生物防治效果。可以采用自然筛选、定向育种和基因重组等方法选育。

（二）盾壳霉孢子大规模培养

盾壳霉在自然条件下的存活力直接影响其对油菜菌核病菌的侵染能力和寄生能力，而孢子是盾壳霉在自然环境下长期保存活力的唯一形式。因此制备大量的盾壳霉孢子是用于生产实践的前提条件。目前要使盾壳霉孢子的培养规模进一步扩大，使培养基的成本进一步降低，使培养条件进一步优化完善。

第十二节　真菌源农药的发展前景

生物农药要取得进一步发展，必须解决药效、储存和价格等一系列的问题，微生物活体农药的研发要致力于解决制剂的药效和稳定性问题。由于真菌农药在植物病虫草害的持续控制中具有巨大潜力，近年来对真菌源农药的研究已成为国际生物防治制剂研究的又一热点。我国杀虫真菌源农药的基础研究和应用方面都有良好基础，今后应重点开展以下 4 方面的工作。

1. 高效菌株选育　高效真菌菌株是真菌农药研制的根本。高效、生产性能优异的菌株，是真菌农药的生产利用的基础。我国地域辽阔，有丰富的微生物资源，在提高现有菌株活性的基础上，利用传统方法和现代分子生物学技术，有目的地进行菌株选育和改造，研究真菌的杀虫抑菌机理，研究真菌侵染致病的相关功能基因，不断培育高毒力、高生产能力、适合各种不同对象、适合各种不同环境使用的优良生物防治菌株。

2. 真菌发酵生产工艺改进和关键设备装置的研制　关键要解决固相发酵中工业化生产技术难题，根据真菌发酵的特点，研制出适合真菌固体发酵的相关成套设备，实现真菌农药孢子母粉的生产自动化和标准化，从而实现规模化，提高产量，稳定质量，控制成本。重庆重大生物技术发展有限公司在这方面的研究，已经有了重大突破。

3. 真菌农药制剂的研究　目前真菌生防制剂应用范围受到限制的一个重要影响因素是真菌制剂作用慢，效果不够稳定，产品货架期短。剂型优化研究可以在很大程度上减轻或克服这些缺陷。比如添加抗紫外线剂、稳定剂、渗透剂等助剂，或与低毒化学制剂增效复配等，应根据不同类型生物农药的特点，研制出适合不同使用环境的油悬浮剂、乳粉剂和可湿性粉等。

4. 加强产品质量分析与控制技术研究　解决真菌杀虫剂的质量分析及控制技术缺乏技

术标准、产品质量不稳定等影响生物防治制剂应用的共性难题，改进生物测定方法，为我国企业参与国际标准的制定奠定基础。

❋ 复习思考题

1. 什么是真菌？昆虫病原真菌的主要类群有哪些？
2. 何谓虫生真菌的虫菌体和附着胞？
3. 丝状真菌和酵母菌的主要区别有哪些？
4. 比较昆虫病原真菌与植物病病原真菌的主要区别。
5. 比较虫生真菌和病原细菌的主要区别。
6. 试述昆虫病原真菌分类与鉴定的基本方法。
7. 试述国内外绿僵菌商业产品的种类及用途。
8. 试述国内外白僵菌商业产品的种类及用途。
9. 分析目前杀虫真菌制剂的优点或缺点、可能的改进途径和方法。
10. 何谓菌种退化？菌种复壮的措施有哪些？
11. 虫生真菌菌种保藏的原理是什么？常用的方法有哪些？
12. 你认为当前应用较多的虫生真菌是有哪些？试举例说明。
13. 真菌无性生殖、有性生殖的特点各是什么？
14. 拟从昆虫僵虫体表分离纯化真菌菌株，请制订样品采集、菌株分离、鉴定、保存以及生物活性测定等环节的基本方法和操作流程。

❋ 主要参考文献

郭好礼，叶柏龄，岳莹玉，等．1986. 绿僵菌的三个新种［J］．真菌学报，5(3)：177-184.

郭好礼，陈庆涛．1992. 绿僵菌属的修订［J］．微生物学杂志，12(1)：7-10.

李国霞，严毓骅，王丽英．1996. 蜡蚧轮枝孢菌11个单孢菌株的生物学及其对温室白粉虱致病性的比较和筛选［J］．中国农业大学学报，1(1)：83-88.

农向群，高松，邓春生，等．1993. 白僵菌绿僵菌分生孢子对高温的耐受力［J］．中国生物防治学报，03.

谢宁，王中康，张建伟，等．2010. 绿僵菌CQMa128乳粉剂对蛴螬时间-剂量-死亡率模型分析［J］．中国生物防治，11(4)：436-441.

伊可儿，李运帷，金得森，等．1992. 白僵菌微囊化的初步研究［J］．微生物学通报，19(3)：180-182.

张波，白杨，岛津光明，等．1999. 无纺布法防治光肩星天牛成虫的初步研究［J］．西北林学院学报，14(1)：68-72.

钟伟，殷幼平．2003. 美洲大蠊血细胞对金龟子绿僵菌CQMa102菌株的免疫反应［J］．重庆大学学报，6：89-92.

第 四 章

细菌源农药

  细菌源农药是细菌杀虫剂、细菌抗病杀菌剂以及细菌除草剂等一系列农用产品的统称，主要是利用细菌活体或其代谢产物对有害生物进行防治，目前以细菌杀虫剂研究最充分且应用最广泛。

  细菌杀虫剂（bacterial insecticide）是利用对某些昆虫有致病或致死作用的昆虫病原菌所含有的杀虫活性成分或菌体本身制成的，用于防治和杀死目标昆虫的生物杀虫制剂。

  利用细菌杀虫已经有100多年的历史，目前筛选的杀虫细菌有100多种。其中开发成产品的主要有4种：苏云金芽胞杆菌（*Bacillus thuringiensis*，Bt）、球形芽胞杆菌（*Bacillus sphaericus*，Bs）、日本金龟子芽胞杆菌和缓死芽胞杆菌。在这4种细菌中又以前两种细菌为主，它们的杀虫制剂产品研究和开发得比较充分，本书将做具体详细的介绍，另外两种由于缺乏足够的研究数据和材料，在本书中暂不叙述。除以上4种杀虫细菌以外，还有一些昆虫病原细菌被研制成杀虫剂，如森田芽胞杆菌（*Bacillus moritai*）制剂Labillus，1970年代由日本研制，主要用于卫生害虫的防治；利用黏质沙雷菌（*Serratia marcescens*）生产的Invade以及用缩短梭菌（*Clostridium brerifaciens*）和天幕虫梭菌（*Clostridium malacosomae*）通过昆虫活体培养制备的菌剂也曾用于对某些毒蛾类幼虫的防治。还有蜡状芽胞杆菌、幼虫芽胞杆菌、侧胞芽胞杆菌等昆虫病原细菌也得到人们的关注。另外还有一种新发现的昆虫病原微生物，类产碱假单胞菌（*Pseudomonas pseudoalcaligenes*），其分泌到胞外的一种杀虫蛋白对蝗虫具有较强的致死作用。

  与其他类型的杀虫剂相比较，昆虫病原细菌杀虫剂有其独特的作用方式和杀虫机制，它主要是利用自身代谢产生的生物活性毒素对目标昆虫进行毒杀或通过营养体、芽胞在虫体内繁殖等途径来致死昆虫。细菌杀虫剂有着其突出的优点：①具有较强的特异性及选择性，不杀伤天敌和非目标昆虫，对人畜无害；②不污染环境，易于和其他生物学手段相结合来进行害虫综合治理，维持生态平衡；③杀虫活性毒素多样，昆虫不易产生抗性；④可通过生物技术途径构建综合性能优良的菌株来满足生产和应用的需要。由于以上优点，细菌杀虫剂自问世以来发展较快，已发展成具有一定规模的产业。2005年全世界就有30多个国家100多家公司共生产细菌杀虫剂品种达150多种，并已逐渐应用于蔬菜害虫、林业害虫、园艺害虫和卫生害虫等的防治中。到目前为止，苏云金芽胞杆菌是细菌杀虫剂中研究层面最系统、应用最广泛、产业化程度最高、应用前景最好的微生物杀虫剂。该制剂的防治对象包括10目600多种农林害虫和仓库害虫（其中鳞翅目害虫400多种），主要用于蔬菜、棉花、烟草、果树、茶树、麻类、水稻、粟、小麦和豆等作物的害虫防治。我国自20世纪50年代末开展苏云金芽胞杆菌杀虫剂的研究工作，于1959年引进苏云金芽胞杆菌杀虫剂，1965年在武汉建成国内第一家苏云金芽胞杆菌杀虫剂生产企业。经过多年的发展，到 20 世纪 90 年代中期，质量和产量开始大幅度提高。1990 年，产量超过了 1 500 t；目前，年产量约为 35 000 t，成为我国无公害生产的首选杀虫剂。

应用细菌杀虫剂防治害虫虽然已经取得了一定的成就，但目前在世界杀虫剂市场中以苏云金芽胞杆菌杀虫剂为主的整个细菌杀虫剂的销售额约占 1% 的份额，且在应用上局限于对棉花、蔬菜、果树以及林业等领域的虫害防治，在其他农作物上的使用较少。这主要是因为细菌杀虫剂杀虫谱较窄、不能对在作物内部取食的害虫起作用、在水中使用效果较差、受阳光等环境因素影响大、杀虫活性成分的持效性较短、在土壤中容易因为其他微生物作用而失效等问题，这些问题客观上影响了细菌杀虫剂的应用范围和使用效果，同时也为细菌杀虫剂今后的改进提供了明确的方向。虽然细菌杀虫剂存在着这些局限性，但细菌杀虫剂孕育着巨大的市场潜力，一些细菌杀虫剂不断被改良，许多新型杀虫剂不断被开发利用。

在各类防治植物病害的生物农药中，细菌制剂是使用较多的一类，国内外已经有数十个相关产品登记，如防治小麦纹枯病的麦丰宁 B3，防治植物细菌性青枯病的青枯净，防治小麦全蚀病的蚀敌和消蚀灵，防治果树根癌病的 K84、DigG（美国）和 Nogall（澳大利亚）等。

目前国际上已经商品化生产的生物防治细菌制剂主要是假单胞菌和芽胞杆菌。早期用来防治植物病害的细菌多为假单胞菌（*Pseudomonas*）。其中荧光假单胞菌（*Pseudomonas fluorescens*）是研究报道最多的一类生物防治细菌。它们大量存在于植物根际，也定殖于植物根面，繁殖迅速，产生嗜铁素和抗生素。随着科技的发展，人们逐渐认识到革兰氏阳性菌在生物防治中的重要作用，特别是芽胞杆菌（*Bacillus*）种类繁多，资源丰富，芽胞的形成使得它们的适应性和抗逆能力强，易工业化生产和储藏。原芽胞杆菌属中的一些种类现已归为新的属，如类芽胞杆菌属（*Paenibacillus*）、短芽胞杆菌属（*Brevibacillus*）和赖氨酸芽胞杆菌属（*Lysinibacillus*），为便于与前期文献吻合本章仍使用旧称。枯草芽胞杆菌（*Bacillus subtilis*）制剂 Kodiak 在美国商业化达 20 年之久，对镰孢属（*Fusarium*）和丝核菌属（*Rhizoctonia*）的植物病原菌有很好的防治效果，同时还能促进作物的生长。由于细菌的种类多，数量大，繁殖速度快，且易人工培养和控制，因此细菌杀菌剂的研究和开发具有较广阔前景。

细菌除草剂的研究主要集中在以下两个方面：①用活体细菌直接作为除草剂，即活体微生物除草剂；②利用细菌所产生的、对植物具有毒性的次生代谢产物作为除草剂来使用，即农用抗生素除草剂。由于细菌除草剂研究较少，所以在本章中不做详细介绍。

第一节　细菌杀虫剂

一、苏云金芽胞杆菌杀虫剂

（一）苏云金芽胞杆菌概述

苏云金芽胞杆菌（*Bacillus thuringiensis*，Bt）是一种革兰氏染色呈阳性反应，杆状，能形成内生芽胞的细菌，其营养体具有周生鞭毛或无鞭毛。《伯杰细菌鉴定手册》第九版中将其列为第 2 类第 18 群革兰氏染色阳性反应形成内芽胞的杆菌和球菌，与蜡状芽胞杆菌（*Bacillus cereus*）和炭疽芽胞杆菌（*Bacillus anthracis*）同属于芽胞杆菌属（*Bacillus*）。苏云金芽胞杆菌广泛存在于土壤、水和植物表面，可以分化为椭圆形的芽胞，产生独特的伴胞晶体，这些晶体对许多昆虫、线虫和病原动物都有毒性。具体形态如图 4-1 所示。

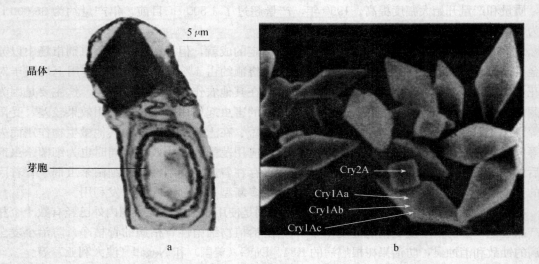

图 4-1　苏云金芽胞杆菌及其晶体形态

a. 苏云金芽胞杆菌芽胞与晶体电子显微镜图　b. 苏云金芽胞杆菌产生的伴胞晶体的电子显微镜图

(a 引自 http://www.lifesci.sussex.ac.uk/home/Neil_Crickmore/#Research；

b 引自 Federici B A，California Agriculture，52(6)：14-20.1998)

　　苏云金芽胞杆菌从芽胞、营养体、芽胞形成到芽胞囊破裂释放出游离的芽胞，构成它的整个生命循环。其对营养条件要求不高，所需主要营养物质为动植物蛋白的衍生物，能在多种碳源、氮源和无机盐中正常发育。适温范围广，10～40 ℃都能生长，以 28～32 ℃最为合适。在一定范围内，较高的温度下苏云金芽胞杆菌生长速度快，但产生伴胞晶体的量不一定多。苏云金芽胞杆菌适应微碱性条件，最适 pH 为 7.5，当 pH 达到 8.5 时还能形成芽胞，而 pH 降到 5 时则不能形成芽胞。

　　苏云金芽胞杆菌的杀虫活性谱非常广，现已发现至少对鳞翅目（Lepidoptera）、双翅目（Diptera）、鞘翅目（Coleoptera）和膜翅目（Hymenoptera）等昆虫纲 10 目 500 多种昆虫以及原生动物（Protozoa）、线形动物门（Nematoda）、扁形动物门（Platyhelminthes）、疟原虫、血吸虫和螨类等均有毒杀活性。

　　由于苏云金芽胞杆菌对目标生物具有特异性强且毒力高，而对昆虫天敌安全且对人畜安全，不污染环境，昆虫不容易产生抗性等特点，因此被广泛应用于农、林、医、仓储等领域的害虫生物防治。苏云金芽胞杆菌已成为世界上应用最广泛而且最为成功的生物杀虫剂。

（二）苏云金芽胞杆菌的杀虫活性物质及作用机制

　　由于苏云金芽胞杆菌能产生巨大的经济效益，从而引起了广大科研人员和产品开发商的极大兴趣，并且随着其基因组测序工作的开展，一些作为商品杀虫剂菌株的基因组测序已完成，使得对苏云金芽胞杆菌的遗传机制、基因结构与功能、基因的表达调控、杀虫活性以及在环境中保护应用等方面的研究有了许多突破性的进展。杀虫活性成分也由最初的杀虫晶体蛋白扩大到多种成分的辅助作用和协同作用，为苏云金芽胞杆菌的实际应用开辟了更为广阔前景。

苏云金芽胞杆菌的杀虫活性成分多达十余种，其中最主要的是伴胞晶体，主要由杀虫晶体蛋白组成。此外，有些菌株还能产生苏云金素、双效菌素（zwittermicin A，ZwA）和营养期杀虫蛋白等，另外菌体产生的几丁质酶、蛋白酶和增效蛋白 Bel 以及芽胞对提高杀虫活性有重要作用。

1. 杀虫晶体蛋白　杀虫晶体蛋白（insecticidal crystal protein，ICP），是苏云金芽胞杆菌制剂的主要杀虫活性成分，蛋白质分子质量为 $27 \sim 150\ ku$，其中以 $130 \sim 140\ ku$ 最多，占芽胞培养物干重的 $20\% \sim 30\%$。苏云金芽胞杆菌一般都含有丰富多样的内生质粒，质粒具有相当于其遗传容量 $10\% \sim 20\%$ 的编码能力。苏云金芽胞杆菌一般含有多个编码杀虫晶体蛋白的基因，除少数亚种或菌株〔如武汉亚种（*Bacillus thuringiensis* serovar. *wuhanensis*）、松蠋亚种（*Bacillus thuringiensis* serovar. *dendrolimus*）、杀虫亚种（*Bacillus thuringiensis* serovar. *entomocidus*）和鲇泽亚种（*Bacillus thuringiensis* serovar. *aizawai*）部分菌株〕的杀虫晶体蛋白基因可能定位于染色体上外，绝大部分的杀虫晶体蛋白基因定位于质粒上，尤其是位于 $30\ kb$ 以上的大质粒上。一个质粒常常携带一个到多个杀虫晶体蛋白基因。

自从 1981 年 Schnepf 克隆第一个杀虫晶体蛋白基因以来，新杀虫晶体蛋白基因不断地被发现、克隆并应用。已发现 72 类 600 多个基因，而且还有增多的趋势。杀虫晶体蛋白基因的分类系统经历了两次变动，即由 1989 年 Hofte 和 Whitley 根据基因编码的杀虫晶体蛋白的同源性及其杀虫活性提出了 HW 分类系统方法，到 1995 年无脊椎病理学会年会上 Crickmore 根据杀虫晶体蛋白氨基酸序列的相似性来分类的新分类原则：相似性小于 45% 分为一群，$45\% \sim 75\%$ 归为一亚群，$75\% \sim 95\%$ 归为一类，大于 95% 归为一亚类；分别用阿拉伯数字、大写英文字母、小写英文字母和阿拉伯数字来表示，并在前面加上 *cry* 即为基因表示方式，如 *cry*1Ac10 基因。

杀虫晶体蛋白对包括鳞翅目、双翅目和鞘翅目等近 9 目的多种昆虫具有不同程度的毒性，这些蛋白以晶体原毒素形式存在，在喂食昆虫的中肠被中肠蛋白酶激活。活性毒素与纹缘上皮细胞膜上的特异性受体相结合并形成一个直径为 $1 \sim 2\ nm$ 的孔，导致昆虫败血症而死。杀虫晶体蛋白还对线虫动物门中的植物和动物寄生线虫、扁形动物门的吸虫和绦虫以及原生动物门的部分种类亦有杀虫活性。最近，还有报道认为来自 HD73 菌株 Cry1Ac 蛋白能引发小鼠的系统免疫，在黏膜组织中诱导发生特异性免疫反应。

2. 苏云金素　苏云金素（thuringiensin）又称为 β 外毒素或热稳定外毒素、蝇毒素，是一种热稳定的小分子腺嘌呤核苷酸衍生物，在 121 ℃下处理 15 min 仍具有活性。主要存在于苏云金芽胞杆菌血清型 H_1 菌株中。已报道能产生苏云金素的血清型还有 H_{4ac}、H_5、H_7、H_8 至 H_{12} 等 8 种。这种毒素成分在细菌生长过程中被分泌到细胞外，且对蝇类毒力很高。

迄今为止，已知 β 外毒素具有广谱的杀虫活性，对鳞翅目、双翅目、直翅目、鞘翅目、膜翅目、半翅目和等翅目等都有不同程度的活性，对蚜虫、线虫和螨类的活性作用也有报道。苏云金素的作用机制是干扰虫体内 RNA 的合成，从而影响昆虫的生长发育，使其不能蜕皮或羽化，造成昆虫畸形或死亡。

由于苏云金素主要通过抑制 RNA 聚合酶的活性来阻断 RNA 合成导致昆虫的死亡，不同于伴胞晶体作用于中肠上皮细胞，因而其安全性仍存争议。

3. 双效菌素 双效菌素（zwittermicin A，Zw A）是在苏云金芽胞杆菌中发现的一种具有抑菌和杀虫双重作用的多元醇类物质。其最早发现于蜡状芽胞杆菌菌株 UW85 中。

双效菌素对多种真菌和细菌都有抑制作用，但单独存在时对昆虫的杀伤活性非常低。尽管如此，它却能显著增强苏云金芽胞杆菌杀虫晶体蛋白的杀虫活性。能使多种杀虫晶体蛋白增效 1.5～1 000 倍，并且随着溶度的提高增效效果也会提高。

双效菌素是高毒力苏云金芽胞杆菌杀虫剂中的主要活性成分，其含量的高低直接影响制剂的杀虫效果。

4. 营养期杀虫蛋白 营养期杀虫蛋白（vegetative insecticidal protein，VIP），是Estruch等人 1996 年首次从苏云金芽胞杆菌培养基上清液中分离得到的分子质量为 88.5 ku的杀虫蛋白。它是一种易溶于水、热不稳定蛋白，在 95 ℃处理 20 min 便失活。

分泌到细胞外的营养期杀虫蛋白 N 端，仍存在类似于其他芽胞杆菌信号肽的结构，即许多正极性氨基酸残基和一段疏水性核心区域，与细胞内的未分泌的营养期杀虫蛋白 N 端氨基酸序列相比较，并没有看到任何差异。说明了营养期杀虫蛋白在转出细胞的过程中并没有剪切信号肽，而是通过一种迄今未知的分泌机制来分泌的。

Estruch 等在 1996 年报道了对许多鳞翅目昆虫，如小地老虎（*Agrotis ypsilon*）、甜菜夜蛾（*Spodoptera exigua*）、烟芽夜蛾（*Heliothis virescens*）和烟草天蛾（*Manduca sexta*）有杀虫活性的 Vip3A 蛋白，Vip3A 蛋白分子量为 88 ku，不含有与已知杀虫蛋白同源的序列，与苏云金芽胞杆菌晶体蛋白无结构同源性。

到目前为止，从苏云金芽胞杆菌中克隆的营养期杀虫蛋白基因仅有 4 类（*vip*1 至*vip*4）。对营养期杀虫蛋白杀虫机制的组织病理学研究结果进行分析，发现营养期杀虫蛋白是以与杀虫晶体蛋白杀虫机制相类似的方式产生致病作用，即主要是通过与敏感昆虫中肠上皮细胞受体结合，使中肠溃烂而产生昆虫致死现象。

5. 溶细胞蛋白 溶细胞蛋白（Cyt）来源于苏云金芽胞杆菌以色列亚种，可以形成晶体。在以往的分类中将其归为苏云金芽胞杆菌杀虫晶体蛋白。然而，溶细胞蛋白（Cyt）与杀虫晶体蛋白（Cry）在组成和结构上有很大区别。例如，Cyt2A 与 Cry1Aa 和 Cry3A 的氨基酸序列相似性低于 20%，但在杀虫机制上与杀虫晶体蛋白类似。CytA 晶体蛋白是和 Cry4晶体蛋白紧密联系在一起的，不仅对蚊幼虫有毒，而且对动物细胞及血细胞有很强的溶解作用。

6. 几丁质酶 几丁质酶（chitinase）是最早从苏云金芽胞杆菌分离得到的可溶性胞外蛋白质类杀虫活性物质之一，其单独作用时对昆虫的毒杀活力并不显著，更多的是被当做杀虫晶体蛋白的增效作用因子来使用。目前，对几丁质酶能够增强杀虫效果的机理尚未完全清楚，有人认为可能是几丁质酶可作用于昆虫前中肠围食膜上的几丁质层，帮助芽胞和杀虫晶体蛋白穿透肠壁细胞，从而起到增效作用。

Smirnoff 于 1973 年发现加入几丁质酶菌剂的室内室外试验均取得了良好的效果。在野外，应用苏云金芽胞杆菌加几丁质酶或单用苏云金芽胞杆菌处理森林 100 hm²，混用区、单用区和对照区的幼虫死亡率分别为 95%、85% 和 54%，当年新枝叶被害率分别为 24%、65% 和 87%。Regev 等于 1996 年亦发现了几丁质酶可以将 Cry1C 蛋白对鳞翅目幼虫的杀虫作用提高 6 倍。

7. 免疫抑制因子 A 免疫抑制因子 A(immune inhibitor A，InA) 是在研究苏云金芽胞杆菌致病因子的过程中发现的一种能使产生免疫反应生物体致病的酶类活性因子。由于其具有降解蛋白质的功能，又被命名为蛋白酶Ⅰ。最早在苏云金芽胞杆菌阿莱亚种中克隆得到该酶的基因，随后发现在苏云金芽胞杆菌的其他亚种中也广泛存在。经研究分析发现该蛋白酶因子是一种中性含锌金属蛋白酶，在菌体生长达到稳定期时表达，能够分解寄主产生的抗菌蛋白，主要通过消化免疫球蛋白 IgG 和 IgA 起致病作用。

8. 芽胞　苏云金芽胞杆菌生长发育到一定阶段，会在体内产生一个结构特殊的高度折光的芽胞（spore）。

成熟的芽胞，具有致密的多层次外壁。最内是芽胞原生质，外有一层质膜，紧接芽胞壁的是皮层（cortex），向外为芽胞衣（coat）和芽胞外壁（exosporium）（图 4 - 2）。

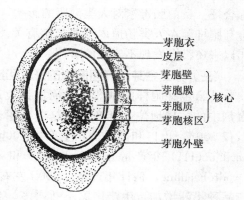

图 4 - 2　细菌芽胞结构示意图

（图片来源：http://www.hudong.com/wiki/%E8%8A%BD%E5%AD%A2）

芽胞衣是富含二硫键的蛋白质，可抵抗溶菌酶的消化，起到保护作用。已发现活芽胞、死芽胞、芽胞衣和芽胞外壁均对鳞翅目幼虫有毒性。但是更多的报道认为纯芽胞对某些昆虫毒力很低，它主要是通过与杀虫晶体蛋白协同作用起到杀虫效果，如添加芽胞使杀虫晶体蛋白对大蜡螟（*Galleria melonella*）的毒力有明显提高。芽胞作为苏云金芽胞杆菌杀虫剂的有效成分，其作用可能有两个因素，一是芽胞衣蛋白具有类似晶体蛋白毒素的作用；二是芽胞的萌发或营养细胞具有穿透肠壁的能力。

目前研究认为芽胞的杀虫机理是：在伴胞晶体对昆虫中肠上皮细胞造成膜穿孔之后，芽胞进入血腔繁殖，营养细胞产生的多种外毒素及酶使幼虫患败血症而死。此外有些昆虫（如大蜡螟）纯伴胞晶体对其几乎无毒，只有在芽胞存在的情况下才能起致死作用。还有大量研究证明了无晶体突变株的芽胞没有毒性，芽胞要具有杀虫活性则必须以与杀虫晶体蛋白共同作用为前提。

9. 其他杀虫活性物质　除了以上列举的研究比较深入的主要杀虫活性成分以外，苏云金芽胞杆菌的活性成分还包括抗癌蛋白和辅助蛋白两类。

（1）抗癌蛋白　1999 年首先发现某些不具有杀虫能力的苏云金芽胞杆菌可以合成一种分子质量为 81 ku 的伴胞晶体，这种晶体可以对体外培养的人类癌细胞（主要是人类白血病 4 细胞和人类宫颈癌细胞）具有杀伤能力，因此被称为抗癌蛋白。这一发现为抗癌研究开辟了新的方向并逐渐成为这几年的研究热点。抗癌蛋白所形成的晶体形态与杀虫晶体蛋白类似，且作用机制也类似。这类抗癌伴胞晶体蛋白属于没有活性的原毒素，需要在碱性条件下经过特定的水解反应形成有活性的形式，从而作用于癌细胞导致其肿胀或细胞核凝聚。

（2）辅助蛋白　辅助蛋白（help protein）是苏云金芽胞杆菌在生长过程中所表达的一类小分子的蛋白质，它们不是伴胞晶体的主要成分，其本身不具备杀虫活性，但对一些杀虫晶体蛋白的正常表达和晶体形成有帮助作用。

如以色列亚种中 175 kb 的大质粒上的 *p*19 和 *p*20 基因，它们位于 *cry*11Aa 操纵子中，其转录产物 P19（19 ku）和 P20（20 ku）能够调节毒素蛋白的结构，避免蛋白不正确的折叠存在。研究表明，P20 对 *cyt*1A 和 *cry*11A 在大肠杆菌中的稳定存在是必需的。

（3）其他　许多苏云金芽胞杆菌和蜡状芽胞杆菌，还能产生磷脂酶 C(phospholipase C)、溶血素（hemdysin）和肠毒素（enterotoxin）。磷脂酶 C 是一种可溶性胞外蛋白质类杀虫活性物质，对昆虫肠道有破坏作用，有助于细菌侵入血腔并繁殖。但其对人和动物细胞存在一定的毒性。溶血素是一种潜在的胞外致病因子，由单一组分蛋白构成，主要通过附着细胞后表现出溶血作用。苏云金芽胞杆随某些菌株可产生与蜡状芽胞杆菌类似的肠毒素，且肠毒素基因在苏云金芽胞杆菌中广泛存在。肠毒素对昆虫的致病症状表现为昆虫腹泻和呕吐食物中毒综合征。目前肠毒素对人类健康的影响，尚未见报道，这也许是与这些毒素不稳定以及苏云金芽胞杆菌在人类肠道内不能繁殖有关。另外，苏云金芽胞杆菌杀虫剂自商业化应用近 90 年以来还没有发现不安全的事例。

（三）苏云金芽胞杆菌制剂的开发和应用

苏云金芽胞杆菌制剂是目前世界上产量最大的微生物杀虫剂，显示了它在微生物杀虫剂中的主导地位，其产量也是节节攀升。1975 年，美国国内苏云金芽胞杆菌制剂销售量仅 500 t，出口和国外公司生产仅 400 t。1978 年，苏联商品 Toxobacterin(H1) 和 Bitox-bacilline(H1) 年产量分别为 1 300 t 和 300 t，加之另外两个主要商品 Entobacterine 3 和 Dandrobacilline，估计年产量 3 000 t 左右。此后苏云金芽胞杆菌制剂的产量稳定上升，生产品种不断增加，生产国家不断增多。全球苏云金芽胞杆菌年产量已达 50 000 t，销售额已达 1 亿美元；我国年产量达 12 000 t，销售额达 1 亿元人民币。

1. 苏云金芽胞杆菌剂型种类　苏云金芽胞杆菌自 1901 年被发现至今已愈百年，在资源调查、分类学、生物学、遗传学乃至分子生物学等领域都已取得重大进展，大规模液体发酵也早已成功。但是由于工业生产中存在着保密问题，有关剂型研究资料得不到交流，所以在剂型研究方面进展缓慢。因此苏云金芽胞杆菌杀虫剂剂型的研究势在必行。同时苏云金芽胞杆菌杀虫剂在应用中暴露出的问题，如杀虫速度慢、持效期短、易受环境因素影响等，又大都可以通过剂型的改进得以解决。在保护微生物杀虫剂免受环境因素破坏方面，剂型的研究已取得了显著成绩，主要包括非水性剂型的开发、紫外线保护剂的应用、淀粉和藻酸盐胶囊剂的研制、抗雨冲刷助剂和增效剂的开发和应用、生物胶囊剂研制成功。·

（1）苏云金芽胞杆菌杀虫剂剂型研究概况　苏云金芽胞杆菌剂型研究取得了明显的效果。在现有的 120 多种商品中，剂型多样，有粉剂、可湿性粉剂、悬浮剂、浓水剂、油剂、乳油、颗粒剂、片剂、乳悬剂、缓释剂和生物包被剂等。美国某实验室生产了 12 种制剂，其中 Dipel 就有可湿性粉剂、液体制剂、AF 型减水剂、颗粒剂和乳悬剂 5 种剂型。而我国苏云金芽胞杆菌杀虫剂主要问题是剂型品种相对单一，主要有粉剂、可湿性粉剂和悬浮剂等。表 4 - 1 中列出了一些商品化苏云金芽胞杆菌（Bt）杀虫剂及其剂型。

表 4 - 1　商品苏云金芽胞杆菌杀虫剂剂型及产品举例

剂　型	产品名	菌　株	目标昆虫	应用范围
可湿性粉剂	BioBit HP WP、Dipel 2X、Dipel WP 科诺 Bt 杀虫剂、生绿杀虫剂、绿安杀虫剂	Btk 天然菌株	鳞翅目	农作物、园艺作物
	Agree、Cutlass WP	Bta 与 Btk 接合子	鳞翅目	

（续）

剂 型	产品名	菌 株	目标昆虫	应用范围
水分散性颗粒剂	Dipel DF、Javelin WG	Btk 天然菌株	鳞翅目	农作物 园艺作物
	Xen Tari WDG、 Xen Tari DF	Bta 天然菌株	鳞翅目	
	CrymanWDG	Btk 重组菌株	鳞翅目	
种衣颗粒剂	Dipel 10G、Dipel SG puls	Btk 天然菌株	鳞翅目	农作物 园艺作物
	M - peril	Bta 与 Btk 接合子	鳞翅目	
	Condor G	Btk δ 内毒素与 Pf 重组菌株	鳞翅目	
	VectoBacG、VectoBacCG	Bti 天然菌株	双翅目	
悬浮剂（浓乳剂）	BioBit FC、Dipel 6AF、Dipel 8AF、Foray 48B、Foray76B、Thuricide 48LV	Btk 天然菌株	鳞翅目	农作物 园艺作物 森林
	Az Tron、Flor Bac FC、Quark、Xen Tari AS	Bta 天然菌株	鳞翅目	
	Mattch、MVP Ⅱ	Btkδ-内毒素与 Pf 重组菌株	鳞翅目	
	NoVodor FC	Btt 天然菌株	鞘翅目	
	VectoBac AF	Bti 天然菌株	双翅目	
乳化性油剂	Delfin ULV、Dipel 4L、Dipel 8L、Dipel ES、Dipel ES - NT、Dipel SC	Btk 天然菌株	鳞翅目	农作物 园艺作物 森林
	Condor XL	Bta 与 Btk 接合子	鳞翅目	
	Foil BFC	Btk 与 Btt 接合子	鳞翅目 鞘翅目	
非乳化性油剂	Dipel 12L	Btk 天然菌株	鳞翅目	森林

　　注：Btk 代表苏云金芽胞杆菌库斯塔克亚种；Bti 代表苏云金芽胞杆菌以色列亚种；Pf 代表荧光假单胞菌；Bta 代表苏云金芽胞杆菌鲇泽亚种；Btt 代表苏云金芽胞杆菌拟步行甲亚种。

　　（2）苏云金芽胞杆菌杀虫剂剂型的特点及问题

　　① 粉剂：粉剂是苏云金芽胞杆菌较早的一种剂型，所含伴胞晶体和芽胞以干粉状态存在，所以有耐储藏、运输方便、使用性强（能被制成可湿性粉剂或油剂）等特点，同时粉剂可直接喷撒，使用简便，喷粉效率高（因采用多喷头软管喷粉）。但它是将苏云金芽胞杆菌的发酵浓缩物（伴胞晶体、芽胞和残存培养基等）加填充剂或载体（如黏土、滑石粉、高岭土、膨润土、碳酸钙等）经喷雾干燥或直接烘干粉碎过筛而得，故干燥过程花费大，粉碎增加费用等问题。同时由于粉剂不易被水湿润，也不易分散和悬浮在水中，稀释喷雾较难，且粉剂较液剂黏着性差，在对持效活性要求比较高的果树栽培中是不适用的。粉剂容易飘移，会造成一定的浪费。

　　② 可湿性粉剂：可湿性粉剂易被水湿润，可分散和悬浮于水中，供喷雾使用。湿润剂的加入改善了药剂的性能，它具有分散性能好、易于附着植物表面、经济效益较高的特点。

可湿性粉剂最重要的物理性能是粒子大小和悬浮性。当将它加入水中调制喷雾液时，粒子愈粗，沉降速度愈快，而且粗粒子还造成喷雾液中有效成分浓度不均匀，这是应用效果不好的原因之一。粗粒子的产生是由粉碎不完全或调配喷雾液时二次凝集引起的，这些都是人们所不期望的。我国农业部农药检定所的调查报告指出，我国苏云金芽胞杆菌可湿性粉剂还存在细度不够、湿润性能差等缺点。

③ 颗粒剂：用颗粒剂防治玉米螟比其他剂型更合适。杆菌颗粒剂防治玉米螟，每公顷用 15.0 kg 苏云金芽胞杆菌颗粒剂防治第 1 代和第 2 代玉米螟，防治效果与每公顷用 15.0 kg 3％ 呋喃丹颗粒剂相当。Thuricide 400M 颗粒剂，含苏云金芽胞杆菌 0.176％，效价为 880 IU/mg，含惰性物 99.824％，是一种防治玉米的高效颗粒剂。Medvecky 和 Zalom 于 1992 年用库斯塔克亚种苏云金芽胞杆菌颗粒剂防治玉米楷夜蛾（*Busseola fusca* Fuller），经田间试验证明，颗粒剂的持效期达 3～5 周。

但颗粒剂的主要问题是粒剂的硬度、粒度及水中崩解性。首先，在颗粒剂的运输和撒布中，会产生各种各样的问题和带来诸多不便；其次，粒度也要依使用不同而异，粒径大小直接影响其能否在作物叶片上的附着。最后，稻田中使用的粒剂，其水中崩解性对效果有更大影响。尤其在难溶于水时，高的崩解分散性能一方面加速有效成分释放；另一方面颗粒剂分散后，扩大了处理面积，提高了作用效果。微细状态的固体原药配制成的制剂，提高其有效成分的溶解速度以提高其水中的崩解性，这对取得理想的防治效果甚为重要。颗粒剂的另一问题是它比其他剂型成本高，通常为粉剂等制剂价格的 2 倍以上。

④ 悬浮剂：苏云金芽胞杆菌悬浮剂是将其发酵液经离心和薄膜浓缩，收集芽胞和伴胞晶体的混合物，直接加入乳化剂配制而成。悬浮剂可以以原液形式用于微量喷雾或在水中稀释后进行喷雾。无论飞机喷雾还是地面喷雾，它都是很好使用的剂型。苏云金芽胞杆菌悬浮剂的应用效果调查结果表明，对松毛虫、棉铃虫、菜青虫、小菜蛾、水稻螟虫（稻螟蛉、稻纵卷叶螟、二化螟和三化螟）都有较好的防治效果。

但是，我国苏云金芽胞杆菌悬浮剂还存在悬浮性能较差、有的样品有明显分层、发酵残体颗粒较粗的现象。

⑤ 水剂：水剂是指原药的水溶液制剂。水剂可用高浓度的原粉加工制成，或将苏云金芽胞杆菌的发酵液按需要的浓度加以浓缩。为使水剂在储存和运输过程中免于污染变质，提高制剂的应用效果，加工过程中尚需加入防腐剂、展着剂和黏着剂等。水剂是早期的一种剂型。由于水剂不耐高温储存，所以当今市场上很少有水剂用于长期储存使用。

⑥ 微囊剂：微囊剂是将原药包入某种高分子微囊中的剂型。微囊直径为几微米至几百微米，靠改变囊壁厚度和孔径大小来控制药物释放速度。微生物药剂一般本身对紫外线和热不稳定，所以制成微囊剂就可以保护有效成分并赋予持效性和调节有效成分释放的特性。

用淀粉做成的胶囊制剂能提高它在田间条件下的稳定性并延长持效期。微胶囊剂在实际应用中的优点有：延长持效性（调节有效成分释放）、防止有效成分分解挥发、降低施药量、防止飘移、节省人工、减轻药害、扩大防治范围、使原来不能混用的药剂可以混用、掩盖忌避作用、使液体或气体变成固体形式等。

从这些性质来看，微胶囊剂应用于微生物或病毒农药等方面将有远大的前景。一般而言，苏云金芽胞杆菌不耐紫外线，阳光中的紫外线是降低苏云金芽胞杆菌制剂田间防治效果的首要因素。若采用微胶囊形式的制剂就可以在很大程度上解决这一问题，从而提高杀虫效果，延长持效期。此外 Jyoti 等于 1996 年研究指出，美洲棉铃虫的幼虫有忌避苏云金芽胞杆菌的行为，采用这一技术也能得到掩盖忌避作用。

⑦ 油剂：油剂是指以油类作为载体的剂型。但在这种剂型中往往要加入乳化剂，或能使菌剂中的油相和水相很好相容的其他化合物。油剂可用高浓度的粉剂加工而成。油类包括植物油或矿物油，作为稀释剂，其本身具有良好的黏着性和展着性，具不易挥发，容易黏附于蜡质或光滑的叶面，所以油剂具有黏着性和展着性好，抗雨水冲刷的能力。这种剂型特别适于飞机喷雾防治森林害虫。但不宜直接施用于食用的蔬菜、茶叶和水果等，否则使用油剂后会有残留。

2. 苏云金芽胞杆菌制剂的生产工艺　苏云金芽胞杆菌制剂的生产主要通过液体深层发酵方式来实现。

发酵的实质是供给微生物适当的营养物质，使其生长，以便得到有用的或有价值的代谢产物的一种过程。与任何其他生物的生长一样，微生物的生长也需要水以及合适的碳源和氮源；如果是好气性微生物（像苏云金芽胞杆菌），生长还需要大量的氧气。另外微生物的生长还需要特定的温度和酸碱环境。同时它的生长不能受其他微生物的影响，只能单独生长，因此微生物发酵必须有适当的设备和设施。

整个发酵工艺过程可分为菌种的制备、培养基的选择及灭菌、发酵控制和后处理 4 个工序，流程如图 4 - 3 所示。

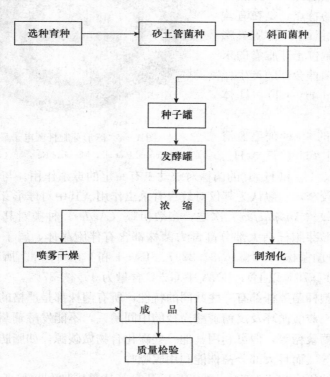

图 4 - 3　苏云金芽胞杆菌制剂生产工艺流程

（四）苏云金芽胞杆菌杀虫剂展望

苏云金芽胞杆菌杀虫剂商品化开发经历了漫长的过程。生产企业经过调整、兼并、重组，已形成相对稳定的群体，在生产技术、产品质量、产品研发等方面逐渐成熟。为进一步提高应用效果，将在育种、发酵技术和剂型化技术以及基础研究领域开展深入研究。通过从丰富的天然资源中筛选含不同基因类型的特异高毒力菌株，使制剂的品种多样化；用遗传操作的方法获得不同目的的工程菌，以便生产出各种不同的生物工程杀虫剂，拓宽苏云金芽胞杆菌的应用范围。通过进行苏云金芽胞杆菌高密度发酵技术研究，以进一步提高苏云金芽胞杆菌的发酵水平，降低成本，提高制剂含量。通过开发新的剂型，充分发挥各种助剂的增效作用，延长持效期，保证应用效果。相信在科技界和产业界的共同努力下，苏云金芽胞杆菌杀虫剂事业会有一个辉煌的明天。

二、球形芽胞杆菌杀蚊剂

（一）球形芽胞杆菌概述

球形芽胞杆菌（*Bacillus sphaericus*，Bs）是一种严格需氧的微生物，它普遍存在于土壤和水域环境中，是一种在自然界广泛分布的革兰氏阳性菌。球形芽胞杆菌的营养体呈杆状，两端钝圆，周生鞭毛，单个或几个相连。球形芽胞杆菌在形态上最突出的特点，是在有营养体向芽胞发育的过程中，芽胞囊膨大而中间鼓起，芽胞位于芽胞囊的末端或次末端，有的菌株会伴随产生伴胞晶体（parasporal crystal），具体形态如图 4－4 所示。

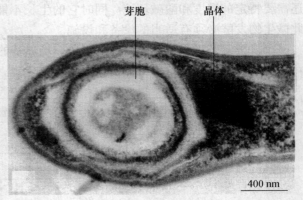

图 4－4　球形芽胞杆菌电子显微镜照片
（引自 Baumann P et al.，Microbiol Rev，55（33）：425－436，1991）

目前已经发现的 49 种鞭毛血清型中有 9 个血清型（H_1、H_2、H_3、H_5、H_6、H_9、H_{25}、H_{26} 和 H_{48}）的菌株对蚊幼虫有一定的毒杀作用。与苏云金芽胞杆菌相比，其杀虫谱明显较窄，一般认为其仅对蚊虫有杀虫作用。其中对球形芽胞杆菌最敏感的为库蚊（*Culex*），按蚊（*Anophelex*）次之，多数伊蚊（*Aedes*）种类对其不敏感；其对蚋的幼虫没有毒性。球形芽胞杆菌大部分高毒力菌株都含有伴胞晶体，属于血清型 H_5、H_6 和 H_{25}，如球形芽胞杆菌菌株 2362、1593、2297、Ts－1 和 C3－41 等。所有有毒菌株都具有较高的 DNA 同源性（79％以上），DNA 中 G＋C 含量为 35％～37％。

有毒的球形芽胞杆菌菌株都有一些共同的特性，所有菌株都是严格的好氧菌。这是因为其缺乏吸收系统和三羧酸循环及戊糖磷酸途径的中间酶系，不能发酵葡萄糖，也不能利用戊糖、己糖、双糖和葡聚糖等，但可利用其他一些碳化合物做碳源，如脂肪酸、三羧酸循环的中间产物和氨基酸等，而且大部分菌株能利用腺嘌呤。

球形芽胞杆菌的研究起步较晚，1965 年 Kellen 等从美国加利福尼亚州采集的切脉毛蚊（*Culiseta incidens*）中首次分离到了对蚊幼虫有毒性的 K 菌株。迄今为止，已分离到各种球形芽胞杆菌菌株 700 多个，其中有毒性的 50 余株。由于球形芽胞杆菌的芽胞和晶体在环境中持效期较长，并有可能在环境中再循环，适用于防治污水中的淡色库蚊和致倦库蚊，因此对球形芽胞杆菌高毒力菌株的筛选及杀虫制剂的研发工作自 20 世纪 80 年代中后期开始引起广泛关注。研究证实，球形芽胞杆菌的毒力大小与芽胞形成状态直接相关。发酵工程中，应尽可能选择促芽胞形成的培养基，提高溶解氧水平，控制合适的 pH，并提供充足的碳源和氮源。

至今，美国、法国、中国等 10 个国家已研制出液剂、乳剂、粉剂等剂型的产品 10 多种，但多是一些实验剂型，尚未得到推广应用。Bs-10 和 C_3-41 是我国生产的球形芽胞杆菌杀蚊幼虫乳剂产品，用于蚊幼虫防治。

（二）球形芽胞杆菌毒素

球形芽胞杆菌在生长发育过程中能形成两种不同的毒素蛋白：晶体蛋白（或叫二元毒素，binary toxin）和杀蚊毒素（mosquitocidal toxin，Mtx），是对蚊幼虫产生毒杀作用的主要成分。二元毒素产生于芽胞形成期，由 Bin A(41.9 ku) 和 Bin B(51.4 ku) 蛋白组成。杀蚊毒素蛋白合成于营养体生长阶段，参与球形芽胞杆菌细胞膜的形成。杀蚊毒素蛋白有 3 种类型，分别为为 Mtx Ⅰ、Mtx Ⅱ和Mtx Ⅲ，大小依次为 100 ku、31.8 ku 和 35.8 ku。高毒力菌株一般产生二元毒素和一种或者多种杀蚊毒素，而低毒力菌株只合成杀蚊毒素。

1. 二元毒素 所有高毒力和部分中毒力菌株（如 LP1-G）在其芽胞形成过程中都能形成位于芽胞外膜内的伴胞晶体。该晶体由等量的 51.4 ku 和 41.9 ku 的多肽组成，分别命名为 Bin A 和 Bin B。

Bin A 和 Bin B 合成于细菌芽胞形成期，并在芽胞形成Ⅲ期通过两蛋白的相互作用和折叠而组装形成晶体。Bin A 和 Bin B 的同时存在是形成伴胞晶体所必需的。在枯草芽胞杆菌、球形芽胞杆菌和苏云金芽胞杆菌以色列亚种的受体菌中单独表达形成的 BinA 和 BinB 只能以无定形包含物形式存在；只有两种蛋白同时表达，才能形成典型的伴胞晶体。

Western 杂交检测表明 Bin A 和 Bin B 蛋白间无交叉反应，说明它们之间无较强的同源性。Bin B 对蚊幼虫有毒，但毒力比含有两种晶体蛋白的毒力弱。单独的 Bin A 对蚊幼虫无毒，但能明显增强 Bin B 的毒力，表明这两种蛋白存在协同作用，在两者同时存在的情况下才能发挥最大的毒杀作用。

2. 杀蚊毒素 与二元毒素蛋白相比，杀蚊毒素相对不稳定，热处理以及反复冻融都会严重影响其杀蚊活性。目前在球形芽胞杆菌 SSII-1、Kellen Q 和 2173 等低毒力菌株及部分高毒力菌株中均发现杀蚊毒素。这些毒素的合成同芽胞的形成不相关，它合成于细菌的营养体生长阶段。DNA 杂交实验证明所有的杀蚊毒素同二元毒素无同源性。

（1）Mtx Ⅰ毒素 Mtx Ⅰ毒素是一种 100 ku 的可溶性毒素，由 870 个氨基酸残基组成。它的 N 末端有一个具有革兰氏阳性细菌信号肽特征的序列，与 ADP 核糖基转移酶催化亚基同源；C 末端有 3 个约 90 个氨基酸末端重复序列。Mtx Ⅰ可以通过去掉 N 末端信号肽形成 97 ku 蛋白，也可被蚊幼虫中肠蛋白酶降解形成 27 ku 和 70 ku 的片段。其中 27 ku 的片段含有一个同转膜序列相对应的区域，而且同几种 ADP 核糖转移酶毒素有较低的同源性。通过缺失试验证明，27 ku 片段能自身 ADP 核糖基化。70 ku 片段能使蚊幼虫细胞发生病理反应，只有两种蛋白片段的同时存在，才对蚊幼虫表现出毒性。纯化的杀蚊毒素同二元毒素的杀蚊活性相当，但由于这种毒素合成于营养体生长阶段，不能形成晶体，所以易被细菌生长过程中产生的蛋白酶降解形成无活性的多肽成分。

（2）Mtx Ⅱ和 Mtx Ⅲ毒素 Mtx Ⅱ毒素和 Mtx Ⅲ毒素都是从球形芽胞杆菌 SSII-1 菌

株中分离出的分别由 292 个和 326 个氨基酸残基组成、分子质量分别为 31.8 ku 和 35.8 ku 的毒素蛋白，它们同 Mtx Ⅰ 毒素和二元毒素无同源性，而同产气夹膜羧菌（*Clostridium perfringens*）的 33 ku 的 ε 毒素铜绿假单胞菌（*Pseudomonas aeruginosa*）的 31.68 ku 细胞毒素同源。Mtx Ⅱ 和 Mtx Ⅲ 间有 38% 的同源性，都含有一个革兰氏阳性细菌的信号肽和假定的转膜区。对从 6 个不同球形芽胞杆菌有毒菌株中分离的 Mtx Ⅱ 比较分析，发现其氨基酸序列中只有几个氨基酸残基的差异，却导致了对蚊幼虫的毒性和杀蚊谱的差异，其中 Mtx Ⅱ 中第 224 位置的氨基酸残基决定了该毒素杀蚊活性和杀蚊谱。

（三）球形芽胞杆菌杀虫机理

1. 二元毒素的作用机制　蚊幼虫取食伴胞晶体混合物后，晶体在中肠碱性环境和蛋白酶的作用下迅速被溶解，释放出 51.4 ku 和 41.9 ku 的毒素蛋白，然后进一步降解形成 43 ku 和 39 ku 的活性多肽。激活的毒素蛋白结合到位于胃盲囊（GC）和胃后段（PMG）的上皮细胞的刷状缘细胞膜特异性受体上；毒素进入细胞后，在胃盲囊和胃后段出现低密度电子区域，细胞形成空泡，线粒体膨胀；细胞裂解。在敏感和非敏感蚊幼虫体内，晶体蛋白都能被溶解和激活，由此可以推断晶体蛋白对不同蚊幼虫的毒性差异并不是由于晶体蛋白的溶解和激活方面的差异造成的。

多项研究表明球形芽胞杆菌对库蚊显示高毒力，对按蚊的毒力则因种而异，对伊蚊低毒甚至无毒。Bin A 决定毒素的杀蚊活性和特异性，而 Bin B 则同蚊幼虫中肠敏感位点的特异性结合，并且只有两种蛋白组分的协同作用才会表现出毒性，所以晶体毒素是一种二元毒素。

2. 杀蚊毒素的作用机制　对几类杀蚊毒素的作用机理并未进行详细研究，只对 Mtx Ⅰ 作用机理进行了一些初步研究。敏感蚊幼虫取食 Mtx Ⅰ 蛋白和二元毒素蛋白后的病理变化相差很大，说明两者存在不同的作用机理。由于 Mtx Ⅰ 毒素同苏云金芽胞杆菌的杀虫晶体蛋白和其他杀虫毒素都无相似性，其 N 末端存在的预测的跨膜区对其毒性的实现是必需的，而去掉信号肽序列的 97 ku 多肽同样对蚊幼虫有毒，说明信号肽是非必需的。

由于 Mtx Ⅰ 毒素同百日咳，白喉和霍乱毒素有相同的氨基酸基元（motif）。而这些毒素都是通过对蛋白质的 ADP 核糖基化而发生作用。推测，Mtx Ⅰ 蛋白有两个功能区，C 末端可导致蚊幼虫细胞发生病理学变化，N 末端具有 ADP 核糖基化活性。

Mtx Ⅱ 和 Mtx Ⅲ 同产气甲膜杆菌的毒素和铜绿假单胞菌细胞毒素有相似性，因此认为这两种杀蚊毒素可能同细胞上的微孔形成有关。

（四）球形芽胞杆菌制剂的应用及研发策略与趋势

由于球形芽胞杆菌的杀蚊活性高，对环境无毒害，不破坏生态平衡，而且芽胞在一定环境和死亡蚊幼虫体内可再循环产生有毒性的伴胞晶体混合物，在蚊幼虫滋生的水体中毒力持效性长，因而被认为是控制蚊虫，特别是城市库蚊最理想的生物杀虫剂。同苏云金芽胞杆菌以色列亚种相比，球形芽胞杆菌制剂的生产和开发起步较晚。由于球形芽胞杆菌自身的特性，不能发酵葡萄糖等糖类物质，而只能利用蛋白质类的物质作为碳源和氮源，且需要特殊的发酵技术，发酵生产成本较高，难以在特别需要蚊虫防控的发展中国家推广使用。这也限制了球形芽胞杆菌的生产和应用前景。到目前为止，世界上仅有少数几种球形芽胞杆菌的商品化制剂，如 Vectolex、Spherimos、Sphericide、Spherico、Spicbiomoss、C_3 - 41 等。

球形芽胞杆菌制剂未来将在延长持效时间、扩大杀虫谱、改进生长技术和应用技术等方面开展基础研究和应用研究，使之在蚊虫的防治中发挥更大的作用。

第二节　抗病细菌制剂

一、假单胞菌制剂

假单胞菌是一种不产芽胞的革兰氏阴性菌，以单极毛或数根极毛运动，需氧，进行严格的呼吸型代谢，属化能营养异养菌，有的种是兼性化能自养，广泛分布于自然界。有的种对人、动物或植物有致病性。

假单胞菌属（Pseudomonas）是一种极其多样化的微生物，有许多在农业和环境保护方面有突出作用，使之成为当今微生物研究领域的热点之一。

目前利用假单胞菌作为生物防治制剂的报道有很多，例如利用铜绿假单胞菌防治蚱蜢（Acrida）；利用败血假单胞菌防治双带黑蝗（Melanoplus bivittatus）；利用绿色假单胞菌（Pseudomonas chlororaphis）防治透翅蝗（Camnula pellucida）；利用类产碱假单胞菌（Pseudomonas pseudoalcaligenes）防治蝗虫。

另外利用荧光假单胞菌可以防治镰刀菌枯萎病、小麦全蚀病、棉花苗期猝倒病和棉花枯萎病；在温室中可以防治番茄、烟草和花生的青枯病，梨火疫病，稻瘟病；同时对鳞翅目昆虫（如棉铃虫、玉米螟和小菜蛾）的幼虫有毒害作用，对金龟子也有毒杀作用。由此可见，荧光假单胞菌作为假单胞菌属的一个重要成员，在有害生物治理和环境保护过程中可起重要作用而备受关注。下面对荧光假单胞菌抗病细菌制剂的应用和防治机理做一个具体的介绍。

（一）假单胞菌抗病菌株

人们已分离到大量拮抗植物病害的荧光假单胞菌。这些细菌广泛分布在世界各地，可产生多种抗生素，而且常是一株菌能产生几种活性物质，抗多种植物病害。如荧光假单胞菌菌株 Pf-5，可产生藤黄绿脓素（pyoluteorin，Plt）、吡咯菌素（pyrrolnitrin，Prn）、2,4-二乙酰藤黄酚（2,4-diacetylphloroglucinol，DAPG）、噬铁素（siderophore）和氢氰酸（HCN）等抗生素及其他活性物质，可抗终极腐霉（Pythium ultimum）等重要植物病原菌。从小麦根际分离出的荧光假单胞菌 2-79，可产生 1-羧基吩嗪（phenazine-1-carboxylic acid，PCA）、噬铁素（siderophore）及水杨酸（salicylic acid）等活性物质，可抗小麦全蚀病菌（Gaeumannomyces graminis）等。荧光假单胞菌 CHA0，可产生 2,4-二乙酰藤黄酚、藤黄绿脓素和氢氰酸等活性物质，可抗终极腐霉（Pythium ultimum）和尖孢镰刀菌（Fusarium oxysporum）等。

中国学者分离的一株铜绿假单胞菌 M18 可产生一种新的抗菌物质申嗪霉素，对水稻稻瘟病有非常好的防治效果。

这些菌株的获得主要通过两种方法：①从抗某种植物病害的植株根际中有意识地筛选抗性菌株，经鉴定为荧光假单胞菌；②先从植物根际中分离出荧光假单胞菌，再用植物病原菌做指示菌筛选出有抗性的菌株。

（二）荧光假单胞菌的抗菌活性物质及抗病机理

荧光假单胞菌的作用机制主要包括：抗生素的作用、噬铁素对铁的营养竞争、有效的根际定殖等。近年来，随着分子生物学的广泛渗入，通过对这些作用机制的遗传性状进行分析，采用遗传工程加以改良，使得荧光假单胞菌具有更优秀的生物防治效果。

1. 抗生素介导的抑制　荧光假单胞菌的抗病作用主要是通过产生抗生素等生物活性物质来抑制病原菌的生长。这些抗生素具有一定的专一性，能够选择性地抑制病害。表 4-2 列举了荧光假单胞菌所产生的一些抗生素及其拮抗的植物病原菌。

表 4-2　荧光假单胞菌产生的抗生素及其拮抗的植物病原菌

（引自张伟琼等，2007）

抗生素	拮抗的植物病原菌
吡咯菌素（pyrrolnitrin，Prn）	立枯丝核菌（*Rhizoctonia solani*） 烟草根黑腐病菌（*Thielaviopsis basicola*） 链格孢（*Alternaria* sp.） 终极腐霉（*Pythium ultimum*）
藤黄绿脓菌素（pyoluteorin，Plt）	终极腐霉（*Pythium ultimum*）
1-羧基吩嗪（phenazine-1-carboxylic acid，PCA）	小麦全蚀病菌（*Gaeumannomyces graminis*）
2,4-二乙酰藤黄酚（2,4-diacetylphloroglucinol，DAPG）	立枯丝核菌（*Rhizoctonia solani*） 小麦全蚀病菌（*Gaeumannomyces graminis*） 终极腐霉（*Pythium ultimum*）
卵菌素 A(oomycin A)	终极腐霉（*Pythium ultimum*）

2. 噬铁素介导的抑制　荧光噬铁素是由荧光假单胞菌产生的胞外水溶性黄绿色素，是特有的铁载体，能促进植物生长并抑制植物病害。

荧光噬铁素在低铁环境下荧光假单胞菌产生与铁离子有极高亲和力的荧光噬铁素，形成铁-噬铁素复合物。产生菌通过膜外专一性受体利用复合物，而其他生物体不能利用。荧光假单胞菌正是通过分泌噬铁素从环境中结合铁离子为自身所利用，从而限制植物根际有害细菌和真菌的生长，防止真菌孢子萌发。

现已发现的荧光假单胞菌噬铁素有脓青素（pyoverdine）、假单胞菌素（pseudobactin）、绿脓菌螯铁蛋白（pyochelin）和水杨酸等。

3. 根际定殖　荧光假单胞菌的抗病抑制机制只有在它们成功地在根际定殖后才能真正起作用。

不同的荧光假单胞菌在不同的根际有不同的定殖能力。土壤的结构直接影响菌株在根际的定殖，而其他与土壤类型相关的间接因素（如湿度、温度和 pH 等）也是影响根部定殖的原因。

其他生物体的存在也影响荧光假单胞菌的根际定殖，如蛭弧菌影响荧光假单胞菌的定殖。

4. 其他机制

（1）次生抗性代谢物　荧光假单胞菌还产生其他许多具有抗性的次生代谢物，这些物质对植物病原菌具有拮抗作用，如许多荧光假单胞菌产生的氢氰酸（HCN）能抗植物病原菌，可产生乙二酸，对植物病原菌产生的草酸具有解毒作用，能够抗由立枯丝核菌（*Rhizocto-nia solani*）引起的水稻疾病。荧光假单胞环脂肽，对病原菌有拮抗作用。荧光假单胞菌还能产生几丁质酶、溶菌酶、木聚糖酶和胞外壳聚糖酶等，能够分解真菌细胞壁或够抑制真菌的生长。

（2）诱导植物系统抗性 一些荧光假单胞菌在根部的定殖能诱导植物对病原菌产生系统抗性（induced systemic resistance，ISR），水杨酸的积累被认为是重要因素，而脂多糖和噬铁素也是重要的诱导物质。诱导抗性的可能机制是产生抗微生物的低分子化学物质（如植物保护素、双萜、多聚物、木质素等），并诱导一些水解酶和氧化酶。

二、芽胞杆菌制剂

芽胞杆菌（*Bacillus*）是广泛存在于土壤和植物微生态中的优势种群，具有很强的抗逆能力和抗菌防病作用，许多性状优良的天然分离株已成功地应用于植物病害生物防治。芽胞杆菌抗菌防病机制包括竞争作用、拮抗作用和诱导植物抗病性等。其中核糖体合成的细菌素、几丁质酶和葡聚糖酶等抗菌蛋白以及次生代谢产生的抗生素与挥发性抗菌物质产生的拮抗作用是生物防治细菌最主要的抗菌机制。通过现代生物技术提高抗菌基因的表达水平和实现外源杀虫或抗菌基因的高效稳定共表达是增强生物防治芽胞杆菌抗菌活性和扩大防治对象的重要途径。基因组和蛋白组研究的迅猛发展必将极大地促进芽胞杆菌抗菌分子机制和抗菌基因工程研究的深入发展和广泛应用。

（一）芽胞杆菌在植物病害防治中的应用

应用芽胞杆菌防治植物病害的研究具有悠久的历史，很多优良的分离菌株如枯草芽胞杆菌已经应用于生产实践。美国迄今已有 4 株枯草芽胞杆菌（*Bacillus subtilis*）生物防治菌株获得环保局（EPA）商品化或有限商品化生产应用许可，它们分别是 GB03、MBl600、QST713 和 FZB24。GB03 和 MBl600 根部施用或拌种可防治镰刀菌属（*Fusarium*）、曲霉菌属（*Aspergillus*）、链格孢属（*Alternaria*）和丝核菌属（*Rhizoctonia*）引起的豆类、麦类、棉花和花生根部病害。FZB24 商品名 Taegro™，施用于温室或室内栽培树苗、灌木和装饰植物根部可防治镰刀菌属和丝核菌属引起的根腐病和枯萎病。QST713 商品名 Serenade®，叶面施用能防治蔬菜、樱桃、葡萄、葫芦和胡桃的细菌和真菌病害。此外，枯草芽胞杆菌 A-13对麦类和胡萝卜立枯病以及其他土传病害具有很好的防治作用，有还增产作用。枯草芽胞杆菌 RBl4 和枯草芽胞杆菌 NB22，前者对立枯丝核菌（*Rhizoctonia solani*）、后者对尖孢镰刀菌（*Fusarium oxysporum*）和青枯假单胞菌（*Pseudomonas solanacearum*）引起的番茄病害有良好防效。

我国已开发出一批生物防治作用优良的枯草芽胞杆菌菌株（如 13916、B908、B3、B903、BL03 和 XMl6）、短小芽胞杆菌（*Bacillus pumillus*）A3 菌株和增产菌系列产品等，对水稻纹枯病，小麦纹枯病，苹果霉心病、棉花炭疽病等田间防治效果良好。

（二）芽胞杆菌生物防治作用的机制

微生物生物防治作用的机制主要有竞争、拮抗、寄生或捕食、交叉保护和诱导植物抗性等方面。一种微生物作用机制可以有多种，不同微生物作用机制可能有所不同。芽胞杆菌的作用机制以竞争、拮抗和诱导植物抗性为主。

1. 竞争作用 微生物通过对营养物质的争夺和对物理和生物学位点的抢夺等方式控制其他微生物的发展，这种作用称为竞争。竞争作用是生物防治微生物发挥作用的重要机制之一，涉及生物防治微生物在植物根际或体表或体内的定殖、繁殖与种群的建立及与病原微生物的相互作用。目前对于革兰氏阴性细菌（如假单胞菌）竞争作用研究比较深入，而芽胞杆菌的相关研究尚只涉及生物防治细菌的种群数量和防效的相互关系，缺乏直接的遗传证据和分子标记的研究。

生物防治芽胞杆菌的施用剂量和时间、定殖能力以及种群建立状况对生防效果的显著影响反映了竞争作用的重要性。如枯草芽胞杆菌 B916 在纹枯病病斑定殖能力很强，而在健康植株上定殖能力弱，在病原物接种前和接种 10 d 后施用时都没有防治效果，而在接种病原物 1 d 后施用则可达到最佳防治效果。植物内生或附生芽胞杆菌有很好的定殖和繁殖能力，一般对维管束和种子传播的病害有很好的防治效果。

2. 拮抗作用　拮抗作用是指微生物通过同化作用产生抗菌物质抑制有害病原物的生长、发展或直接杀灭病原物。芽胞杆菌产生的拮抗物质主要有抗生素、两类主要抗菌蛋白（细菌素和细胞壁降解酶、其他抗菌蛋白）及挥发性抗菌物质。

（1）抗生素　芽胞杆菌的抗生素有核糖体合成和非核糖体合成两类。核糖体合成的抗生素有小分子抗菌多肽（细菌素）。非核糖体合成的抗生素包括脂肽抗生素、多肽抗生素和次生代谢产生的其他抗菌活性物质，如挥发性抗菌物质和脂肪氨基酸氮氧衍生物等。

芽胞杆菌产生抗生素是其抗菌作用的一个重要因素。生物防治芽胞杆菌往往同时产生多种对特定病原菌具有很高活性的抗生素。无细胞培养物或抗生素粗提物平板抑菌试验和田间防病试验均能直接反映抗生素对芽胞杆菌生物防治作用的贡献。目前，生物防治芽胞杆菌发酵液、无细胞培养液、抗生素和产抗生素缺失突变株的综合防病试验已经系统证明抗生素是芽胞杆菌抗菌防病作用的重要机制。

（2）抗菌蛋白　芽胞杆菌的蛋白类抗菌物质主要有细菌素、细胞壁降解酶（如几丁质酶和葡聚糖酶）以及一些未鉴定的抗菌蛋白。

① 细菌素：细菌素是细菌合成的对其他微生物具有抗生作用的小分子蛋白质，芽胞杆菌能产生多种细菌素，如枯草芽胞杆菌产生的枯草菌素（subtilin）和 subtilosin 及巨大芽胞杆菌产生的巨杆菌素都对革兰氏阳性细菌具有很强的活性。

② 几丁质酶和葡聚糖酶：许多病原真菌细胞壁含有几丁质和 $\beta-1,3-$葡聚糖。几丁质酶（chitinase）和 $\beta-1,3-$葡聚糖酶（glucanase）通过破坏病原真菌的细胞壁而具有抗菌防病作用。

③ 其他抗菌蛋白：Tas A(transition-phase spore-associated antibacterial protein) 抗菌蛋白是 Axel 从枯草芽胞杆菌 PY79 菌株分离的孢子成分，对革兰氏阳性细菌和革兰氏阴性细菌都具有广谱抗菌活性。

（3）挥发性抗菌物质　很多微生物能够产生挥发性抗菌物质（antifungal volatile, AFV），枯草芽胞杆菌 NCIMBl2376 能够产生具有广谱抗真菌活性的挥发性抗菌物质，但目前还未见挥发性抗菌物质种类与结构研究的报道。

3. 诱导植物抗性　诱导植物抗性是生物防治细菌发挥生物防治作用的一个重要方面。病原物诱导的植物抗性与非病原物诱导植物抗性具有相同的表型特征，包括通过组织木质化增强细胞机械屏障和产生植保素，这些过程涉及苯丙氨酸解氨酶（PAL）、过氧化物酶（POD）、多酚氧化酶（PPO）与超氧化物歧化酶（SOD）的活性。生物防治微生物诱导植物抗性在革兰氏阴性细菌（如假单胞菌）和真菌已有很多研究。虽然芽胞杆菌诱导植物抗性作用的报道较少，但已经证明诱导植物抗性也是其生物防治作用的重要机制之一。如水稻纹枯病生物防治枯草芽胞杆菌 B916 都能诱导水稻叶鞘细胞苯丙氨酸解氨酶，过氧化物酶、多酚氧化酶和超氧化物歧化酶活性增强。

（三）枯草芽胞杆菌的抗病活性物质及其在植物病害生物防治中的应用

上文介绍了芽胞杆菌抗病机制，拮抗作用是其中最主要因素，也是其他抗病微生物抗病的主要作用方式。下面以研究和应用较深入的抗病杀菌芽胞杆菌，枯草芽胞杆菌（*Bacillus subtilis*）为例，对其产生的会引起拮抗作用的活性物质及其在植物病害生物防治中的应用做具体介绍。

枯草芽胞杆菌产生抗菌物质的途径分为核糖体合成和非核糖体合成两种。

1. 核糖体合成途径产生的抗菌物质 核糖体途径产生的抗菌物质包括细菌素、酶类和其他活性蛋白质类，目前对细菌素的研究已经比较深入。

（1）细菌素 一般认为，细菌素是由细菌产生的通常只作用于与产生菌同种的其他菌株或亲缘关系很近的种的一种小分子蛋白类抗菌物质，大多含有一些稀有氨基酸残基，而且一般是环肽。枯草芽胞杆菌能够产生枯草菌素（subtilin）和 subtilosin，其中枯草菌素是迄今为止研究得比较清楚的细菌素之一。它的前体是由 56 个氨基酸残基构成的小肽，其中 24 个氨基酸残基为信号肽，经信号肽酶切除和一系列修饰（如苏氨酸脱水和丝氨酸与半胱氨酸硫酯化）可以形成 32 个氨基酸残基的活性小肽，具有抗酸和抗热的特性。

（2）酶类 真菌的细胞壁主要组分为几丁质和 $\beta-1,3-$ 葡聚糖。细菌分泌的几丁质酶主要用于真菌细胞壁的降解和重组，分泌的 $\beta-1,3-$ 葡聚糖酶能水解 $\beta-1,3$ 糖苷键，具有抗真菌作用。几丁质酶与 $\beta-1,3-$ 葡聚糖酶常常在植物体内被同时诱导，几丁质酶与 $\beta-1,3-$ 葡聚糖酶同时使用具有更强的抑制真菌作用，可以完全消解病原菌细胞壁，抑制病原菌生长，达到抗菌防病的目的。

（3）其他活性蛋白质类 许多枯草芽胞杆菌生长代谢过程中能分泌一些抑制植物病害的活性蛋白，且生物防治作用显著。还有一些未知蛋白在抑制植物病原菌方面也表现出强烈的作用。

2. 非核糖体合成途径产生的抗菌物质 非核糖体途径产生的抗菌物质主要包括脂肽类、多肽类及其他类别物质。枯草芽胞杆菌产生的抗菌活性物质主要是脂肽类和多肽类物质。

（1）脂肽类（lipopeptide）

① 伊枯草菌素：伊枯草菌素（iturin）是一类小分子环脂肽类物质，由 7 个氨基酸残基和 1 个 $\beta-$ 氨基脂肪酸组成，其中包括伊枯草菌素 A、伊枯草菌素 B、伊枯草菌素 C、伊枯草菌素 D、伊枯草菌素 E、芽胞菌素（bacillomycin）D、芽胞菌素 F 和芽胞菌素 L 等，其中以伊枯草菌素 A 抗真菌的活性最强。

② 表明活性素：表面活性素（surfactin）是已发现的最强的一类生物表面活性剂。

③ Fengycin：Fengycin 是另一种研究得比较深入的脂肽类抗真菌素，包括 Fengycin A 和 Fengycin B。

④ 其他脂肽：从 JA 菌株中分离到 3 种对水稻纹枯和小麦赤霉病菌均有抑菌作用的抗菌肽 AFP1、AFP2 和 AFP3，其分子质量分别为 1 462 u、1 476 u 和 1 490 u。

（2）多肽类物质 枯草芽胞杆菌产生的抗菌多肽，包括环状、线状和分支环状 3 种，分子质量多在 1 000 u 左右。

一些枯草芽胞杆菌菌株能够产生一种环状十三肽分枝杆菌素（mycobacillin）。

从枯草芽胞杆菌 TG26 菌株中分离出环状多肽 B1 分子质量为 14 497 u。

（3）其他类别物质 在 168 菌株细胞中积累一种磷脂类抗生素，命名为 bacilysocin，对某些真菌的抗菌活性显著。

B2 菌株多烯类化合物已报道的有 bacillaene、difficidin 和 oxydifficidin，可通过抑制原核生物的蛋白合成来抑制病原细菌的活性。

（四）芽胞杆菌的研究前景

目前抗病生物防治细菌的研究主要集中在芽胞杆菌上，有关生物防治芽胞杆菌抗菌物质分离纯化及抗菌作用分子机制的研究已经积累了丰富的资料，具有重要的理论意义和实践价值。芽胞杆菌拮抗基因的分离克隆、表达调控及遗传改良研究已在国内外引起了广泛关注，并展示了诱人的前景。

第三节　细菌除草剂

在世界各地大约分布有 30 000 种杂草，其中约 1 800 种每年会造成粮食总产量约 9.7% 的损失。从 20 世纪 60 年代开始，人们大量使用化学除草剂，虽然取得了不错的效果，但除草剂中化合物的副作用也带来了一系列环境问题，如抗药杂草种群的增加、土壤板结、水体污染等，严重影响了可持续农业的发展。随着环境保护日益受到重视，人们对环境负荷小的农药的呼声也日益强烈，由病原真菌开发而来的微生物除草剂正在逐步投入使用。目前已商品化的除草剂主要为真菌除草剂，如在美国注册的 Devine、Collego 和一个已经注册但市场上并未出售的产品 DR. BIOSEDGE；在加拿大注册的真菌生物除草剂 BioMal。20 世纪 60 年代我国研制的真菌除草剂鲁保 1 号等。利用细菌的微生物除草剂还没有实用化。

以上这些真菌源的除草剂在施用过程中均取得了较好除杂草效果，但目前真菌除草剂的开发成本越来越高，难度加大，所以从 20 世纪 90 年代以来，科学家们越来越将注意力转向细菌除草剂。

一、细菌除草剂发展现状

植物根际一般都存在植物根际有害细菌和植物根际促生菌两大菌群，其中植物根际有害细菌即为微生物除草剂的主要资源。另外从自然感病杂草的根部、茎和叶等部位分离的目标潜力菌也是微生物除草剂的重要资源。但目前细菌除草剂的研究仅停留在实验阶段，没有实用化。

黄单胞菌属（Xanthomonas）P-482 菌株可用于防除草坪中剪股颖类杂草，防治效果可达 90% 以上，该菌寄主专一性强，对同属的草坪草不致病。在美国南部，野油菜黄单胞菌早熟禾变种（Xanthomonas campestris pv. poannua）被用来防治草坪中的一年生早熟禾，防治效果可达 82%。从美国的 7 种主要杂草的根际分离出 9 属细菌，其中假单胞菌属（Pseudomonas）、欧文氏菌属（Erwinia）、黄杆菌属（Flavobacterium）、柠檬酸杆菌属（Citrobacter）和无色杆菌属（Achromobacter）对宿主杂草都表现了不同程度的抑制作用。除以上提到的从 7 种主要杂草根际分离出的几种对杂草有抑制作用的菌属外，肠杆菌属（*Enterobacter*）和产碱杆菌属（*Alcalligenes*）也存在对杂草有不同程度抑制活性的菌种。

在我国，分离出的野油菜黄单胞菌反枝苋致病变种，以及多株链霉菌株对稗草有抑制作用。

二、细菌除草剂除草机理

细菌除草剂除草机理主要包括前体除草、代谢产物除草及活体释放等几种类型。

1. 前体除草　除草剂的先导化合物为生物活性化合物，其大多数为水溶性，分子结构中不含卤原子，对环境友好，半衰期短，但其结构比较复杂。

从双丙氨膦（bialaphos）到草铵膦（glufosinate ammonium），从纤精酮（leptospermone）到三酮类除草剂，从天然壬酸到人工合成壬酸，从桉树醇（cineole）到环庚草醚（cinmethylin）都是将除草活性先导化合物开发成化学除草剂的先例。

cornexistin 是一种来源于嗜粪担子菌纲宛氏拟青霉的植物毒素，对单子叶和双子叶杂草具有良好的除草活性。cornexistin 的作用机理可能是前体除草剂的作用机理，即它要被代谢为至少一种天冬氨酸氨基转移酶的同工酶的抑制剂。

2. 代谢产物除草　细菌能够分泌多种代谢产物，这些生物活性产物能够侵入宿主杂草破坏其内部结构，使其产生坏死和环状枯萎的病斑，造成杂草致病死亡。这些活性成分通常称为植物毒素。大多数情况下它们为细菌的次生代谢产物，具有控制杂草的作用。它们在化学结构和分子大小上有很大差异，包括聚合肽、萜烯、大环内酯类和酚类。大多数能产生植物毒素的细菌都呈革兰氏阴性，如假单胞菌属、欧文氏菌属、黄单胞菌属等。另外有一些如链霉菌属、棒状杆菌属和一部分非荧光假单胞菌属的革兰氏阳性菌的代谢产物也具有除草活性。

3. 细菌活体除草　近几十年来，这一领域的研究得到迅速发展，从最初的简单采集、分离和筛选植物病原菌到包括活体产品制剂、释放生物的生态学和流行病学，在组织学、生物化学和遗传学水平上植物病原菌的相互影响以及候选微生物除草剂基因操作等方面取得了一系列的研究进展。

利用许多对旱雀麦有抑制作用的分离物做杀草谱试验发现，根细菌及其次生代谢物均有寄主专一性，同时对非靶寄主的根及茎的生长很少或没有危害。在某些情况下，某些根细菌对某些作物还有促进生长的作用。在这种情况下，通过在作物上施用某些对杂草有害又可促进作物生长的根细菌，有可能增强作物的竞争能力。另外细菌也可以由接种部位通过茎至根，再运行至植物各个部位，致使全身感染，病症随着细菌的繁殖而加重，导致植株导管闭塞，体内水分减少，直至断绝向各个部位的水分供给，使植株萎蔫、枯死。

三、细菌除草剂前景展望

目前，细菌除草剂的研究、开发和应用还存在很多突出的问题，阻碍了细菌除草剂的发展，例如活性物质不稳定、制剂加工困难、寄主单一以及受环境因素影响等。

同时在一个复杂的农业生态系统中往往是多种杂草并存。只能防除一种或几种杂草的微生物除草剂很难达到理想的除草效果，这些除草剂只能在特定的场合发挥它特有的作用，至于其推广及大规模使用必然受到了限制。如果两菌乃至多菌合用、虫菌并用或以 DNA 重组技术构建复合体等，相信可以解决宿主单一的问题。

另外在大多数情况下是释放活的菌体来进行除草，环境中露水持续时间与湿度直接影响菌体繁殖、入侵及再侵染。在喷施处理后，其生长速度要迅速，否则便不能在一定时间内抑制杂草生长直至死亡。对于如何排除环境对除草效果负影响的研究尚未取得显著的成效。

细菌由于自身的特点，至今仍未被成功地开发成商品化除草剂。但是由于由杂草分离的病原细菌具有种间特异性，对栽培植物危害少，对环境安全。而且细菌生长期短，发酵工艺简单，生产工艺易于控制，能够分泌次生代谢产物，残留也易于降解。另外某些具有固氮作用的根系细菌除草剂能在减少化学肥料使用的同时带来较大的经济效益。因此细菌除草剂的开发是很有潜力和必要的。

● 复习思考题

1. 苏云金芽胞杆菌和球形芽胞杆菌在杀虫机制上有何异同？

2. 荧光假单胞菌需要在植物根际定殖才能发挥抑菌抗病作用，芽胞杆菌属细菌在抗病应用上是否也由此类限制？

3. 你认为哪些方法能帮助克服细菌除草剂实际应用方面遇到的困难？

4. 除前文所述包括转基因抗虫抗病作物、新型低毒高效农药在内的各种影响外，你认为还有哪些因素影响了细菌源农药的发展？

5. 未来细菌源农药的发展趋势是什么？

● 主要参考文献

陈源，等 . 2012. 微生物农药研发进展及各国管理现状 [J]. 农药，53（2）：83 - 89.

胡霞，等 . 2005. 微生物农药发展概况 [J]. 农药（Pesticides），44（2）：49 - 52.

冀营光，等 . 细菌除草剂的发展现状与展望 . 生物技术，2006，16（1）：88 - 90.

刘雪，等 . 2006. 枯草芽胞杆菌代谢物质的研究进展及其在植病生防中的应用 [J]. 中国生物防治，22：179 - 184.

孙明，等 . 2011. 生防微生物研究进展及其应用 . [M] // 李俊，沈德龙，林先贵 . 农业为生物研究与产业化进展 . 北京：科学出版社 . 384 - 404.

王蓉蓉，等 . 2005. 球形芽胞杆菌在媒介蚊虫防制中作用的研究进展，国外医学寄生虫病分册，32（2）：76 - 79.

张伟琼，等 . 2007. 生防假单胞菌生防机理的研究进展 [J]. 生物学杂志，24（3）：19 - 11.

张彦杰，等 . 2009. 生防枯草芽胞杆菌研究进展 [J]. 生命科学仪器，7：19 - 23

招衡，等 . 2010. 生物农药及其未来研究和应用 [J]. 世界农药，32（2）：16 - 24.

GLARE, et al. 2012. Have biopesticides come of age[J]. Trends in Biotechnology，30（5）：250 - 258.

LI et al. 2012. Genetically Modified Bacillus thuringiensis biopesticides [M] // Estibaliz Sansinenea. Bacillus thuringiensis biotechnology. Springer Press：231 - 258.

MAGDA，et al. 2006. Bacillus thuringiensis and Bacillus sphaericus biopesticides production[J]. J. Basic Microbiol，46(2)：158 - 170.

MEIKLE，et al. 2012. Challenges for developing pathogen - based biopesticides against Varroa destructor(Mesostigmata：Varroidae)[J]. Biomedical and Life Sciences，DOI：10. 1007/s13592 - 012 - 0118 - 0.

MENDIZABAL，et al. 2012. Production of the postharvest biocontrol agent Bacillus subtilis CPA - 8 using low cost commercial products and by - products[J]. Biological Control，60：280 - 289.

ROH，et al. 2007. Bacillus thuringiensis as a specific，safe，and effective tool for insect pest control[J]. J. Microbiol. Biotechnol，17(4)：547 - 559.

第 五 章

病 毒 源 农 药

病毒杀虫剂是生物源农药的重要成员之一，截至 2010 年，我国已有 9 种昆虫病毒共 47 个制剂登记注册，在害虫生物防治中发挥了重要作用。本章将叙述昆虫病毒及昆虫病毒杀虫剂的基本知识及其生产应用概况。

第一节　病毒源农药概述

一、昆虫病毒的发现与分类

昆虫病毒是引起昆虫致病和死亡的重要病原体，是一类比细菌还小的非细胞形态的生物，由蛋白质和核酸组成。每一种病毒只含一种核酸，DNA 或 RNA。由于昆虫病毒没有细胞器和细胞构造，不能独立生活，只有在活的寄主细胞内才能复制增殖。

人类对昆虫病毒病的认识，是从家蚕和蜜蜂疾病开始的，比真正发现病毒要早得多。最早记载昆虫病毒病的是中国，在 1149 年出版的陈旉《农书》中，就记载有家蚕的"高节"、"脚肿"病，这就是现在所称的"脓病"或核型多角体病毒病（nucleopolyhedroviruse）。而西方最早的一篇研究报告，是 1808 年 Nysten 写的家蚕黄疸病，但一直无法明确病原体的性质。在 1909—1913 年，Wahl. von Prowazek 和 Escherich 各自通过实验证明这种昆虫疾病是由一种"滤过性病毒"所致，却错误地否认了多角体是病毒的携带者，而将它称为"蛋白质性质的生理结晶"，没有感染性，只是单纯的家蚕宿主的一种生理反应产物。直到 1947 年，德国的 G. Bergold 应用血清学方法、生物物理学方法和电子显微镜技术查明，多角体是由无感染性多角体蛋白质及许多杆状 DNA 病毒粒子构成的，杆状病毒粒子是有感染性的。随后，杆状病毒一词被创造出来并被普遍应用。迄今为止发现的昆虫病毒已超过 1 000 多株，涉及 12 目的 900 多种昆虫。Martignoni 和 Iwai(1986) 列举 12 目的昆虫病毒宿主，它们是：鳞翅目（Lepidoptera）、双翅目（Diptera）、鞘翅目（Coleoptera）、膜翅目（Hymenoptera）、直翅目（Orthoptera）、蜻蜓目（Odonata）、脉翅目（Neuroptera）、半翅目（Hemiptera）、同翅目（Homoptera）、等翅目（Isoptera）、毛翅目（Trichoptera）和蜚蠊目（Blattariae）。稍后报道，微翅目（Aphaniptera）［即蚤目（Siphonaptera）］昆虫中亦有病毒感染。

20 世纪 40 年代末，Holmes(1948) 首次对昆虫病毒分类做了尝试。他在病毒目（Virales）动物病毒亚目（Zoophagineae）波尔病毒科（Borrelinaceae）内分别设了两个昆虫病毒属：Borrelina 属与 Morator 属。Borrelina 属包括引起鳞翅目昆虫多角体病、萎缩病及其他疾病的病毒；而 *Morator* 属当时只有一个引起蜜蜂囊状幼虫病（sacbrood）的病毒。

1966 年在莫斯科举行的第八届国际微生物学大会上成立了国际病毒分类与命名委员会（ICNV），探索所有病毒的统一分类方案。1970 年在墨西哥举行的第十届国际微生物学大会上，国际病毒分类与命名委员会提出了第一个病毒分类报告，把病毒分成 43 组，其中有些病毒组已定为属，有些则仍保留为组。在这个报告中昆虫病毒分别归并于 6 属（杆状病毒属、虹彩病毒属、痘病毒属、细小病毒属、弹状病毒属和肠道病毒属）与 1 组（质型多角体病毒组）。1975 年在马德里召开的第三届国际病毒学会议上提出并通过了国际病毒分类委员会（原 ICNV 改名为 ICTV）第二次报告，把昆虫杆状病毒设立为 1 个独立的科，其余 5 属（虹彩病毒属、昆虫痘病毒属、浓核病毒属、质型多角体病毒属、σ 病毒属）则分别归并于虹彩病毒科、痘病毒科、细小病毒科、呼肠病毒科与弹状病毒科；而小 RNA 病毒科肠道病毒属内还有几种（如蜜蜂急性麻痹病毒、果蝇 C 病毒等）侵染昆虫的病毒。

之后国际病毒分类委员会每隔几年就修订出新的分类体系。第四届国际病毒分类委员会（1981）将所有昆虫病毒分属于 9 科或群中，即杆状病毒科（*Baculoviridae*）、虹彩病毒科（*Iridoviridae*）、痘病毒科（*Poxviridae*）、细小病毒科（*Parvoviridae*）、呼肠孤病毒科（*Reoviridae*）、弹状病毒科（*Rhabdoviridae*）、小 RNA 病毒科（*Picornaviridae*）、松天蚕蛾病毒群（*Nudaurelia β virus group*）、野田村病毒科（*Nodaviridae*）。第五届国际病毒分类委员会（1984）修订为 11 科 1 类群，即增列新分出的多分 DNA 病毒科（*Polydnaviridae*）、杯状病毒科（*Caliciviridae*）和双链 RNA 病毒科（*Birnaviridae*）。2005 年国际病毒分类委员会又发表了病毒分类第八次报告。本章对昆虫病毒的分类和命名，主要参考国际病毒分类委员会第四次和第八次报告。

各类群昆虫病毒及其主要特征见表 5-1。

表 5-1 各类群昆虫病毒及其主要特征

病毒种类	核酸	病毒粒子形态	囊膜	包含体	寄主
杆状病毒科 （*Baculoviridae*） 　核型多角体病毒属 （*Nucleopolyhedrovirus*） 　颗粒体病毒属 （*Granulovirus*）	dsDNA	杆状，40～60 nm×200～400 nm	有	多角体或颗粒体	鳞翅目、膜翅目、双翅目等
多分 DNA 病毒科 （*Polydnaviridae*） 　茧蜂病毒属 （*Bracovirus*） 　姬蜂病毒属 （*Ichnovirus*）	dsDNA	纺锤状、杆状，85 nm×330 nm	有	无	膜翅目寄生蜂
虹彩病毒科 （*Iridoviridae*） 　虹彩病毒属 （*Iridovirus*） 　绿虹彩病毒属 （*Chloriridovirus*）	dsDNA	二十面体，125～300 nm	无	无	鳞翅目、鞘翅目、双翅目、直翅目、半翅目、膜翅目
痘病毒科 （*Poxviridae*） 　昆虫痘病毒亚科 （*Entomopoxvirinae*） 　α 昆虫痘病毒属 （*Alphaentomopoxvirus*） 　β 昆虫痘病毒属 （*Betaentomopoxvirus*） 　γ 昆虫痘病毒属 （*Gammaentomopoxvirus*）	dsDNA	砖状，300～450 nm×170～260 nm	有	椭圆形、纺锤形包涵体	鳞翅目、鞘翅目、双翅目、直翅目
囊泡病毒科 （*Ascoviridae*） 　泡囊病毒属 （*Ascovirus*）	dsDNA	椭圆形、杆状，400 nm×130 nm	有	无	鳞翅目、寄生性膜翅目

（续）

病毒种类	核 酸	病毒粒子形态	囊膜	包含体	寄 主
细小病毒科（*Parvoviridae*） 　浓核症病毒亚科（*Densovirinae*） 　　浓核症病毒属（*Densovirus*） 　　艾特拉病毒属（*Iteravirus*） 　　短浓核症病毒属（*Brevidensovirus*） 　　烟色大蠊浓核症病毒属（*Pefudensovirus*）	ssDNA	二十面体，18～ 26 nm	无	无	鳞翅目、膜翅目、 鞘翅目、双翅目
呼肠孤病毒科（*Reoviridae*） 　昆虫非包裹呼肠孤病毒属（*Idnoreovirus*） 　质型多角体病毒属（*Cypovirus*）	dsRNA	二十面体，60～ 80 nm	无	多角体	鳞翅目、膜翅目、 双翅目、鞘翅目、脉 翅目
双 RNA 病毒科（*Birnaviridae*） 　昆虫双 RNA 病毒属（*Entomobirnavirus*）	dsRNA	—	无	无	双翅目
弹状病毒科（*Rhabdoviridae*） 　水泡性病毒属（*Vesiculovirus*） 　短暂热病毒属（*Ephemerovirus*）	ssRNA	弹状，130～380 nm× 50～95 nm	有	无	双翅目
双顺反子病毒科（*Dicistroviridae*） 　蟋蟀麻痹病毒属（*Cripavirus*）	ssRNA	二十面体，20～ 30 nm	无	无	直翅目等
T 四病毒科（*Tetraviridae*） 　βT 四病毒属（*Betatetravirus*） 　ωT 四病毒属（*Omegatetravirus*）	ssRNA	二十面体，35 nm	无	无	鳞翅目
野田村病毒科（*Nodaviridae*） 　α 野田村病毒属（*Alphanodavirus*）	ssRNA	二十面体，29 nm	无	无	双翅目
慢性蜜蜂麻痹卫星病毒亚组 （*Chronic bee - paralysis satellite virus*）	ssRNA	二十面体，17 nm	无	无	膜翅目

注：ds 代表双链，ss 代表单链。

二、昆虫病毒的一般构造

与其他病毒一样，昆虫病毒是一类非细胞生物体，故单个病毒个体不能称为单细胞，而是称为病毒体或病毒粒子（virion）。病毒粒子由核酸和蛋白质外壳两部分构成，中心称为髓核（core），成分为核酸；外层是衣壳（capsid），成分是蛋白质，衣壳由许多规则排列的壳粒（capsomere）所组成。核心和衣壳合称核衣壳（nucleocapsid）。昆虫杆状病毒粒子结构和核衣壳及其编码基因的示意图分别见图 5-1 和图 5-2。不同病毒壳粒数和排列不同，形成不同对称型。每一壳粒由一个或数个多肽组成，每一多肽链是一个化学亚单位。有些昆虫病毒粒子是裸露的核衣壳，有些病毒粒子的外面还覆盖一层由蛋白质和脂肪所构成的囊膜（envelope），囊膜的有无及其性质与该病毒的宿主专一性和侵入等功能有关。病毒粒子有的为杆状，有的近于球形。

不少昆虫病毒粒子被包封在由蛋白质晶体构成的包含体（inclusion body）内，称为包含体病毒，病毒粒子没有包含体包封的病毒类型称为无包含体病毒。包含体可以是多角体、颗粒或荚膜和小球状，位于昆虫血淋巴、脂肪组织、肠、真皮、肌肉、气管以及其他组织细胞的核或细胞质里。包含体的大小以微米计，可以在光学显微镜下进行观察，但病毒粒子必须用电子显微镜才能观察到。有些病毒包含体的外面还被有一层膜（多角体膜）。具包含体的病毒对外界不良环境的抵抗力较强。包含体病毒包括核型多角体病毒（NPV）、颗粒体病毒（GV）、质型多角体病毒（CPV）和昆虫痘病毒（EPV）4 种类型，前 3 种类型的病毒所引起的昆虫疾病占已知昆虫病毒病的一半以上。

病毒的核酸是带有遗传密码的病毒基因组。病毒依据所含核酸种类可分为 DNA 病毒和 RNA 病毒。动物（包括昆虫）病毒既有 RNA 病毒也有 DNA 病毒；植物病毒大多为 RNA 病毒；噬菌体大多为 DNA 病毒。DNA 或 RNA 可以是线状的或环状的，可以是单链或双链的。RNA 病毒以单链的居多，DNA 病毒以双链的居多。

病毒核酸的功能是携带遗传信息，决定病毒

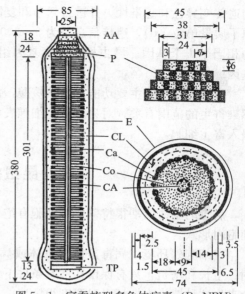

图 5-1 家蚕核型多角体病毒（BmNPV）粒子结构模式图

AA. 吸着装置 CA. 中心轴 Ca. 衣壳 CL. 填充层
Co. 髓核 E. 囊膜 P. 突起 TP. 底板
（引自庞义仿小林正彦，1994）

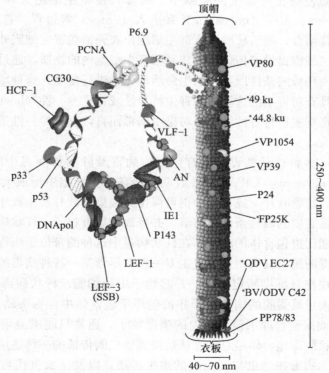

图 5-2 昆虫杆状病毒核衣壳及其编码基因示意图

的遗传变异性和感染性，并进行繁殖和复制。病毒核酸的分子质量很大，可达数百万到数亿原子质量单位（u），遗传信息量为 3～300 千碱基对（kb）。DNA 分子每 1 000 碱基对（bp）约相当于 1 个基因。昆虫杆状病毒基因组的遗传信息量为 88～153 kb，含有数十到百余个基因。

病毒蛋白质的主要功能是保护核酸，并决定病毒的抗原性。病毒体表面的蛋白质与病毒感染寄主的范围有关，对易感寄主细胞表面存在的相应受体具有特殊的亲和力，可协助核酸侵入寄主细胞。

三、昆虫病毒的侵染活动

病毒的生命活动很特殊，对细胞有绝对的依存性，它的存在形式有两种：细胞外形式和细胞内形式。

在细胞外环境，病毒是以病毒体或病毒颗粒形式存在，不表现任何生命活动，没有代谢、生长和增殖，只有保留在适宜条件下才具有侵染寄主的潜在能力，但在不适宜的环境下会丧失这种感染力。病毒对温度很敏感，在 55～60 ℃，几分钟内就变性，但在 −70 ℃可以保存几个月甚至数年都不会变性。一些射线（如 X 射线、γ 射线和紫外线照射）能使病毒变性失活。此外有囊膜的病毒容易被脂肪溶剂破坏，被病毒污染的器皿和空气可用甲醛、酚类等消毒剂来消毒。

病毒的生命活动表现在与寄主的关系中。病毒入侵寄主细胞大体包括附着（attachment）、融合（fusion）、去壳（uncoating）和进入（entry）等过程。首先病毒粒子与寄主细胞的特定受体部位结合，随后核酸进入寄主细胞，衣壳留在寄主细胞外。病毒核酸进入寄主细胞后，即向寄主细胞提供遗传信息，并利用寄主细胞内的物质，通过合成作用复制病毒粒子。病毒借细胞内环境的条件以独特的生命活动体系进行复制，这种增殖方式和细胞生物不同。此外病毒都具有对寄主的选择性即寄主特异性或寄主专一性（host specificity），一种病毒往往限于与特定寄主进行专性结合。对昆虫病毒而言，这种专一性是相对的，只是寄主的范围宽或窄而已。

在昆虫病毒中，多种杆状病毒、所有昆虫痘病毒及呼肠孤病毒中的质型多角体病毒（cytoplasmic polyhedrovirus，CPV）侵染后期均能在感染细胞中形成大量包含体，这些包含体在腐烂虫体内、植物叶片上或土壤中仍可保留其侵染力数月甚至数年。一旦为健康幼虫食入，包含体在中肠腔内的碱性条件下溶解，并释放出病毒粒子。杆状病毒和昆虫痘病毒中的一种碱性蛋白酶能促进包含体的溶解，在杆状病毒中这种酶常位于病毒粒子表面。与其他病毒一样，昆虫病毒的感染具有明显的寄主专一性，尽管某一特种病毒的包含体能在很多昆虫肠道中溶解，但往往只感染特定寄主，并起始于中肠细胞。杆状病毒包含体经口服侵入后，幼虫体内产生大量具囊膜的病毒粒子并被包埋于包含体中，每头幼虫能产生 $1 \times 10^9 \sim 4 \times 10^9$ 个包含体；而未经包埋于包含体内的病毒粒子，通常只能感染培养细胞或通过注射感染寄主昆虫。杆状病毒包含体是对病毒从幼虫到幼虫间传播的一种适应，在流行中大量释放于环境，这有利于病毒在幼虫与幼虫间的水平传播，以及昆虫世代与世代之间的垂直传播。昆虫痘病毒、质型多角体病毒也与之类似。

多种鳞翅目昆虫以及部分膜翅目、双翅目和鞘翅目昆虫均能被病毒感染而致病，也有少数半翅目、脉翅目、直翅目、毛翅目、等翅目和螨类也能感染病毒病。感染虫态多为幼虫和蛹，成虫可带病毒，但一般并不致死。

杆状病毒（Baculovirus）是一类在自然界中仅感染节肢动物的病毒。杆状病毒具有共同的特征：它的基因组为双链环状 DNA 分子，DNA 以超螺旋形式压缩包装在杆状核衣壳内，这种杆状粒子称为核衣壳。核衣壳外被脂类囊膜，被有囊膜的核衣壳即为病毒粒子，病毒粒子封闭在由蛋白质形成的包涵体晶体中。

四、昆虫杆状病毒

杆状病毒隶属于杆状病毒科，杆状病毒科包括两个属：核型多角体病毒属（Nucleopolyhedrovirus NPV）和颗粒体病毒属（Granulovirus GV）。核型多角体病毒的特征是病毒形成大的多面形包含体（0.5～15 μm），又叫多角体（polyhedron），多角体可包埋多达成百个病毒粒子。颗粒体病毒的特征是形成小的卵圆形包含体（0.16×0.3 μm～0.3×0.5 μm），称为颗粒体，1 个颗粒体只包埋 1 个病毒粒子。被包含体包埋的病毒称为包埋型病毒（occlusion derived virus，ODV）。杆状病毒包含体结构示意图见图 5-3。

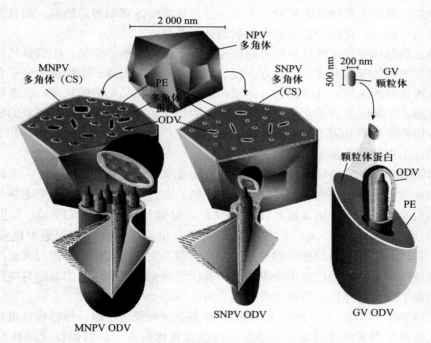

图 5-3　杆状病毒几种包含体的形态示意图
（引自 Slack 等，2007）

杆状病毒科是昆虫病毒中最大的科，它的寄主主要为鳞翅目昆虫，也有少数膜翅目和双翅目昆虫，目前已从 600 余种昆虫体内分离出杆状病毒。杆状病毒的寄主专一性很强，多数只侵染一种或同属昆虫中的数种，少数核型多角体病毒有较多寄主，如多核衣壳的苜蓿丫纹夜蛾核型多角体病毒（Autographa californica multicapsid NPV，AcMNPV）寄主达 30 种以上。

杆状病毒除了作为控制害虫的重要生物因子以外，从 20 世纪 80 年代开始，随着分子生物学技术的迅猛发展，杆状病毒-昆虫细胞已被发展为一种高效表达外源基因的真核表达系统，通过以重组杆状病毒为载体，可在昆虫或昆虫培养细胞中表达各种珍贵农用和医用蛋白。

五、昆虫病毒学发展历史

1947 年 Bergold 关于家蚕核型多角体病毒（NPV）的研究把昆虫病毒从病理学范畴推进到病毒学范畴，在昆虫病毒学的发展史上树立了一块重要的里程碑。从此生物物理学、生物化学、血清学、电子显微镜技术、超速离心技术等现代研究方法和手段广泛应用于昆虫病毒的研究，大大促进了昆虫病原性病毒的分离鉴定工作，新的昆虫病毒种类不断增加，昆虫病毒超微结构、形态发生、理化性状、分子遗传行为等逐步阐明。

1950 年昆虫病毒体外培养受到重视，我国高尚荫教授 1957 年首次应用单层细胞培养在体外对家蚕核型多角体病毒的细胞病理学变化进行了详细研究，积累昆虫细胞培养传代的经验。澳大利亚 Grace(1962) 首次创立了桉蚕（*Antheraea eucalypti*）卵巢细胞系，这与随后发展起来的核型多角体病毒空斑测定方法，共同推动昆虫病毒细胞培养并取得重大突破，对昆虫病毒学的发展产生了深远的影响，不仅为昆虫病毒学的基础理论研究，而且为昆虫病毒基因工程及大规模工厂化生产昆虫病毒制剂创造了条件。

应用昆虫细胞培养技术使昆虫病毒的研究获得了重大进展，包括：①病毒的分离和定量分析；②病毒的遗传及其变异；③病毒入侵、增殖和释放的机理；④病毒大分子合成的生化细节及其装配成熟的机理；⑤病毒包含体蛋白的起源及其结晶形成的机理；⑥潜伏型病毒的存在及其本质；⑦细胞及分子水平上病毒与宿主的相互关系；⑧病毒干扰现象的实质及其应用；⑨病毒体外重组及基因工程；⑩重组昆虫病毒生产基因工程蛋白及药物；⑪工厂化生产基因工程病毒杀虫剂用于害虫的生物防治。

1965 年英国 Kenneth M. Smith 所著《昆虫病毒学》（Insect Virology）一书的出版，标志着昆虫病毒学作为一门独立的学科已经基本成熟。在此前后，昆虫病毒形态学与病理学研究已达到相当高的水平。应用方面，1972 年联合国粮食与农业组织（FAO）与世界卫生组织（WHO）联合召开会议，专门讨论了病毒防治害虫问题，进一步促进了昆虫病毒的研究。美国、日本及前苏联等国相继都有一批商品病毒杀虫剂正式注册，进行大田应用。此外中国和日本两个主要蚕丝生产国不少机构与学者围绕家蚕病毒病防治的基础与应用研究，对世界昆虫病毒学的发展作出了特殊的贡献。

至 2010 年底，我国已有 9 种昆虫病毒共 40 多个制剂登记注册，包括棉铃虫核型多角体病毒、斜纹夜蛾核型多角体病毒、甜菜夜蛾核型多角体病毒、苜蓿银纹夜蛾核型多角体病毒、茶尺蠖核型多角体病毒、小菜粉蝶（菜青虫）颗粒体病毒、小菜蛾颗粒体病毒、松毛虫质型多角体病毒和蟑螂病毒等。随着分子生物学与基因工程的长足进步，1970 年代后期开始，昆虫病毒学在分子水平上的研究不断取得进展。1981 年日本前田进博士首次应用重组家蚕核型多角体病毒（BmNPV）在蚕体内高效表达了人 α 干扰素，继而 1983 年美国 Taxas A & M 大学 Max D. Summers 研究组报道重组杆状病毒体外表达外源基因成功。杆状病毒载体表达系统（baculovirus expression vector system，BEVS）是一个超高效的真核表达系统，已成为当代基因工程四大表达系统之一。昆虫病毒重组 DNA 技术的进步，不仅为充分利用昆虫资源生产重组蛋白以及开发工程病毒杀虫剂提供了基础，而且更重要的是促进了昆虫病毒分子生物学的发展。到目前为止，杆状病毒分子生物学研究仍是昆虫病毒学发展的主流。

六、昆虫病毒应用的优缺点

1. 昆虫病毒应用的优点 昆虫病毒作为农林害虫和卫生害虫的控制手段，具有独特的优点。昆虫病毒宿主特异性高，对害虫的天敌无害，对人畜安全，不污染环境，特别是杆状病毒对河虾、牡蛎、蚌、蟹没有致病性，对两栖类、鱼类、鸟类及哺乳动物亦无毒性、致病性或异常变态反应。昆虫病毒使用后作用时间长，不仅害虫本身就是病毒生产的"小工厂"，而且病毒还可经卵传染，杀灭次代害虫，这是化学农药所无法相比的。应用昆虫病毒杀虫剂防治害虫的另一优点，就是不同的防治手段可与昆虫病毒协调使用，拓宽了其在害虫综合治理中的应用范围。迄今为止，尚未检测出昆虫病毒在使用中出现严重的抗性问题，这是昆虫病毒与其宿主昆虫长期共进化的结果，能够很好地适应和回避昆虫的防卫机制。昆虫病毒制剂生产工艺不复杂，使用方便，成本低廉，适于推广，在生物农药生产方面越来越受到重视。

2. 昆虫病毒应用的缺点 昆虫病毒应用的最大缺点是杀虫谱窄和杀虫速度慢。因昆虫病毒杀灭昆虫的方式是经口进入虫体后，在敏感细胞内大量复制子代病毒，破坏虫体细胞和虫体的正常代谢功能，使昆虫致病死亡。从虫体致病到死亡是一个病理过程，一般需要数天，尽管害虫一旦感染后一般都会滞食或停止摄食直至死亡，但相对化学农药立竿见影的效果来说，它的作用时间较慢。此外由于昆虫病毒对寄主昆虫的专一性高，相对化学农药来说，它的杀虫谱比较狭窄。由于这些缺点，使昆虫病毒杀虫剂在推广应用中受到一定限制，尤其在短期作物上的应用。随着分子生物学和基因工程技术的发展，科学家们正在利用基因工程手段对病毒杀虫剂的不足进行改良，已取得一定的进展。随着基因工程技术的进一步发展，将会有越来越多的基因工程病毒杀虫剂用于防治害虫。可以预料，病毒生物防治将有着更为光辉的前景。

七、昆虫病毒杀虫剂应用现状

早在 20 世纪 30 年代，就有利用昆虫病毒防治害虫的成功实例。欧洲云杉叶蜂（*Diprion hercyrniae*）传入加拿大东部和美国东北部，曾猖獗一时，对云杉林木造成巨大威胁。当时一种核型多角体病毒随着寄生蜂偶然从欧洲引入加拿大，这种病毒便迅速传播，并形成流行病，有效地控制了云杉叶蜂的危害。到了 20 世纪 50 年代，昆虫病毒已作为一种微生物杀虫剂进行了大量的田间试验。70 年代初，联合国粮食与农业组织（FAO）和世界卫生组织（WHO）就推荐昆虫杆状病毒（*Baculovirus*）用于农作物害虫防治。

昆虫病毒较早应用于森林害虫膜翅目叶蜂类的防治，如欧洲云杉叶蜂、欧洲松叶蜂和斯氏松叶蜂等，可获得较为持久的防治效果。在鳞翅目森林害虫中，用 $10^9 \sim 10^{10}$ PIB/mL（PIB 为多角体数）浓度的核型多角体病毒液剂防治舞毒蛾，获得良好效果。利用核型多角体病毒防治天幕毛虫、松毒蛾、松带蛾和赤松毛虫等也有许多成功的报道。一般认为，森林的生态系统比较稳定，利用病毒防治害虫容易获得成功。

对于防治农作物上的害虫，已有50余种昆虫病毒进行过大田防治试验。其中研究较多应用较广的是美洲棉铃虫核型多角体病毒，每公顷用感染病毒的老龄死虫300～450头兑水喷雾，在棉花生长期发生害虫时每隔4～5 d喷1次，共喷9次，可有效控制棉铃虫，棉花产量比对照区显著增产。此外应用10^{10}～10^{12} PIB/hm^{2}防治粉纹夜蛾，效果与化学农药近似。

在大田害虫防治策略中，任何一种单一的防治措施都有它的局限性，利用昆虫病毒防治害虫也不例外。由于病毒感染的潜伏期较长，一般从感染到致死需4～8 d或更长时间；又由于病毒对寄主的专一性较强，杀虫谱较窄，对短期作物上的害虫或者几种害虫同时发生时应用，防治效果往往不理想。因此在害虫综合治理（IPM）中，病毒防治应与其他杀虫微生物制剂、植物源杀虫剂、天敌昆虫、高效低毒化学杀虫剂以及其他防治措施交叉协调应用，才能达到更有效地控制害虫的目的。

美国是最早将杆状病毒杀虫剂商品化的国家。1973年，美国环境保护局（EPA）批准美洲棉铃虫核型多角体病毒制剂作为商品注册登记并大面积推广使用，这是世界上第一个正式注册的病毒杀虫剂，商品名为Elcar。1978年一家公司生产的棉铃虫核型多角体病毒Elcar可供防治1.2×10^6～1.6×10^6 hm^2，在棉花上使用约8×10^5 hm^2。棉铃虫的核型多角体病毒制剂对棉花、玉米、高粱、烟草和番茄等作物上的美洲棉铃虫以及烟草夜蛾等害虫的防治效果一般相当于常用化学农药。随后陆续有一些杆状病毒杀虫剂在美国和其他一些国家登记并用于防治农林害虫。在美国和加拿大，已注册的商品化杆状病毒杀虫剂有多种，包括美洲棉铃虫核型多角体病毒（Elcar、Gemstar）、苜蓿丫纹夜蛾核型多角体病毒（Gusano TM）、甜菜夜蛾核型多角体病毒（Spod-X）、松黄叶蜂核型多角体病毒（Virox）、黄杉毒蛾核型多角体病毒（Vixtuss TM）、舞毒蛾核型多角体病毒（Gypcheck）、芹菜夜蛾核型多角体病毒（商品名待定）以及苹果小蠹蛾颗粒体病毒（Cyd-XTM）。在西欧至少有4种杆状病毒的商品制剂。在东欧有11种制剂，其中有7种注册。利用杆状病毒进行农作物害虫生物防治最为成功的例子在巴西，利用黎豆夜蛾核型多角体病毒（*Anticarsia gemmatalis* NPV，AgNPV）制剂Multigen防治大豆害虫黎豆夜蛾，每公顷使用病毒制剂20 g（含有约相当于50头病死幼虫所产的多角体），从20世纪80年代至2005年，应用面积已达2×10^6 hm^2，是目前世界范围内利用一种昆虫病原体防治单一种农作物害虫面积最大的。据报道，巴西使用该病毒防治大豆害虫，每年可节省费用1 100万美元，同时还免去了1.7×10^7 t化学农药的使用，为巴西带来了巨大的经济效益、生态效益和社会效益。

我国利用病毒防治害虫的研究始于20世纪70年代。1973年在华东地区发现桑毛虫的核型多角体病毒后，曾在江苏省进行田间防治试验，用1.5×10^4 PIB/mL浓度的悬液喷雾，第5天感病幼虫开始发病死亡，10 d内死亡半数以上，15 d后又出现残存活虫死亡的高峰，甚至经7个月后至次年春季越冬幼虫仍有感病死亡的，表现出自然流行和持续有效的作用。1973—1974年湖北荆州筛选出一批棉铃虫的核型多角体病毒，1975年大田内防治第2代棉铃虫效果较好。防治第4代棉铃虫的效果也基本相同。病毒对棉田害虫的天敌（如草蛉、瓢虫和蜘蛛等）未见有任何影响。应用核型多角体病毒防治蔬菜、棉花和豆类上的斜纹夜蛾也有很好的效果。刘复生等（1991）报道，从1987年开始，在武汉市郊、广东从化、湖南长沙、广西梧州等地应用斜纹夜蛾核型多角体病毒杀虫剂防治豇豆、甘蓝、芋头、大白菜、花椰菜、花生和莲藕等 7 种作物上的斜纹夜蛾，不管小区、大区还是大面积应用，单用 9×10^{11} PIB/hm^2、4.5×10^{11} PIB/hm^2 和 1.5×10^{11} PIB/hm^2，$7 \sim 9$ d 平均防治效果分别为 89.4％、75％和 50％。

我国第一个商品化的病毒杀虫剂是中国科学院武汉病毒研究所 1993 年正式登记的棉铃虫核型多角体病毒，该杀虫剂问世后，在 11 个生产厂家进行生产，每年产量达 $300 \sim 500$ t，累计已生产 2 000 t 以上，应用面积达 2 000 万亩次（约合 133 万公顷次），防治效果达 85％～92％，是世界上病毒杀虫剂应用的成功范例，创造了良好的生态效益和经济效益。到 20 世纪末，我国先后有 20 多种昆虫病毒杀虫剂进入大田试验和生产示范。我国已登记注册的昆虫病毒杀虫剂包括棉铃虫核型多角体病毒、斜纹夜蛾核型多角体病毒、甜菜夜蛾核型多角体病毒、苜蓿银纹夜蛾核型多角体病毒、茶尺蠖核型多角体病毒、小菜蛾颗粒体病毒、菜粉蝶颗粒体病毒和松毛虫质型多角体病毒共 8 种。正式办理登记手续的生产厂家 33 家，临时办理登记手续的生产厂家 36 家，办理登记手续的剂型有可湿性粉剂、悬浮剂和水分散粒剂。中国科学院动物研究所与河南省济源白云实业有限公司合作生产的"科云"牌棉铃虫核型多角体病毒、甜菜夜蛾核型多角体病毒、斜纹夜蛾核型多角体病毒和小菜蛾颗粒体病毒等系列病毒杀虫剂在我国的新疆及上海等南方各地累计推广应用面积达 400 万亩次（约合 27 万公顷次），在绿色植保和无公害农产品生产中发挥了重要作用。

需要指出的是，对利用病毒对害虫防治效果的评价，不能像化学杀虫剂那样单看当代害虫的死亡率，而应该对其短期效果和长期效果做出正确的评估；利用病毒杀虫剂防治害虫的策略与方法，也应与应用化学杀虫剂有别。利用病毒防治害虫，除了短期防治作用外，通过多次使用甚至一次使用以后，都有可能使病毒长期存在于农林生态系统中，作为一类被引入的生态因子而起调节害虫种群密度的作用。此外由于昆虫病毒一般不伤害天敌，病毒防治区内的生物多样性得以保护，天敌的种类和数量都会比化学防治区丰富和稳定，这有利于对害虫种群的控制。

第二节　核型多角体病毒

核型多角体病毒（nucleopolyhedrovirus，NPV）是发现最早、研究和应用最为广泛的昆虫病毒。到 1986 年，国内外共发现核多角体病毒 464 株，其中中国 124 株，有 78 株为首次发现。欧美各国已批准作为生物杀虫剂注册的有美洲棉铃虫（*Helicoverpa zea*）核型多角体病毒、黄杉毒蛾（*Orgyia pseudotsugata*）核型多角体病毒、舞毒蛾（*Lymantria dispar*）核型多角体病毒、苜蓿丫纹夜蛾（*Autographa californica*）核型多角体病毒、粉纹夜蛾（*Trichoplusi ni*）核型多角体病毒、松锯角叶蜂（*Neodiprion sertifer*）核型多角体病毒、甘蓝夜蛾（*Mamestra brassicae*）核型多角体病毒、柳毒蛾（*Stilpnotia salicis*）核型多角体病毒和甜菜夜蛾（*Spodoptera exigua*）核型多角体病毒等。在我国，棉铃虫（*Helicoverpa armigera*）核型多角体病毒、斜纹夜蛾（*Spodoptera litura*）核型多角体病毒、甜菜夜蛾核型多角体病毒、苜蓿丫纹夜蛾核型多角体病毒和茶尺蠖（*Ectropis oblique*）核型多角体病毒等多个病毒杀虫剂也已登记注册并进行大批量生产和应用。

一、核型多角体病毒的一般形态特征

（一）多角体的形态结构

核型多角体病毒具有较大的包含体，称为多角体（polyhedron），或多角形包含体（polyhedral inclusion body，PIB），是在感染细胞的核中产生的保护病毒粒子的一团蛋白质结晶。

核型多角体的直径为 0.5～15 μm，大多为 2～3 μm，其大小因虫种而异，但有些即使同种昆虫，甚至在同一寄主细胞内，多角体的形状和大小也有差别。核多角体的外观呈六角形、五角形、四角形或不规则形等，因虫种不同而异。如黏虫（*Mythimna separata*）的核型多角体多为六角形和五角形，僧尼舞毒蛾（*Lymantria monacha*）的为四角形，家蚕（*Bombyx mori*）的为十二面体，隐纹稻苞虫（*Pelopidas mathias*）的为不规则多面体等（图 5-4）。多角体形态可在普通光学显微镜下见到，易和细胞内常见的脂肪粒或其他颗粒区别，在相差显微镜下更清晰可辨。

多角体的表面具有膜，这层膜结构叫做多角体膜（PE）。多角体膜是由蛋白-碳水化合物形成的一个格状或网状结构，中间有许多孔洞。利用电子显微镜在超薄切片上可以看到多角体的周边有一层电子致密层，时间延长可以被碱液溶解。多角体经弱碱溶解后会留下一个囊状空膜（庞义和陈其津，1982）。

（二）病毒粒子的形态结构

核型多角体病毒的病毒粒子杆状，直径为 20～70 nm，长 200～400 nm。病毒粒子具双层膜：囊膜和衣壳。囊膜又常称为外膜或发育膜，呈典型脂质双层膜结构。衣壳又常称为内膜或紧束膜，主要成分是蛋白质。被衣壳紧束在内面的是髓核，髓核由双链 DNA 组成，DNA 以超螺旋环状分子存在。髓核和衣壳合成为核衣壳。囊膜包被一个或多个核衣壳，一个囊膜内有多个排列成束的衣壳的，常称为病毒束（virus bundle），每一病毒束中核衣壳数可多达数十个。根据囊膜包被核衣壳数目的多寡可将核型多角体病毒分为两个亚型：单粒包埋核型多角体病毒（single embedded NPV）或单核衣壳核型多角体病毒（single capsid NPV，SNPV）和多粒包埋核型多角体病毒（multiple embedded NPV）或多核衣壳核型多角体病毒（multicapsid NPV，MNPV）。单粒包埋核型多角体病毒每个病毒粒子在囊膜中仅含有一个核衣壳，代表种为家蚕单粒包埋核型多角体病毒（BmSNPV）。多粒包埋核型多角体病毒的病毒粒子在每个囊膜内有多个核衣壳组成病毒束，每个包含体内有多个病毒束，代表种为苜蓿丫纹夜蛾多粒包埋核型多角体病毒（AcMNPV）。获得囊膜的病毒粒子被随机地包埋在蛋白质构成的结晶状多角体内，每个多角体内的病毒粒子少则数个，多则近百个（图 5-4）。

核型多角体病毒的病毒粒子有两种表现型：芽生型病毒（budded virus，BV）和包埋型病毒（occlusion-derived virus，ODV）或多角体来源型病毒（polyhedra derived virus，PDV）。芽生型病毒和包埋型病毒的差别可归纳为：①形态和蛋白质组成差别，GP64 是芽生型病毒囊膜突起（peolomer）的主要成分，包埋型病毒囊膜无此蛋白；②芽生型病毒的囊膜中通常仅含一个核衣壳，偶含多个，而包埋型病毒的囊膜中通常含多个核衣壳（MNPV），有些也仅含 1 个核衣壳（SNPV）；②粒子囊膜来源不同，芽生型病毒的囊膜来源于

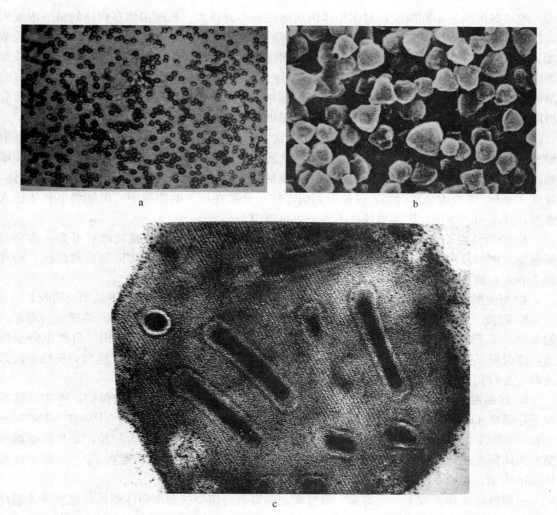

图 5-4　隐纹稻苞虫（*Pelopidas mathias*）核型多角体病毒的多角体

a. 光学显微镜照片（放大 1 200 倍）　b. 扫描电子显微镜照片（放大 8 000 倍）

c. 超薄切片透射电子显微镜照片（放大 140 000 倍）

（引自庞义和陈其津，1994）

细胞质膜，而包埋型病毒的囊膜来源于细胞核膜；③对细胞感染特性不同，包埋型病毒粒子对中肠上皮细胞高度感染，但在血腔中很少感染，芽生型病毒粒子在血腔中可感染各类组织细胞，对培养的受纳细胞高度感染，但经口服一般不侵染寄主昆虫的中肠上皮细胞。

二、核型多角体病毒的理化性状

1. 溶解性　核型多角体对于不同的化学药剂具有相当高的抵抗力，不溶于水及多种有机溶剂，如乙醇、乙醚、三氯甲烷、苯、丙酮等，不能为细菌或细胞蛋白酶所分解破坏，但在 pH 为 2.0～2.9 时可被胃蛋白酶消化其蛋白质，并破坏病毒粒子。多角体易溶于碳酸钠、氢氧化钠、硫酸和醋酸的水溶液中。但是，来源不同的多角体对酸或碱处理的抗性是不同的。酸或碱溶液的不同浓度，对多角体的溶解性能差异很大。盐酸溶解多角体的最适浓度为 $0.25\,mol/L$，当浓度高到 $1\sim6\,mol/L$ 时，多角体完全不溶解。碳酸钠溶解多角体的最适浓度为 $0.03\sim0.20\,mol/L$，浓度高至 $1\,mol/L$ 则完全不溶解。氢氧化钠对多角体溶解的最低浓度为 $0.01\,mol/L$，浓度更高也不影响溶解性。此外某些盐类和脲类物质对多角体蛋白的溶解具有促进作用。活体外可用 Na_2CO_3 的稀溶液（$0.008\sim0.05\,mol/L$）溶解多角体而获得游离的侵染性病毒粒子，但病毒粒子在稀碱中时间过长将失活。

2. 在昆虫中肠中的溶解性　多角体如被食入昆虫体内，能在中肠碱性环境的作用下溶解并释放出病毒粒子。多角体在昆虫幼虫消化液中的溶解性，不受寄主范围的限制，对非敏感昆虫也是如此。从粉纹夜蛾 5 龄幼虫中收集的消化液，用来溶解苜蓿丫纹夜蛾核多角体，处理 3 min，多角体全部溶解，仅能看到病毒粒子分散在均一的物质中。但如将多角体注入血腔，并不引起感染，因多角体并不溶于血淋巴中。

3. 染色特性　完整的多角体不易为一般染料所着色，但经酸或碱处理后可为一些染料所强染。例如涂片经 1% 氢氧化钠处理 1 min，多角体则易为伊红水溶液染成鲜红色；涂片经 $1\,mol/L$ 的盐酸处理后，多角体也很容易为溴酚蓝染成深蓝色。

4. 折光特性　多角体有较强的折光性，在相差显微镜或普通显微镜下均明亮可辨。

5. 密度　核多角体的密度大于水，如家蚕的多角体相对密度为 1.268。将感染病毒死亡的虫尸悬浮于盛水的瓶中，静置一段时间，多角体便从腐烂的虫尸中释出，自然沉降至瓶底，这时可见瓶底有一层白色沉淀物，就是多角体。多角体可在水中用低速离心机经多次差速离心进行初步分离，或经蔗糖密度梯度离心作进一步纯化。

6. 对高温和低温的耐受力　核型多角体病毒粒子由于外有包含体的保护，可在自然条件下存活多年仍不失效。该类型病毒对低温有较高的忍受力。如家蚕的 NPV 在 $-135\,℃\sim-150\,℃$ 条件下反复冻结融解 5 次，其感染力不变。但对高温的抵抗力较差，如粉纹夜蛾核型多角体病毒在 $82\sim88\,℃$ 下处理 10 min 失活，棉铃虫核型多角体病毒在 $75\sim80\,℃$ 下处理 10 min 失活，黏虫核型多角体病毒在 $100\,℃$ 下处理 10 min 失活。

一般抗菌素如青霉素、土霉素、金霉素、链霉素对感染核型多角体病毒的昆虫并无治疗作用。

7. 主要成分　核型多角体的主要成分为蛋白质。蛋白质由天冬氨酸、谷氨酸、组氨酸、赖氨酸、精氨酸、甘氨酸、丙氨酸、缬氨酸、亮氨酸、异亮氨酸、脯氨酸、苯丙氨酸、酪氨酸、丝氨酸、苏氨酸、胱氨酸及（或）半胱氨酸、蛋氨酸、色氨酸所组成。不同种的多角体所含氨基酸组分基本一致，仅数量上略有差异。

8. 多角体蛋白及其作用　核型多角体超薄切片经电子显微镜高度放大观察，蛋白质晶格呈点粒和线状排列（图 5-4）。多角体的晶体基质含有一个分子质量为 29 ku 的病毒编码蛋白，此种蛋白称为多角体蛋白（polyhedrin），约占多角体全重的 95%，在被感染的虫体中约占被碱解蛋白总量的 18%。其主要功能是形成高度抗溶解的保护性晶体，使病毒粒子具有较强的抗逆能力，能承受外界的恶劣环境，包括物理因素、化学因素和机械因素。因多角体蛋白具有超量表达水平，在重组杆状病毒表达载体中，外源基因常被克隆至多角体蛋白位点进行表达。

9. 与多角体形成有关的其他蛋白　除多角体蛋白是包含体的主要组成外，尚有其他几种蛋白与多角体形成相关。多角体膜蛋白（polyhedral envelope protein，PEP）或 PP34 是多角体膜的主要蛋白，分子质量为 34 ku。P10 也是与病毒包含体有关的超表达蛋白，P10 对包含体形成的作用不甚明确，但有证据表明它与多角体有关，并在多角体膜形成过程中具有重要的作用。含有突变的或缺失 P10 基因的重组杆状病毒能产生多角体，但这些多角体缺乏多角体膜，而且不稳定易折裂。在一些 P10 突变的病毒中，在寄主细胞核内有多角体膜形成，但不能有效地转运并附着于多角体，从而认为 P10 有转运多角体膜和将其附着于多角体的作用。被此突变的病毒感染的细胞最终并不裂解。

核型多角体病毒病毒粒子主要含 DNA、蛋白质、脂质和碳水化合物，同时也含有铁、镁等微量元素。核型多角体病毒的 DNA 为单一分子环状超螺旋的双链 DNA，分子较大，为 80～180 kb。在核衣壳中病毒 DNA 与一个碱性组蛋白状的 DNA 结合蛋白相结合。核型多角体病毒衣壳在核中装配，其主要蛋白为 P39 蛋白。

三、核型多角体病毒对昆虫的侵染

鳞翅目幼虫被核型多角体病毒感染后，初期无明显异常变化，渐而行动迟缓食欲减退，体色变淡或呈油光。血淋巴由正常的清液渐变为乳白色液。病虫常爬向寄主植物高处，死前虫体变软，体内组织液化，往往以尾足紧附枝叶倒挂而死。液化体液下坠，使躯体前部膨大，皮肤则脆弱易裂，破后流出乳白色或褐色的浓稠液体，内含大量新形成的核型多角体，如未被腐生细菌侵入则并无特殊臭味。

有时幼虫感染的病毒量不足以使其在幼虫期致死，这些幼虫仅在末龄时出现血淋巴稍变乳白的感染病征，染病幼虫可在蛹期死亡。

核型多角体病毒主要通过口服感染，其侵染循环大致如下：因病致死虫体内的病毒多角体释放于寄主环境→多角体被易感虫种食入→多角体的蛋白质晶体结构在虫体中肠碱性条件下被破坏溶解，释放出来自多角体的病毒粒子（PDV）→病毒粒子与中肠上皮细胞膜的微绒毛融合，侵入细胞膜形成初级侵染→核衣壳进入细胞质→核衣壳与核孔相互作用，进入细胞核→病毒 DNA 脱去衣壳（uncoating）（约在侵染后 1 h），在细胞核内病毒基因表达和 DNA 复制，核内形成网状病毒发生基质，病毒发生基质内和周围出现后代核衣壳（可早在侵染后 8 h 见到），细胞核膨大→初复制的某些后代病毒核衣壳穿出核膜，从核膜获得囊膜，向细胞膜转运→在细胞质中又失去从核膜所获囊膜，继而从细胞膜获得出芽病毒特异囊膜（含病毒编码囊膜糖蛋白 GP64），穿过细胞膜而出芽（budding），形成芽生型病毒（BV），进入血腔→出芽病毒粒子能侵染虫体中各类细胞（如脂肪体、肌肉、气管间质、血细胞和上皮细胞等）形成次级侵染，出现次生循环复制，其他一些在虫体细胞核中初复制产生。后代核衣壳在中肠细胞核中获得囊膜，并为多角体蛋白随机包封形成多角体，成熟的多角体病毒外有一层多角体膜。典型的包含体形成见于侵染后 24 h，但有些核型多角体病毒在中肠中不出现粒子的包埋，如苜蓿丫纹夜蛾多粒包埋核型多角体病毒（AcMNPV）侵染的细胞核内，有些核衣壳可早在侵染后 12 h 获得囊膜，但这些病毒粒子很少被包埋，说明在中肠细胞中缺乏多角体并不是没有病毒粒子，随后虫体细胞瓦解，多角体释放于周围环境（图 5-5）。

病毒在虫体中复制程度因其种类而异。如粉纹夜蛾幼虫感染多粒包埋核型多角体病毒时，多角体在中肠上皮的复制较多，感染单粒包埋核型多角体病毒时则较少。斜纹夜蛾多粒包埋核型多角体病毒则可在感染幼虫的脂肪体、血细胞、气管和上皮组织中大量复制并形成

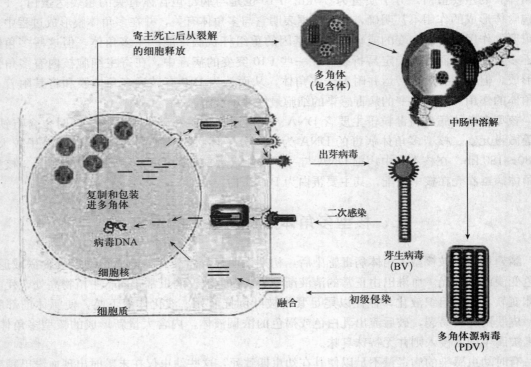

图 5-5 杆状病毒生活周期示意图

(引自 Ghosh 等，2002)

多角体，每头大龄幼虫可产多角体多达 50 亿。膜翅目昆虫的核型多角体病毒主要侵染中肠细胞，被感染的中肠细胞核中充满大量多角体，但很少在其他组织中复制。

被病毒感染的虫卵在幼虫孵化时因吞食卵壳而引起的感染率常很高。舞毒蛾刚孵化出的幼虫常因食入染有舞毒蛾核型多角体病毒（LdNPV）的卵壳而致死。病死的初孵幼虫又为后期幼虫提供接种源。在幼虫期因感染舞毒蛾核型多角体病毒引起的死亡率常出现两个高潮，一个在孵化后 1～2 周，另一个在末龄幼虫期。幼虫被感染后直至出现病征的这段潜伏期受多种因素的影响。如接种量少则潜伏期长。

幼虫龄期越后易感性一般就越小，潜伏期也延长，但也有相反的情况。温度显著影响潜伏期长短，如家蚕在正常室温下 5～7 d 就出现病征，16～17 ℃时 15 d 内不出现病征。温度的影响是通过对病毒复制速率以及寄主组织内侵染传播的影响所致。较高的相对湿度也能诱发某些昆虫发生病毒病。

在自然条件下，昆虫病毒病的发生常有突然暴发的现象，单纯用口服传播颇难解释清楚，有些试验证明可通过用病毒处理幼虫外的其他虫态而收效。用埃及棉夜蛾（Spodoptera littoralis）的核型多角体病毒处理卵块表面，孵化的幼虫有相当高的发病率，认为与初孵幼虫食入病毒有关；又以该病毒处理雌蛹，羽化成虫使与未处理雄蛾交配，其子代幼虫也出现一定程度的发病率。有人认为虫体内本有潜伏病毒（latent virus），一旦遇有一定的外因激发，便能诱导发病。如曾观察到舞毒蛾一个种群几乎所有个体都有潜伏核型多角体病毒。第二种病毒的介入往往也可能促发潜伏病毒病。在英国，Burden 等（2006）已证实田间甘蓝夜蛾（*Mamestra brassicae*）种群存在杆状病毒低水平持续感染（persistent infection）。翁庆北等（2009）则通过无稀释感染细胞的连续传代培养，获得稳定携带部分核型多角体病毒基因组的甜菜夜蛾细胞克隆，这种细胞对同源病毒感染具有一定的抗性。

杆状病毒虽然对寄主的专一性很高，但试验证明一种昆虫的杆状病毒能感染其他昆虫的事例也并不少见。例如家蚕核型多角体病毒能侵染柞蚕（*Antheraea pernyi*）等 11 种昆虫，苹果小蠹蛾（*Cydia pomonella*）核型多角体病毒能在大蜡螟上多次传代。欧洲云杉芽卷叶蛾（*Choristoaeura murinana*）核型多角体病毒能侵染云杉卷叶蛾（*Choristoneura fumigerana*）、苹果小蠹蛾（*Laspeyresia pomonella*）、李食心虫（*Cydia funebrana*）和欧洲松梢小卷蛾（*Rhyacionia buoliana*）等，而且能在苹果小蠹蛾细胞系 IZOCp‑0508 中复制，并且与活体复制的毒力相当。苜蓿丫纹核型多角体病毒（AcMNPV）和芹菜夜蛾（*Anagrapha falcifera*）核型多角体病毒（AfNPV）各有 30 种以上鳞翅目寄主。红棕灰夜蛾（*Sarcopolia illoba*）核型多角体病毒（SiNPV）能侵染银纹夜蛾、黄地老虎（*Agrotis segetum*）和黏虫等 12 种夜蛾科害虫。

一种昆虫也可合并感染两类不同的病毒，如黄地老虎、菜粉蝶、黏虫、粉纹夜蛾和云杉卷叶蛾等可合并感染核型多角体病毒和颗粒体病毒。一种昆虫合并感染的两种病毒间的相互作用是复杂的。有些有协同增效作用，如黏虫合并感染核型多角体病毒和颗粒体病毒时，颗粒体病毒能增强核型多角体病毒的感染，一种痘病毒的球形（spheroid）和纺锤形（spindle）包含体中含有增效因子（enhancing factor，EF），可增强黏虫核型多角体病毒对黏虫的侵染力，增效因子为 38 ku 的糖蛋白。有些合并感染则有干扰作用，如云杉卷叶蛾先感染的病毒妨碍后感染病毒的发展，两种颗粒体病毒同时处理美洲黏虫仅有一种感染，核型多角体病毒和质型多角体病毒也有相互干扰的现象。

四、核型多角体病毒的生产

（一）棉铃虫核型多角体病毒杀虫剂的生产

棉铃虫（*Heliothis armigera*）属鳞翅目夜蛾科昆虫，在我国各地均有发生，但以黄河长江流域棉区的发生量较大，危害严重，是常发区。其寄主植物主要有棉花、玉米、小麦、大豆、烟、番茄、苜蓿、芝麻、万寿菊、向日葵、蓖麻和南瓜等（中国科学院动物研究所，1986）。此虫抗药性强，是我国重要经济害虫之一。

中国科学院武汉病毒研究所、湖北省国营蒋湖农场（1980）研究出棉铃虫核型多角体病毒生产工艺流程如下。

1. 羽化产卵　产卵笼为长方体（50 cm×40 cm×50 cm），四周为金属结构，笼顶放透光黄纸，借助两边齿轮转动，底部可以活动，放置 5%～7% 红糖水补充成虫营养。每笼放 50～60 对，笼顶上方以弱光引诱雌蛾在纸上均匀产卵。平均每头雌蛾可产卵 700 多粒。产卵纸置 2% 甲醛液中消毒 10～15 min，用无菌水漂洗 3 次，晾干。按每片 3～5 粒裁剪卵纸，分装到盛有人工饲料的养虫瓶中，任其孵化取食。卵在 25～30 ℃一般 3 d 孵化。

2. 幼虫的饲养

（1）人工饲料配方　人工饲料按下述配比配制（%）：大豆粉 5.00、小麦粉 4.00、米糠 6.50、甘薯粉 1.00、琼脂 2.00、酵母粉 1.00、食母生 0.20、抗坏血酸 0.50、甲醛（36%）

0.14、对羟基苯甲酸乙酯 0.20、醋酸（6%）2.00、水 77.46。

（2）人工饲料配法

① 将大豆粉、麦粉、米糠加一半水拌匀，蒸 40 min。

② 将琼脂、甘薯粉、酵母粉、乳酶生、对羟基苯甲酸乙酯加另一半水拌匀，蒸 40 min。

③ 将以上二者与抗坏血酸、甲醛及醋酸混合拌匀，即成人工饲料。每个养虫瓶分装 2～3 g，在 30 ℃左右可保存半个月以上。

（3）饲料 棉铃虫幼虫 3 龄后有互相残杀的习性，因此必须单个分开饲养。

连续饲养棉铃虫 21 代后，进行连续 4 代的试验，平均孵化率为 82.6%，化蛹率为 82.5%、蛹重为 317.5 mg、羽化率为 94.02%，雌蛾产卵量为 783 粒。幼虫发育到 4 龄，选 5%～10%健壮幼虫留种，其余送感染室感染病毒。

3. 蛹的管理 老熟幼虫可让其在人工饲料中自行化蛹，也可取出在灭菌的沙土或木屑中化蛹。湿度一般以 20%～40%为宜，温度控制在 25～30 ℃，蛹历期一般是 10～15 d。温度低，蛹期长。

4. 核型多角体病毒的感染与增殖

（1）配制病毒感染液 多角体病毒感染液配方为（%）：蔗糖 3.0、抗坏血酸 0.6、山梨酸 0.4、氯霉素 500 U/mL、4×10^6 PIB/mL，加无菌水至 100 mL。

（2）感染与增殖 幼虫发育至 4 龄时，用滴管吸取病毒感染液，每瓶滴入 0.1～0.2 mL（约 3 滴）于人工饲料上，让其取食感染，感染剂量 8×10^5 PIB/瓶。增殖室控温范围在 25～30 ℃。6 d 后收集病死虫，病毒致死率为 80%～85%，单虫含量 4×10^9～6×10^9 PIB，核型多角体病毒增加 2 000～3 000 倍。收集的病死虫盛于塑料壶内保存于冰箱（4 ℃）或低温室。

5. 病毒的提取和干燥

（1）病死虫的处理 病毒致死虫体在 pH 中性水中浸泡 1 个月，多角体分散于水中，用两层纱布过滤，加水稀释至 2×10^8 PIB/mL。稀释液用 500～1 000 r/min 速度离心 10～15 min，重复两次，从上清液中去除大部分杂菌。或者让稀释液静置 4 h，多角体密度比水大，沉于底部，小心倒去上清液，重复 2～3 次，所得多角体中杂菌量很少。

（2）核型多角体病毒的浓缩 按上述处理获得的多角体病毒，加清洁井水稀释至 2×10^8 PIB/mL，然后加活性炭吸附沉降多角体病毒。活性炭以每克吸附 10 亿～30 亿多角体病毒的比例，加入稀释液中，充分搅拌 1 h，以 2 000 r/min 度离心 30 min，将病毒黏附的活性炭粉分离出来，这时，多角体被均匀吸附在活性炭上，吸附效果用吸附沉降率表示，其表达式为

$$吸附沉降率 = \left(1 - \frac{上清液浓度}{稀释液浓度}\right) \times 100\%$$

一般吸附沉降率在 99%以上，沉淀中核型多角体病毒的含量是标定产品含量的基本数据。沉淀物中的少量杂菌，再用磺胺嘧啶等加以抑制。

（3）核型多角体病毒活性炭沉淀物的干燥 离心得到的核型多角体病毒活性炭沉淀物含 65%左右水分。通过摊晾风干，含水量可控制在 30%以下。采用丙酮脱水效果更好：用 3 倍于沉淀物的丙酮，充分搅拌 15 min，以 1 400 r/min 的速度离心 20 min，再用电风扇吹干。第一次丙酮与核型多角体病毒-活性炭共同离心，脱水后沉淀物的水分含量为 34%～35%，

第二次沉淀物水分含量为 10％左右。干燥的病毒活性炭粉应装在密封的塑料袋内备用，以防吸潮（病毒活性炭吸潮率为 23％）。

6. 病毒杀虫剂的配制　取干燥后每克含 30 亿多角体的原粉与黄连素、诱饵和增效剂混合均匀，配成每克含 5 亿多角体的可湿性病毒粉剂。

棉铃虫核型多角体病毒杀虫剂于 1991 年被列入国家"八·五"科技攻关项目进行研究。中国科学院武汉病毒研究所分别在山东聊城、河南禹州和焦作以及湖北仙桃等市建成了 4 座棉铃虫病毒杀虫剂生物农药厂。这些农药厂均采用机械化生产，大部分产品都是经喷雾干燥法制成可湿性粉剂。1991—1993 年累计生产病毒杀虫剂近 100 t，1994 年仅禹州市生物农药厂就生产棉铃虫病毒杀虫剂 230 t，销售 210 t，实现年产值 672 万元。该病毒杀虫剂于 1993 年 12 月 15 日批准登记注册。

（二）斜纹夜蛾核型多角体病毒杀虫剂的生产

斜纹夜蛾（*Spodoptera litura*）又名莲纹夜蛾，属鳞翅目夜蛾科。此虫分布很广，遍及全国，危害植物达 99 科 290 种以上，在大田作物中，主要危害棉花、大豆、花生、芝麻、烟草、甘薯、甜菜、玉米、高粱和水稻等；在蔬菜作物中，主要危害甘蓝和白菜等十字花科蔬菜以及水生蔬菜，也危害芋头、蕹菜、苋菜、马铃薯、番茄、辣椒、瓜类和豆类等；甚至柑橘、桑和榆等亦受其害。

中山大学昆虫学研究所对斜纹夜蛾核型多角体病毒（*Spodoptera litura nucleopolyhedrovirus*，SlNPV）进行了小试、中试及工厂化生产的研究，其生产工艺流程如下。

1. 健虫饲养

（1）人工半合成饲料配制　按以下配比配制人工半合成饲料：黄豆粉 100 g、麸皮 100 g、酵母粉 40 g、琼脂 12 g、L-抗坏血酸 4 g、山梨酸 1.6 g、泥泊金 1.6 g、水 1 000 mL。

配制时，先用一半水调匀黄豆粉、酵母粉和麸皮，另一半水煮融琼脂，两者混合后经 0.67 MPa(15 lb/cm²) 蒸气灭菌 30 min。待压力表降至零时取出饲料，加入山梨酸和尼泊金，边加边搅拌均匀。当饲料中的温度降至 50 ℃左右时，再加入 L-抗坏血酸。充分搅拌均匀，冷却后置 4 ℃冰箱备用。如要做平面饲料，则趁热倒入直径 13 cm、高 3.5 cm 的圆形塑料盒中，厚度为 3～4 mm。

（2）卵管理　在幼虫孵化前一天，用 5％（V/V）甲醛溶液将卵块浸泡 20～30 min，无菌水漂洗 3 次后，置灭菌纸上晾干，移入盛有人工半合成饲料的圆形塑料盒盖子的中央，每盒接卵 2～3 块。置 25 ℃孵育，保持相对湿度在 75％左右，每天光照 12 h。

（3）幼虫管理　根据幼虫的生活习性和饲养密度的要求，把幼虫分为两阶段进行饲养管理。

① 第一阶段：将约 500 粒已消毒的卵接入盛有饲料的盒中央，等孵化完毕后，将盒子倒置饲养。幼虫从 1 龄饲养至 4 龄，不用添加饲料和更换饲养容器。温度、光照和湿度条件与卵管理相同。

② 第二阶段：幼虫养至 4 龄后，更换到规格为 18 cm×18 cm×4.5 cm 的方形塑料盒或直径 19.5 cm、高 9 cm 的圆形玻璃缸中继续饲养。一般 4 龄虫子投放密度为 18 头/dm²，5 龄为 12 头/dm²，6 龄为 9 头/dm²。由于 4～6 龄的幼虫，每次蜕皮均会吐水，造成容器内的湿度过大，影响生长发育。这时期的相对湿度应降至 60％，温度和光照条件与卵管理相同。

（4）蛹的管理　在规格 15 cm×25 cm×30 cm 有塑料纱盖（已消毒）的木盒中，放入 10 cm 厚的已高温消毒的沙子，沙子的含水量以手捏不成团为宜。同时在沙上放一块竹网，竹网上投放人工饲料，当老熟幼虫全部入沙营造蛹室时，取走竹网，在沙上盖纸避光。每盒子可供 45 头幼虫化蛹，待蛹体变棕黑色后，挑选个体大，富有光泽，有活力之蛹，放入交配产卵箱羽化。温度、光照和湿度条件与卵管理相同。

（5）成虫管理　将蛹放入垫有湿滤纸的培养皿中，移入 30 cm×30 cm×30 cm 的纱网养虫笼内，每笼放入 50 对蛹。在笼内放入折叠的小纸条，笼顶贴一块纱布。放入 10% 蜂蜜水 5～6 mL 于加棉球的碟中。每日收剪卵块，要按笼号分批登记，以便进行疾病的诊断。直至全部成虫产卵完毕。温度控制在 26～28 ℃，相对湿度保持在 75%，光期与暗期比为 14∶10。

2. 幼虫感染及回收　感染核型多角体病毒的幼虫于增殖室中饲养，温度保持 25～27 ℃，相对湿度保持 70% 左右。将饲养至 4 龄的幼虫，按 18 头/dm² 的密度进行涂毒感染，涂毒的人工饲料约含 $6×10^5$ PIB/mL。饲养 24 h 后，换不含病毒的饲料继续饲养。从感染后的第 5 天开始收集病死虫，第 8 天后全部收完。收集的病死虫即时处理或储于 −20 ℃ 冰箱中冷藏，以免污染杂菌。按以上条件，4 龄幼虫感染死亡率可达 80% 以上，每克虫尸含多角体约 53 亿粒。

3. 可湿性粉剂的生产

（1）制作病毒中间体　将病虫尸以 1∶10 与自来水混合，倒进电动匀浆过滤机研磨过滤，滤液先用 3 000 r/min 离心 30 min，弃上清。沉淀加入适量的 0.1% 中性洗洁精完全悬浮，经低速 500 r/min 离心 5 min。取上液再 3 000 r/min 离心 30 min，重复洗涤离心 1 次，沉淀物经显微计数确定核型多角体病毒含量后，按比例加入填充料搅拌均匀，放置热泵干燥机内干燥，干燥后的病毒中间体要求水分含量不超过 8%。

（2）斜纹夜蛾核型多角体病毒中间体的粉碎　将干燥后的病毒中间体放进流化床气流粉碎机内进行粉碎，粉碎后的病毒粉体细度要达到 300 目筛以上，含量约为 500 亿 PIB/g。

（3）可湿性粉剂包装　将粉碎后每克含量为 500 亿 PIB 的病毒粉体与填充料、助剂按配方比例配成含量为 50 亿 PIB/g 的斜纹夜蛾核型多角体病毒（SlNPV）可湿性粉剂。经搅拌机充分搅拌均匀后，经 DXDS180 型水平式全自动包装机包装，每袋净重量为 20 g，每小时产量可达 2 500 包（50 kg）。

4. 产品质量检测　斜纹夜蛾核型多角体病毒可湿性粉剂产品的质量检测标准制定如下：

（1）含量　每克产品多角体含量（PIB）≥50 亿个。

（2）毒力　生测效价≥80%。生测效价的计算公式为

$$生测效价 ＝（标准品 LC_{50}/待测样品 LC_{50}×100\%）$$

（3）卫生指标检测　细菌杂菌数量≤10^6 个/g。

（4）悬浮率　其值≥70%。

（5）pH　pH 应为 6～8。

（6）细度　通过孔径 44 μm 筛颗粒≥90%。

（7）水分含量　水分含量应≤8%。

（8）安全性检测　斜纹夜蛾核型多角体病毒（SlNPV）可湿性粉剂产品（虫瘟 1 号）经广东省劳动卫生监察所根据国家标准《农药登记毒理学试验方法》（GB 15670—1995），对斜

纹夜蛾核多角体病毒及其可湿性粉剂进行了急性经口毒性试验、急性经皮毒性试验、急性皮肤刺激试验、急性眼刺激试验和致敏试验。结果表明，该病毒原药及其可湿性粉剂经口和急性经皮毒性均属低毒，对家兔皮肤和眼睛无刺激性，皮肤变态反应的试验结果仅可湿性粉剂为弱致敏物。

1997 年中山大学将该成果与广州市中达生物工程有限公司合作进行工厂化生产，并取得临时生产登记证，已建成年产达 100 t 的粉剂和液剂两条生产线。斜纹夜蛾核型多角体病毒母药和斜纹夜蛾核型多角体病毒可湿性粉剂于 2009 年 9 月在农业部正式登记注册，登记号为 PD20096743 和 PD20096742。

（三）油桐尺蠖核型多角体病毒杀虫剂的生产

油桐尺蠖（*Buzura suppressaria*）属鳞翅目尺蛾科，又名大尺蛾，国内分布于江苏、安徽、浙江、福建、广东、广西、江西、湖北、湖南、四川和贵州等地，其寄主植物除油桐外，还有茶、油菜、乌桕、漆树、扁柏、侧柏、松、杉、柿、杨梅、板栗和小核桃等。幼虫嚼食桐叶，严重地区叶能将桐叶吃光。虽然第 1 代幼虫发生前油桐已开花结果，但在结实期间受害。受害的桐果因缺乏营养而发育不充分，到收获时桐果不能成熟，桐子重量减轻，出油量减少，并且影响第 2 年产量。危害茶树时，可将叶片全部吃光，不仅当年秋茶歉收，次年还要减产，已成为安徽、湖北、湖南和广东等茶区的主要害虫。

油桐尺蠖核型多角体病毒（BsNPV）杀虫剂的生产工艺流程主要分为尺蠖幼虫的人工饲养、病毒毒源的制备与感染、病毒制剂的加工与调制、产品质量检测 4 部分。

1. 健康油桐尺蠖幼虫的人工饲养与管理

（1）成虫管理　成虫产卵笼的为直径 200 mm，高为 300 mm。每个产卵笼中放入雌蛾 10 头，雄蛾 7～10 头，底层垫两层湿纱布，上端盖两层湿纱布供成虫产卵，并注意保持纱布的湿度，在温度 25～26 ℃、相对湿度 90％下成虫交配后 24 h 便开始产卵，单个雌蛾产卵量为 1 600～3 810 粒，产卵期为 7～10 d。

（2）人工饲料的配制　按照茶叶粉 140 g、黄豆粉 30 g、酵母粉 15 g、蔗糖 12.5 g、山梨酸 0.8 g、尼泊金乙酯 1.2 g、复合维生素 C 和维生素 B 各 40 片、琼脂 20 g、水 800 mL 的比例配制人工饲料。

配制时，先称取 20 g 琼脂放入 1 000 mL 搪瓷量杯中，加入 800 mL 水，置高压消毒锅内 1.034×10^5 Pa(15 lb/cm²) 灭菌 15 min，待压力指针降至零时，取出琼脂用搅拌机搅拌，边搅拌边依次按配比缓缓加入山梨酸、尼泊金乙酯、蔗糖、酵母粉、复合维生素 B 和维生素 C、黄豆粉及茶叶粉，待全部混匀后倒入灭菌的盘内，先置室温冷却，凝固后放入冰箱备用。

（3）卵料管理

① 卵块分装：待孵化的卵块变黑时（需 6～7 d）取出，在 75％乙醇中浸泡 1～2 min，再浸入 4％的甲醛溶液中 10 min，用无菌水洗涤两次，放在灭菌的滤纸上吸干水分（约 30 min）。然后将消毒的卵块每 50 粒装入一个由 25 mm×20 mm 滤纸折叠成的小盒中。

② 饲料分装与接卵：将配制好的人工饲料从冰箱中取出，切成 25 mm×30 mm×15 mm 大小的方块，每块重约 12 g。每个罐头瓶分装 2 块。然后将装好的卵用镊子放入罐头瓶内，用灭菌的黑布盖住瓶口，并用橡皮筋捆好上架。

③幼虫饲养：接卵约 1 d 后，幼虫即孵化出来。因幼虫趋光性强，必须用黑布或深色布

覆盖，待幼虫到 2 龄末期时揭去黑布。其间经 19～22 d。当大部分幼虫达 4 龄末期时，选留一部分继续饲养传代，另一部分送入感染室。

2. 病毒毒源的制备与感染

（1）制备毒源（病毒悬液）　将提纯的多角体（浓度为 $2×10^7$ PIB/mL）以添食方式饲喂 4～5 龄幼虫，4～5 d 后镜检气管皮膜细胞和血细胞，当细胞核中出现多角体时，将罹病幼虫用 70％乙醇溶液进行体表消毒，剪尾足，收集病虫血淋巴。加入含有饱和苯基硫脲的 Grace 培养液稀释 10 倍，于 3 000 r/min 离心沉淀 30 min。取上层液用 0.45 mm 孔径的过滤膜过滤，得滤液即为病毒悬液。将病毒悬液储存于冰箱备用。

（2）制备细胞系　油桐尺蠖血细胞系和卵巢细胞系分别在 26 ℃下培养 3 d，用血细胞计数板进行细胞测数，使细胞浓度为 $4×10^6$ 个/mL（谢天思，王录明，1987）。

（3）感染接种　将病毒悬液接种于细胞细胞系中，然后在 26 ℃吸附 1～3 h。然后在 26 ℃下静置培养 15～20 d，待观察到细胞内有大量多角体出现时，收集细胞悬液在冰浴下用 JC-3 型超声波破碎器处理 2～3 min，使多角体从细胞内全部释放出来，其含量可达 $5×10^7$ PIB/mL。按 100 U/mL 加入双抗，置冰箱备用。

（4）将人工饲料饲养到 4 龄的油桐尺蠖幼虫按 10 头/瓶分装，更换新鲜饲料，然后用微量电动喷雾器将上述组织培养提供的毒源按 $1×10^7$ PIB/mL 喷到饲料表面，再以其饲喂 4 龄幼虫，置室温 28 ℃、相对湿度为 85％下饲养，其幼虫的死亡率 8 d 为 83.3％～96.7％。

油桐尺蠖幼虫感染 5 d 后开始将典型病毒死亡的幼虫逐一收集于瓶内，并放入冰箱保存，没有死亡的幼虫更换新鲜饲料后继续饲养。

3. 病毒制剂的加工与调配

（1）多角体的提纯　将收集的病死虫尸加 2～3 倍体积无菌水，经高速组织匀浆器做间断匀浆 2～3 min 后取出，用 3 层纱布过滤。滤液加 8～10 倍体积的蒸馏水稀释，采用差异离心法经 3～5 轮次，即可获得比较纯净的多角体。

（2）多角体的计数　将提纯的多角体按常规血细胞计数方法计数，使多角体含量达 200 亿 PIB/g，低于此标准时需重新浓缩提取。

（3）乳剂 BsNPV-82-HL 和 BsNPV-85-HL 的配制

① 乳剂的成分：

A. BsNPV-82-HL 的成分：多角体悬液（每毫升含多角体 200 亿）、乳化剂 656H、荧光素钠、甘油和防腐剂等，最后用无菌水稀释至 100 亿 PIB/mL（即每毫升含 100 亿多角体）。

B. BsNPV-85-HL 的成分：多角体用量为每公顷：15 000 亿，其他成分与 BsNPV-82-HL 相同，每公顷乳液为 150 mL。

② 配制方法与步骤：

A. 将已测数的多角体沉淀物用无菌水稀释至一定浓度。

B. 称取荧光素钠，再加少量无菌水，充分研磨溶解后，加入多角体悬液再搅匀。

C. 将防菌剂溶于无菌水然后加入上述步骤 B 所得溶液中。

D. 加入乳化剂搅匀。

E. 加入甘油，用电动机搅拌 20 min。

F. 分装安瓿瓶，每瓶 5 mL（内含多角体 500 亿），封口，贴标签。

G. 抽样生测检查产品对油桐尺蠖的感染力，检验产品的安全性。

在配制过程中，应在无菌环境下进行，所有器皿和分装盛具均需消毒灭菌。

（4）粉剂 BsNPV - 85 - HP 的制备

① 多角体含量的测定：其测定方法与乳剂基本相同，不同的是将干燥的多角体沉淀物在研钵内充分磨细后，称多角体干粉 1 g，加 99 mL 无菌水，放入带塞的 150 mL 三角瓶内（内含 2～3 滴乳化剂和少量的玻璃珠）浸泡 30 min，置电磁振荡器上充分摇匀（2～3 min）后，以 10 倍稀释，计数，3 次重复，取平均值。

② 粉剂 BsNPV - 83 - HP 的配制：

A. BsNPV - 83 - HP 的成分：多角体干粉（按每公顷用量 30 000 亿多角体计数）、茶枯粉（200 目）、荧光素钠和 656H 乳化剂等，最后每公顷粉剂总量为 150 g。

B. 配制方法：将多角体干粉放研钵内磨细，加入茶枯粉充分拌匀，然后加入荧光素钠和 656H 乳化剂等。充分拌匀后，过 80 目筛，使多角体与辅助剂达到均匀一致，避免多角体分布不匀，影响产品质量。

C. 分装：称量分装于链霉素瓶或青霉素瓶，每瓶 2.5 g。田间使用时先调至糊状，再用水稀释至 25 kg，喷洒 333 m^2（0.5 亩）茶园。

4. 产品质量检测与药效

（1）生物活性测定

① 半致死浓度（LC_{50}）的测定：对油桐尺蠖病毒制剂 BsNPV - 82 - HL 和 BsNPV - 85 - HL 随机抽样进行产品活性测定，两者的 LC_{50} 分别为 1.063×10^4 PIB/mL 和 2.321×10^4 PIB/mL，与标准样品的 LC_{50}（1.657×10^4 PIB/mL）无显著差异。

② 抽样室内生测检验油桐尺蠖核型多角体病毒（BsNPV）杀虫剂单位浓度的杀虫效力 将油桐尺蠖核型多角体病毒杀虫剂的各种剂型产品抽样以 2×10^6 PIB/mL 浓度在室内用笼罩法感染 2～3 龄健康幼虫，感染 48 h 后更换新鲜无病毒茶枝叶，每天检查活虫数、病毒病死虫数和他因死亡数，观察 10 d 为止。每个样品 3 个重复，另设空白对照求出平均校正死亡率。结果无论是粉剂或是乳剂，其杀虫效果平均在 95% 以上，有时达 100%。

（2）产品安全性检测

① 杂菌与致病菌检测：将病毒乳剂 BsNPV - 82 - HL、粉剂 BsNPV - 82 - HP、标准样品和 BsNPV - 85 - HL 乳剂送武汉市卫生防疫站按常规食品微生物安全检查法检测，结果证明，我们研制的病毒乳剂 BsNPV - 85 - HL 等均未检查出对人畜有害的致病菌（如大肠杆菌、沙门氏菌、志贺氏菌、弧菌、耶氏菌、炭疽菌和金黄色葡萄球菌等）。

② 病毒制剂对小鼠的毒性试验：将病毒制剂 BsNPV - 85 - HL 乳剂以 5×10^8 PIB/(kg·d)（相当于大田使用浓度的 250 倍）拌料饲喂小鼠，连续饲喂 24 d；以 3×10^7 PIB/(kg·次)（体重）腹腔注射小鼠，注射 3 次（每隔 5 d 注射 1 次）感染总剂量为 9×10^7 PIB/kg（相当于大田使用浓度的 90 倍）。另以正常喂养和腹腔注射生理盐水做对照。每组 8 个小鼠（4 个雄的和 4 个雌的），观察 24 d 未发现外表病症（如呼吸困难、竖毛、抽搐、瘫痪、皮肤过敏等现象），食欲正常，试验结束后将小鼠解剖观察内脏（心肝、肾、脾、肠、等）未发现病理变化，体重增加与对照组接近，说明病毒乳剂 BsNPV - 85 - HL 对小鼠没有毒性和致病性。

③ 油桐尺蠖病毒杀虫剂与化学农药田间药效的比较：田间小区试验分为 4 个处理区：

组织培养提供的毒源生产的病毒制剂（Vt）、虫体增殖的毒源生产的病毒制剂（Va）、化学农药敌杀死和敌敌畏。重复 4 次，每个小区试验面积为 386.7 m²（0.58 亩），用水量为 900 kg/hm²（60 kg/亩），施药前调查虫口基数，施药后按不同时间调查残存活虫数，计算虫口下降率。结果表明，油桐尺蠖病毒制剂的防治效果均优于常规化学农药敌敌畏，略低于高效化学杀虫剂敌杀死。据曾云添等（1985）和谢天恩等（1992）报道，该套中试生产工艺，年产病毒制剂可供 3.33×10³ hm²（5×10⁴ 亩）田间使用。

五、核型多角体病毒在生物防治中的应用

（一）棉铃虫核型多角体病毒在生物防治中的应用

湖北省荆州地区微生物站和华中师范学院生物系于 1975—1980 年，进行了小区及大面积推广试验，总面积约 666.7 hm²，防治效果 80% 以上。中国科学院武汉病毒研究所和湖北省国营蒋湖农场于 1976—1980 年，在蒋湖农场及全国 13 个省市进行了 666.7 hm² 的防治试验，使用浓度为 9 000 亿~12 000 亿 PIB/hm²，防治效果达到 71%~90% 左右。1979 年蒋湖农场与广州民航局协作，用飞机微量喷雾防治初孵幼虫，每公顷使用剂量为 9 000 亿~12 000 亿 PIB，施药 11 d 后，虫口下降率为 90.7%。1990—1994 年，河南省禹州市生物农药厂生产的病毒杀虫剂，先后在河南、河北、山东、山西和湖北等地试验推广，应用面积达 333 333.3 hm²，取得直接经济效益 1.5 亿元人民币，节约防治费用 760 万元人民币。

华中师范学院生物系昆虫病毒组和荆州地区微生物站于 1977 年，用病毒加西维因、敌百虫、青虫菌、硫酸铜、硫酸亚铁、苦楝叶、椿树叶、玉米叶及棉子液等进行混用试验，并以西维因、1605 加滴滴涕（DDT）及病毒单用做对比。试验结果表明，不论是病毒加少量化学农药，还是加微生物农药及植物质辅助剂等，对病毒活性及毒力均无不良影响，其防治效果也相当于或优于化学农药和病毒单用。因此病毒与少量化学农药或其他微生物等混用，除有一定的增效作用外，还可保护天敌。张友清等（1980）用病毒与加西维因混用，以病毒和西维因单用做对比进行试验。西维因加病毒的死亡率，在前 6 d，比西维因单用低，6 d 后，大幅度上升，并超过各自单用效果。这说明低剂量西维因与病毒结合感染幼虫，有增效作用。从防治害虫角度讲，防治前期，低剂量西维因能补充在潜伏期病毒效果的不足；后期又能增强病毒侵染力，这在实际应用中是可取的。

（二）斜纹夜蛾核型多角体病毒在生物防治中的应用

1. 应用情况　刘复生、陈其津等（1991）报道，从 1987 年始，在武汉市郊、广东从化、湖南长沙和广西梧州等地应用斜纹夜蛾核型多角体病毒（SlNPV）杀虫剂防治豇豆、甘蓝、芋头、大白菜、花椰菜、花生和莲藕 7 种作物上的斜纹夜蛾。不管在小区试验、大区试验还是大面积应用，每公顷用多角体 9 000 亿、4 500 亿和 1 500 亿。其 7~9 d 平均防治效果分别为 89.4%、75% 和 50%。1987—1990 年在武汉、从化、长沙和梧州地利用斜纹夜蛾核型多角体病毒防治斜纹夜蛾的面积总计为 3 333.3 hm²。

当斜纹夜蛾世代重叠或发育不齐或有其他害虫同时并发时，可用斜纹夜蛾核型多角体病毒杀虫剂与多种低浓度化学农药（常规使用浓度的一半以下）混合使用，可适当提高防治斜纹夜蛾的效果，而且可兼杀其他害虫。如每公顷单用 9 000 亿核型多角体和单施低浓度化学农药，药后 3 d 的防效均在 20%~30% 范围。但两者混合后使用，防效提高到

$77.5\% \sim 84\%$。

广州市中达生物工程有限公司在辽宁、河北、山东、安徽、浙江、江西、湖北、湖南、广东和广西等地建立了100多个销售点。1997—2000年，试用试销产品约50 t，折合防治面积约820 000 hm^2。该产品经各地用户使用后反映良好，尤其是受到无公害蔬菜生产区用户的欢迎。

2. 应用技术要点　为确保斜纹夜蛾核型多角体病毒制剂的防治效果，根据大田试验的实践经验，必须掌握如下使用技术要点。

（1）施药量　单纯使用斜纹夜蛾核型多角体病毒制剂每公顷用量为4 500亿～9 000亿多角体。斜纹夜蛾核型多角体病毒制剂与低浓度化学农药混合使用时，可用每公顷9 000亿多角体加低浓度化学农药杀虫剂（为常规使用浓度的一半）。

（2）施药方法　在使用斜纹夜蛾核型多角体病毒制剂时，应先加少量水将药剂调成糊状，然后兑足水量混匀后喷洒。加水量视喷雾方式及作物种类而定，一般以能均匀湿润作物为原则。如用一般喷雾法每公顷加水1 500～2 250 kg，若用超低用量喷雾每公顷加水150 kg。

（3）施药适期　卵孵化高峰期或1～2龄幼虫发生高峰期施用效果最好。

（4）施药时间　最适施药时间为傍晚，若阴天则全日均可。

（5）施药方式　背负式或超低容量喷雾器均可，最好是SHP-900BS机动喷雾器。

（6）产品保存　在常温下宜存于阴凉、通风、干燥处，或低温保存，切忌曝晒。

（三）油桐尺蠖核型多角体病毒在生物防治中的应用

中国科学院武汉病毒研究所研制的油桐核型多角体病毒（BsNPV）在全国8个省20多个单位，对茶园油桐尺蠖幼虫进行多点、多次田间小区、大区和大面积药效试验，防治效果均优于常规化学农药（敌百虫、敌敌畏和辛硫磷），该病毒杀虫剂对第1代油桐尺蠖2～3龄幼虫，喷药后10 d平均防治效果为94.82%，对第2代的平均防治效果为96.91%。

油桐核型多角体病毒杀虫剂不仅对防治茶树上的油桐尺蠖有明显稳定的防治效果，用它防治油桐上的油桐尺蠖也同样有效，以每公顷用多角体7 500亿、15 000亿和30 000 3种浓度与化学农药（杀虫双300倍）进行了比较药后15 d的防治效果分别为97.9%、100%和95.7%。

湖南省微生物研究所（1984）经过6年的应用研究，发现在油桐核型多角体病毒制剂中加入少量硫酸铜、硫酸亚铁或尿素，有一定增效作用，而以含硫酸铜的杀虫效果最好。并试制成功一种独特的丸剂剂型，在湖南大庸、网岑等油桐产区约1.53×10^4 hm^2（2.3×10^5 亩）面积上推广试用，对油桐尺蠖的防治效果达90%以上。

第三节　颗粒体病毒

颗粒体病毒（granulovirus，GV）属于杆状病毒科颗粒体病毒属。1926年Paillot发现于患病的大菜粉蝶（*Pieris brassicae*）中，被感染的细胞内有大量的比多角体还小的颗粒包含体，曾被称为椭圆小体病毒病，这是最早发现的昆虫颗粒体病毒病。以后又在其他一些昆虫中发现这种病。直到20世纪40年代后期才确定其病原体是病毒。颗粒体病毒主要侵染鳞翅目昆虫，到1980年寄主昆虫已知有100种。目前国内外发现颗粒体病毒约130株，中国发现约 42 株，其中 26 株为首次发现，有 8 株已进入田间应用，如小菜蛾 (*Plutella xylostella*) 颗粒体病毒、黄地老虎 (*Agrotis segetum*) 颗粒体病毒、茶小卷叶蛾 (*Adoxophyes orana*) 颗粒体病毒和小菜粉蝶 (*Pieris rapae*) 颗粒体病毒等。在我国菜粉蝶颗粒体病毒和小菜蛾颗粒体病毒已登记注册生产。

一、颗粒体病毒的一般形态特征

（一）颗粒体的形态结构

颗粒病毒的包含体称为颗粒体 (granule)，有时也被称为荚膜 (capsule)。颗粒体先在被感染细胞的核内形成，但当核膜破裂后可溢出到细胞质内。这类包含体很小，大致在普通光学显微镜可辨范围之内，如在暗视野镜下观察，可以看到呈布朗运动的明亮细小颗粒。在电子显微镜下观察，颗粒体的形状有卵形、椭圆形和长卵形等，其大小因种类而异。通常直径为 $0.1 \sim 0.3\ \mu m$，长为 $0.3 \sim 1.0\ \mu m$（图 5-6）。每个包含体内有一个核衣壳（图 5-7）。

有时也出现异常形状的颗粒体，包括：①立方形，比正常颗粒体多一个核衣壳，见于印度谷螟 (*Plodia interpunctella*) 颗粒体病毒；②巨大型，比正常颗粒体长 7～20 倍，见于印度谷螟颗粒体病毒；③伸长型，比正常颗粒长 2 倍，见于大菜粉蝶颗粒体病毒和印度谷螟颗粒体病毒；④凝聚型，形状大小不规则，一般无核衣壳，见于印度谷螟颗粒体病毒；⑤多粒型，在一个单独的晶体内有 2～9 个核衣壳，见于印度谷螟颗粒体病毒；⑥复合型，几个颗粒体复合在一起，也在印度谷螟颗粒体病毒中出现过。

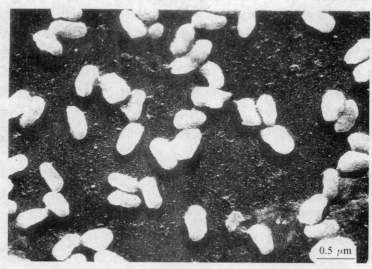

图 5-6　稻纵卷叶螟 (*Cnaphalocrocis medinalis*) 颗粒体病毒的
包含体扫描电子显微镜照片
（引自庞义，1994）

（二）颗粒体病毒粒子的形态结构

颗粒体病毒的超微结构，大体与核多角体病毒相似。颗粒体病毒粒子也是杆状（图 5-7），平均宽 30～100 nm，长 200～400 nm。粒子外有囊膜，脱出后呈球形，内膜直形，包围着由 DNA 组成的髓核。核衣壳两端形态不同，一端为钝头的尾板，另一端的尾盘伸入接上的帽状结构。病毒粒子也有异形的分支杆状体，直径扩大 2 倍，长达 500 nm，一般认为是核衣壳延伸到颗粒体之外而成，我国发现的小菜粉蝶颗粒体病毒也有此情况。

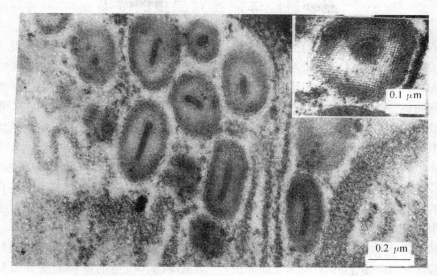

图 5-7　感染颗粒体病毒的稻纵卷叶螟（*Cnaphalocrocis medinalis*）
幼虫脂肪细胞超薄切片透射电子显微镜照片
（图示成熟的颗粒体和其中的病毒粒子，右上角为一颗粒体横切面）
（引自庞义，1994）

超薄切片在电子显微镜下显示，构成颗粒体的蛋白质和构成多角体的蛋白质一样，也是由大分子的晶格组成。蛋白分子呈立方体形。

二、颗粒体病毒的理化性状

颗粒体病毒的理化性状与核型多角体病毒相似。颗粒体不溶于水和一般的有机溶剂（如乙醚、乙醇、丙酮和二甲苯等）。但如遇适当浓度的酸或碱溶液，包含体能迅速溶解，并可使病毒粒子变性而失去侵染力。如不先用酸处理则不能染色，可在室温下用 50％醋酸处理组织切片 5 min，然后再染色。这种对化学作用的抵抗性使颗粒体病毒保持一定的稳定性，可在室温下保存 5 年以上而不丧失侵染力。完整的颗粒体病毒在 70～75 ℃下 10 min 一般尚能存活，但时间过长或温度更高能使之失活。黏虫的颗粒体病毒在 75 ℃下 10 min 或 70 ℃下 40 min 便失活。冰冻对该类病毒并无多大损害；较低的温度有可能延长储存的时期；紫外线或其他辐射能使完整的病毒失活。

颗粒体的密度大于水，如一种卷叶蛾的颗粒体相对密度为 1.279。颗粒体病毒包含体只含一种蛋白质，称为颗粒体蛋白（granulin），其分子质量为 27～30 ku。

将颗粒体用稀碱处理后可获得完整和具侵染性的病毒粒子，通常可用 $0.03～0.05 \, mol/L$ 的 Na_2CO_3 使其溶解，经高速离心可分出具有或已不具外膜的病毒粒子。此种游离的病毒粒子如经注射入易感虫体的血腔内，致病力很强，但在易感虫体的中肠内则迅速被破坏，必须大剂量口服才能致病。

颗粒体病毒的包含体和病毒粒子所含的氨基酸组分基本上和核型多角体病毒（NPV）

的相似。

三、颗粒体病毒对昆虫的侵染

昆虫感染颗粒体病毒后的病征和感染核型多角体病毒颇为相似。受感染的昆虫，初期无明显症状，随着病情发展即出现反应迟钝和停止取食，随后由于不同组织内颗粒体大量累积，可以看到外表体色的明显变化：虫体腹面逐渐变为淡白或乳白或带黄色，体壁常现斑点和变色，脂肪体变为暗白色。以后血液渐变乳白，这是因为被感染的虫体内组织细胞被破坏而释出大量颗粒体之故。因昆虫种类的不同，感病虫体可能膨大或收缩。由于其他细菌的继发感染或虫体中肠病毒的感染，病虫可出现泻痢病症。

有时病情发展迅速，大量组织被破坏，感病昆虫较快死亡。已死幼虫体壁脆弱，破后流出大量颗粒体。有些虫体的感染只局限于脂肪组织，染病幼虫可存活较长时间。在这种情况下，组织的液化不很严重，虫体虽软但不易破裂。病死虫体有时用腹足倒挂枝叶上，呈倒 V 形。死后很快变为黑色。

罹病幼虫常于幼虫期死亡，有时也可存活至蛹期或成虫期。从染病到死亡所经时间因虫而异，一般 4～5 d，长者可至 34 d（如黏虫）。幼虫龄期、侵染剂量和温度等因素也能影响这段时期的长短。

颗粒体病毒主要通过口服进入易感虫体，颗粒体在中肠中溶解，游离的病毒粒子通过肠道柱状细胞的微绒毛侵入，病毒囊膜与微绒毛膜发生融合作用，释放核衣壳进入细胞质，囊膜脱在细胞外，经 2～6 h，核衣壳靠近核膜，经核孔释放病毒基因组进入核内，衣壳脱在核外。这与核型多角体病毒核衣壳先进入核内，然后释放核酸不同。脱壳位置的不同是颗粒体病毒与核型多角体病毒的根本区别。颗粒体病毒子代病毒在这些细胞核中复制增殖，新形成的颗粒体病毒释放于血淋巴中而导致对其他组织的继发感染。首先是侵染脂肪体，被感染的脂肪体细胞核增大，染色质在核内集结成束，近细胞边缘处产生一层层新的细胞膜以更新原来的核膜，因此细胞核内边缘的染色质就能进入细胞质。新的细胞膜集结而成致密的网状构造，并逐渐充满于细胞质内。这些构造与核内成股的染色质共同构成网络。网络分解而析出病毒和少量蛋白质点粒。蛋白质不断沉积于病毒周围而成颗粒体。随着病情的发展还可侵染皮肤的上皮细胞，有时气管上皮细胞和血细胞或甚至其他组织也受感染。有人将颗粒体病毒划分为两种类型，一是只侵染脂肪体，谓之单器官亲和性（monorganotropic）；二是除脂肪体外还能侵染真皮、气管上皮细胞等，谓之多器官亲和性（polyorganotropic）。关于颗粒体病毒是在被感染细胞的核内复制还是在细胞质里复制的问题，过去曾有争议，目前认为在二者中均可进行。一般在中肠的细胞核中复制，在脂肪体内则在细胞质中复制。被感染的细胞最终破裂而析出颗粒体于体腔。虫体外伤和寄生天敌产卵可引起颗粒体病毒对皮下感染，有报道也可经卵垂直传播。

颗粒体病毒的专一性较强，交叉感染的情况甚为少见，只有大菜粉蝶的颗粒体病毒与另两种菜粉蝶小菜粉蝶（*Pieris rapae*）和暗脉菜粉蝶（*Pieris napi*）可互相感染，但是否为同一种病毒尚未明确。一般认为颗粒体病毒是各类含 DNA 的包含体病毒中专一性最强的一类。在进行交叉感染试验时，应考虑到排除被感染寄主原来就存在第二种颗粒体病毒的可能性。以往尚无颗粒体病毒能在离体昆虫细胞或其他动物细胞中增殖的报道。近年我国用小菜蛾细胞系 BCIRL－Px2－HNU3 复制小菜粉蝶颗粒体病毒和用家蚕细胞系 Bm－21E－HNU5

复制小菜蛾颗粒体病毒获得成功。

如前所述，鳞翅目幼虫可合并感染核型多角体病毒和颗粒体病毒两种病毒。如黄地老虎、菜粉蝶和黏虫等可同时感染核型多角体病毒和颗粒体病毒。黏虫的 6 龄幼虫单感染核型多角体病毒的死亡率为 3.4%；单感染颗粒体病毒的死亡率为 20%；而两种病毒合并感染的死亡率高达 80%，病死虫体被核型多角体病毒和颗粒体病毒感染，体内主要是核型多角体，但也有些同时存在颗粒体。研究认为颗粒体蛋白的某些微量成分可能是起增效作用的增效因素（SyF），可被分离纯化，被证实为一种酶。粉纹夜蛾颗粒体病毒的颗粒体中有一种病毒增强因子（viral enhancing factor，VEF，又称 enhancin），其作用类似美洲黏虫颗粒体病毒的增效因素活性，颗粒体在虫体中肠溶解后能破坏围食膜的完整性，能使 LD_{50} 降低 90%，这种增强因子经 SDS-PAGE 检测蛋白主带为 98 ku，与核型多角体病毒同时食入能加速粉纹夜蛾初孵幼虫的死亡。

四、颗粒体病毒杀虫剂的生产工艺

现以我国具有一定代表性的菜青虫颗粒体病毒杀虫剂的生产工艺简介于下。

（一）人工饲料饲养菜青虫

张良武和张其秀等（1990）用人工模拟光照，光照度为 110 lx，光暗比为 16∶8，温度为 22~28 ℃，相对湿度为 70%~90%，使菜粉蝶产卵于人工模拟产卵卡上，孵化后，人工饲料饲养至 3 龄，大部分用于增殖病毒。小部分继续饲养传代，每代 21~28 d。

（二）保护地放养菜青虫

张原和潘胜华等（1990）利用钢架塑网大棚保护地饲养菜青虫，在 333 m²（0.5 亩）的大棚内，每代可繁殖健康幼虫 1.3 万~2 万头，每年 5 代可繁殖 6.5 万~10 万头。

（三）感染采收

将饲养至 3~4 龄菜青虫放于特制的塑料篮子中饥饿 3~4 h，将病毒标样稀释至每毫升含 2×10^6 颗粒体，并加 3%CMC 黏着剂，用电动喷雾器均匀喷在菜叶上，喂食菜青虫，待吃完后及时清便换叶。一般经过 6~7 d，菜青虫全部感病，及时收集病虫避免死后液化，难以回收。

（四）颗粒体的提取

将感染的病虫用 0.7% NaCl 浸泡，投入电动磨浆。磨出的虫浆加入 5~10 倍生理盐水，电动搅拌机搅拌。同时按总体积加入约 0.1%洗洁精，20 min 后用 30~80 目尼龙纱过滤 3 次。滤液以 2 000 r/min 离心 30~40 min，收集沉淀。将沉淀悬浮至一定的体积，加入硫酸铵，使终浓度达到 50%的饱和度，低速离心收集颗粒体病毒沉淀，置布氏漏斗真空抽滤，颗粒体病毒沉淀成块状（这种方法称为 N-S 沉降法）。取出沉淀块切成薄片，置有滤纸的盘中，移入真空干燥器，抽真空 48~56 h，即得干燥的病毒原粉。

（五）拌和和分装

在标定含量的病毒原粉中加入展着剂、黏着剂、保护剂和增效剂，放进滚筒或拌和机中拌和均匀，定量分装。

（六）产品质量检验

菜青虫颗粒体病毒杀虫剂定名为奇威生物杀虫剂，根据梁东瑞和朱应等（1990）建立的产品检测程序如下：

1. 病毒含量检测　随机称取标定含量的制剂，按颗粒体病毒提取的常规方法，除掉制剂中的助剂成分，再经 N-S 法沉降、干燥、称重、计数。标准样品也用同样的方法处理，3 次重复，求平均值，最后算出病毒含量检出率。病毒含量检出率按如下公式计算。

$$病毒含量检出率＝\frac{检测样品平均回收量}{同源标准样品处理对照收获量}×100\%$$

菜青虫颗粒体病毒（PrGV）杀虫剂的定型产品（奇威 5 型可湿性粉剂），其病毒含量检出率为 99.98%，符合病毒定量要求。

2. 毒力测定和杀虫效果检验　取 5 种不同浓度的菜青虫颗粒体病毒杀虫剂感染人工饲料饲养 2~3 龄的菜青虫，另设标准样品作对照，在相同的条件下，测得奇威 5 型杀虫剂的 LC_{50} 为 4.92 mg/mL，回归直线方程为 $y＝2.42＋0.64x$；标准样品的 LC_{50} 为 4.52 mg/mL，回归直线方程 $y＝3.12＋0.46x$。田间防治效果前者为 90.7%，后者为 90%，两者的毒力无显著差异。

3. 病原病毒纯度检验　随机抽样菜青虫颗粒体病毒杀虫剂并以标准样品为对照，在光学显微镜和电子显微镜下观察，均未发现病原病毒（颗粒体病毒）以外的其他种类病毒。取大田使用菜青虫颗粒体病毒杀虫剂后回收的当代病毒，经 *EcoR* Ⅰ和 *Hind* Ⅲ两种限制性核酸内切酶切割分别产生 18 条带和 13 条带，各片段积加分子质量约为 $72×10^6$ u，与标准样品产生的 DNA 片段和分子质量的大小完全一样。用酶联免疫吸附试验（ELISA）检测产品中病原病毒，证明与标准样品是同一个毒株。

4. 卫生指标检定　北京市农林科学院植物保护研所（1990）检查菜青虫颗粒体病毒的杂菌总数小于 5 000 个/g，大肠杆菌、沙门氏菌属及痢疾杆菌属均呈阴性。

5. 对实验动物的毒性及致病性检查

菜青虫颗粒体病毒杀虫剂（奇威生物杀虫剂）对小鼠急性经口、皮及呼吸道感染，均未表现出毒性，未引起任何异常。急性腹腔感染，致死中量在 1 100~1 400 mg/kg（体重）。呼吸道亚急性感染未引起体温、体重异常，未见呼吸道病症，呼吸系统解剖观察与对照无明显差别。感染哺乳动物细胞未引起细胞病变、脱落。

五、颗粒体病毒在生物防治中的应用

（一）菜青虫颗粒体病毒在生物防治中的应用

武汉大学病毒研究所和中国昆虫病毒资源与生防研究组（1986）报道小菜粉蝶颗粒体病毒 W1-78 制剂在全国 29 个省、市、自治区试用面积累计约 93 333.3 hm²，防治效果为 85% 左右。武汉大学病毒研究所和武汉市蔬菜病虫测报站（1990）在 1986—1990 的 5 年间，利用菜青虫颗粒体病毒杀虫剂（奇威生物杀虫剂）防治菜青虫，防治面约 2 000 hm²，防治效果达 82%~100%。

（二）小菜蛾颗粒体病毒在生物防治中的应用

柯礼道等（1981）利用发芽菜子饲养小菜蛾生产病毒，效果良好。1979—1980 年，武汉大学病毒研究所与武汉市洪山蔬菜研究所共同研制出小菜蛾颗粒体病毒杀虫剂，每公顷以 $4.9×10^{10}$ 个颗粒体和 $8.5×10^{10}$ 个颗粒体防治小菜蛾，杀虫效果分别为 66.5% 和 80%~93%。随后，该病毒被国家科学技术委员会于 1991 年列入"八五"国家攻关项目，由武汉大学病毒研究所承担，经 5 年研究，研制出一种新型的小菜蛾病毒-Bt 复合生物杀虫剂。经全国多点试验和广西、四川等地 200 hm² 示范，防治小菜蛾效果达 78%～90.7%，比单用小菜蛾颗粒体病毒和苏云金芽胞杆菌（Bt）提高 14.97%～16.48%，且对菜青虫、大菜粉蝶和银纹夜蛾的防治效果也达 76.67%～92.23%。中国科学院动物研究所与河南省济源白云实业有限公司合作生产的"科云"牌小菜蛾颗粒体病毒制剂，已大面积用于无公害蔬菜生产中，效果良好。

（三）黄地老虎颗粒体病毒在生物防治中的应用

1973 年，新疆农业科学院，在南疆和北疆进行了防治黄地老虎工作，防治效果为 75.9%～95.7%。戴淑慧等（1982）采用病毒剂与细菌农药、化学农药混合使用，防治面积达 139.3 hm²。每公顷用量为：病毒剂 150 g，杀螟杆菌 450 g，敌百虫和乐果分别为 450 g。施药 10 d 后，比单用病毒要高 17%；20 d 后，死亡率比单施敌百虫加乐果高 59%，提高冬白菜产量 94.1%。吴祖银等（1987）报道了黄地老虎颗粒体病毒单用或与青虫菌、敌百虫混合施用防治大白菜上的黄地老虎，效果明显。彭辉银等（1995）研制成一种黄地老虎颗粒体病毒（AsGV）乳悬剂，在新疆博塔乡进行了黄地老虎颗粒体病毒田间防治黄地老虎的试验，每公顷使用 300 mL 黄地老虎颗粒体病毒杀虫剂，防治效果为 85.6%，且对警纹地老虎的防治效果也高达 87.3%，应用前景广阔。

第四节　质型多角体病毒

质型多角体病毒（cytoplasmic polyhedrovirus，CPV）主要发现于鳞翅目、膜翅目和双翅目昆虫，尤以鳞翅目昆虫为多，而至今已被正式鉴定属于质型多角体病毒属的有 20 种。用质型多角体病毒作为杀虫剂的很少，主要原因是这种病毒只侵染中肠上皮细胞，病毒量少，大批量生产不容易。质型多角体病毒已用于害虫防治实践的有日本赤松毛虫（Dendrolimus spectabilis）质型多角体病毒、法国松异舟蛾（Thaumetopoea pityocampa）质型多角体病毒、粉纹夜蛾质型多角体病毒以及我国的马尾松毛虫（Dendrolimus punctatus）质型多角体病毒、文山松毛虫（Dendrolimus punctatus wenshanensis）质型多角体病毒等。质型多角体病毒属于有较大宿主域的呼肠孤病毒，与核型多角体病毒、颗粒体病毒不同，如广泛用于生物杀虫剂尚须进行进一步安全试验研究。

一、质型多角体病毒的一般形态特征

（一）多角体的形态结构

质型多角体病毒的包含体和核型多角体病毒相似，也是多角体，但只在被感染细胞的细胞质内形成。质型多角体呈六角形、四角形、球形、椭圆形等。家蚕的质型多角体有四角形的，也有六角形的等（图 5-8）。质型多角体的超微结构研究显示，构成多角体的蛋白质晶格与核型多角体无太大差别。

质型多角体的直径为 0.5～25 μm，因病毒种类、感染时间长短、在细胞中形成的数量不同差异很大。1 个多角体可包埋 100～10 000 个病毒粒子，碱解后可以在电子显微镜下观察其形态（图 5-9）。

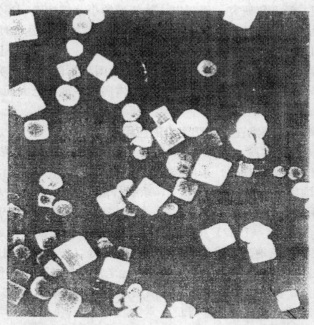

图 5-8　家蚕质型多角体形态电子显微镜扫描照片

（呈正立方体、四角形、六角形和不规则形）

（引自武汉大学病毒研究所，1986）

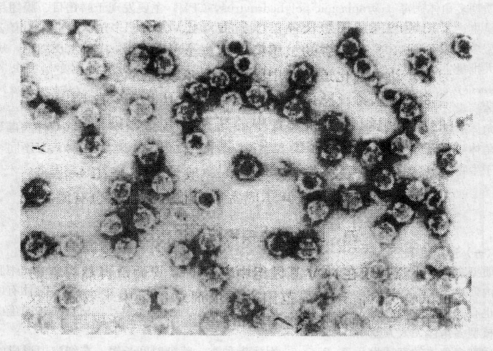

图 5-9　棉铃虫质型多角体病毒多角体碱解后释放的病毒粒子电子显微镜照片（PTA 负染）

（引自苏德明和乐云仙，2010）

（二）质型多角体病毒的病毒粒子的形态结构

和其他动植物呼肠孤病毒相似，质型多角体病毒粒子为二十面体的球状体，直径为30～60 nm，有内、外 2 个同心的二十面壳，每个壳有 12 个亚单位，分别位于二十面体的 12 个顶点，两个壳上相应的亚单位由 12 条管状结构想连接。外壳的每个亚单位是 1 个空的五角形棱柱，由棱柱伸出一个由 4 节管所构成的突起物。三维重构结果显示质型多角体病毒只有单层衣壳，衣壳内与突起（spike）相应位置有蘑菇形转录酶复合物（TEC）结构（图 5 - 10）。

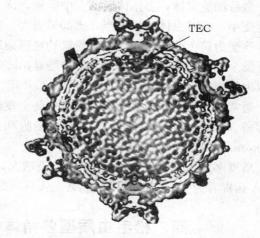

图 5 - 10　家蚕质型多角体病毒（BmCPV）三维重构图
[病毒粒子只有单层衣壳，衣壳内与突起（spike）相应位置有蘑菇形（转录酶复合物 TEC）结构]
（引自 Zhang 等，1999）

二、质型多角体病毒的理化性状

质型多角体不如核型多角体病毒的多角体稳定，干燥固定后的涂片易为吉姆萨（Giemsa）溶液染色。质型多角体不溶于水，但在水中经较长时间可被蚀刻，从表面失去病毒粒子。在碱液中的溶解度比核型多角体病毒的多角体小，如以稀 Na_2CO_3 液或稀碱液处理，能失去表层病毒粒子，剩下不溶解的多角体，呈多孔的海绵状。质型多角体也由蛋白质构成，家蚕质型多角体蛋白质由 20 种氨基酸组成，还含有 3％左右的硅。质型多角体溶解后不像核型多角体病毒那样留下膜，因此认为质型多角体病毒没有核型多角体病毒多角体那样的膜。

质型多角体的密度与核型多角体接近。二者对染色反应有很大差别，借此可以把它们区别开来。质型多角体显示孚尔根（Feulgen）负反应，而核型多角体为正反应。质型多角体易为吉姆萨染色，而核型多角体不易着色。质型多角体沸水浴加热处理 5 s 后易为 1％溴酚蓝水溶液染成深蓝色而核型多角体无此反应。

质型多角体病毒粒子在碱液中很快被破坏，因此从多角体中分离提纯时须多加注意。此类病毒所含核酸为双链 RNA，其蛋白质的氨基酸组成与核型多角体病毒的基本相似。

三、质型多角体病毒对昆虫的侵染

质型多角体病毒对昆虫的致病力很强，低剂量的病毒即可使寄主受感染。但与核型多角体病毒和颗粒体病毒不同的是，质型多角体病毒往往导致慢性病，受感染的幼虫死亡时间长，甚至达 40～50 d，且死亡分布较平缓，没有突出的死亡高峰。质型多角体病毒经易感昆虫口服，或将游离的病毒粒子注射入虫体血腔均可引起感染。

经口服感染的病毒多角体进入虫体消化道后为碱性消化液溶解而释放出病毒粒子，病毒粒子侵入中肠上皮细胞，在中肠上皮细胞的细胞质内增殖，也可传染至前肠和后肠细胞。最初在细胞质中出现网状病毒基质，其表面有各发育阶段的裸露病毒髓核，其后髓核被包进衣壳内。在成熟病毒粒子集合部位，多角体蛋白聚集并结晶化，形成多角体，病毒粒子随机镶嵌进多角体中。有半数以上的病毒粒子不被包埋而游离，释放到细胞间隙，再次感染健康细胞。最后细胞解体，多角体脱落在中肠腔，部分随粪便排出体外。感病幼虫早期食欲缺乏、体躯变小，有时虫体比例不当，头部显得大，刚毛似较长。中肠中多角体的大量增殖使病虫体色改变为黄色或淡白色等。菜粉蝶幼虫感染后呈灰白色，特别显于腹面。被感染的柞蚕有时后肠全部翻出，幼虫消化道尤以中肠显出晦暗或乳白色。中肠细胞液化后，多角体可被呕出或由粪便排出。感病昆虫一般经 7～20 d 死亡。

通常认为质型多角体病毒只感染中肠上皮细胞，但也有少数异常的质型多角体病毒能感染库蚊（*Culex tarsalis*）的皮下组织细胞和发育中的翅芽，也能感染摇蚊（*Chironomus plumosus*）的脂肪体细胞。

质型多角体病毒对昆虫有交叉感染情况，一般认为其寄主专一化的程度似较多数含 DNA 病毒者为低，往往能跨科感染，从不同寄主所获分离毒株也有属于相同种的可能。

四、松毛虫质型多角体病毒的增殖及制剂生产

（一）松毛虫质型多角体病毒的增殖

范民生等（1983）采用林间采集老熟幼虫、室内饲养感染的方法，一般幼虫发病率可达 90％以上。若固定 1 名工人，包括采虫、接种和收集死虫等工作，共 43 个劳动日，收集病死虫 16 995 头，提取多角体 76 413 亿，平均每劳动日可复制多角体 1 777 亿。刘清浪等 （1988）用马尾松毛虫复制日本赤松毛虫质型多角体病毒的研究中，在林间用塑料薄膜围栏饲养 5～6 龄马尾松毛虫复制病毒，平均每虫的复制量为 1.6 亿～3.8 亿多角体；在林间套笼饲养 5～6 龄幼虫复制病毒，平均每虫产多角体 4.24 亿；在室内饲养 5～6 龄幼虫复制病毒，平均每虫产多角体 4.22 亿。以 5 龄幼虫为试虫，以每毫升含质型多角体 10^4、10^5 和 10^6 3 种浓度，26 d 后平均每虫产多角体分别为 0.09 亿、0.28 亿和 2.54 亿。叶林柏和梁东瑞等（1988）在林间利用薄膜罩围法增殖病毒，每围投放 5 000～6 000 头 3～5 龄幼虫，接种浓度为每毫升含 $2.0×10^6$ 多角体，接毒 3 次，感染后 18～20 d 收集病死虫，平均每虫可收多角体 2 亿。王志贤和陈昌洁等（1990）在室内 28～30 ℃条件下，以每毫升含 $1×10^7$ 多质体水悬液处理 5～6 龄幼虫，经 15 d 后，解剖所有的感病幼虫，按中肠病变程度将其划分为 4 类：Ⅰ类，中肠呈黄白色，完全病变；Ⅱ类，白色，部分或大部分病变；Ⅲ类，青黄色，病变不明显；Ⅳ类，青色，与正常中肠相似。其中Ⅰ类和Ⅱ类的感病死亡率占合计比例的 85.1％，质型多角体病毒单虫平均产量可达 3.2 亿，质型多角体病毒的投入产出比为 1：98。这一试验结果为林间松毛虫质型多角体病毒大量增殖，产量预测和采收标准提供了科学依据。陈昌洁（1990）报道广东茂名林业科学研究所利用林间高虫口区大规模增殖松毛虫质型多角体病毒，取得了很好的效果。第 1 代马尾松毛虫单虫质型多角体病毒平均产量为 3.72 亿，第 2 代为 2.32 亿，第 3 代为 3.24 亿，越冬代为 5.93 亿。陈昌洁等（1990）以棉铃虫为宿主增殖松毛虫病毒，在棉铃虫平均每虫体重为 0.41 g 的条件下，平均每虫可产多角体 2.84 亿。沈中键和乐云仙等（1994）用马尾松毛虫质型多角体病毒感染棉铃虫卵巢细胞系和粉纹夜蛾细胞系，其感染率为 20％～30％，每个感染细胞可产 50～100 个多角体。

综上所述，目前我国松毛虫质型多角体病毒的增殖方式大概有 4 种：①采用塑料薄膜围

栏或套笼集虫、集卵增殖病毒；②利用林间高虫口区接毒增殖或结合防治采收病死虫；③以人工饲料饲养替代寄主增殖病毒；④离体细胞增殖病毒。

（二）松毛虫质型多角体病毒杀虫剂的生产

范民生等（1983），在江苏制备松毛虫质型多角体病毒制剂的过程中，首先是将病虫捣碎加适量水，用32目铁纱过滤，滤液经双层纱布、180目铜筛过滤，滤液以 $2\,500\sim3\,000$ r/min 的速度离心 15 min，即得多角体粗提物。用电动微量喷雾器将粗提物液均匀地喷洒在 1 cm 厚的白陶土上，病毒粉含水量为 3%。每公顷用量 3 000 亿多角体，防治 4 龄松毛虫，当代死亡率达 60% 以上。

叶林柏和梁东瑞等（1987，1988）在松毛虫质型多角体病毒杀虫剂的小试生产过程中，先在经称重的虫尸中加入 3 倍重的 0.7% 氯化钠液和 0.1%～0.2% 家用洗洁精，置电动磨浆机中磨成匀浆，经 30～80 目尼龙纱过滤 3 次，滤渣再用少量上述溶液洗一次，过滤后将滤液合并，以 500 r/min 离心 3 min 去渣，再经 2 000 r/min 离心 10 min 去上清，沉淀再用 5 倍体积的上述溶液悬浮并搅拌 20～30 min，重复上述差速离心程序，获得粗制多角体。经真空干燥 48～56 h，即得干燥的病毒原粉。再经磨碎机磨细，过 80 目筛，测定含量，加上其他辅助剂拌和均匀，即成可湿性粉剂。

吴若光等（1992）在研究可湿性粉剂的加工工艺及填料的过程中，选择了 5 种配方，4 种工艺流程，配成了 21 种制剂进行毒力测定比较，结果筛选出最佳工艺为：病毒液经 3 000 r/min 离心 15 min 弃上清，沉淀加填料抽滤 12 min，真空干燥，加入湿润剂研磨、拌和均匀，即得可湿性粉剂。最佳配方为：黄泥粉（载体）加 2% 十二烷基磺酸钠（湿润剂）加病毒液。陈昌洁（1990）报道松毛虫质型多角体病毒柴油乳剂，在 4 ℃下保存 197 d，活性无明显影响。林间防治第 1 代 3 龄幼虫，当代平均死亡率为 70.5%，有良好的防治效果。

五、质型多角体病毒在生物防治中的应用

蒲蛰龙等 1978 年在广东斗门县，利用马尾松毛虫质型多角体病毒的粗提液防治 4～5 龄马尾松毛虫，面积约 133.3 hm²，防治效果达 92%。刘清浪等（1985）在广东 10 余个县（市）20 多个试验点，应用马尾松毛虫质型多角体病毒防治不同世代的马尾松毛虫，面积达 2 666.7 hm²，杀虫率达 70% 以上，持效作用达 5～6 年。以每毫升含 2.5×10^6 质型多角体的剂量，在阴天或 15:00 时后喷施病毒液，防治 4～5 龄幼虫，防治效果较好，且对第 1 代和越冬代的防治效果尤为突出。吴若光等（1988）在广东各地区的不同年份，利用日本赤松毛虫质型多角体病毒防治不同世代的马尾松毛虫，累计面积约 200 hm²，15～20 d 后，4～5 龄幼虫死亡率为 89.1%，5～6 龄幼虫为 52%。应用松毛虫质型多角体病毒防治马尾松毛虫，除了在统计时间内死亡的以外，在残存的活幼虫中，仍有 81.8% 受质型多角体病毒感染。次代幼虫感染率可达 46.4%，并能控制多代虫害，后效作用明显。陈昌洁（1990）报道，松毛虫质型多角体病毒在我国使用面积已超过 20 000 hm²，取得了很好的防治效果。在广东省，不仅使用面积最大，且使用效果尤为突出。

梁东瑞等（1994）研究出一种松毛虫菌毒复合杀虫剂，1989—1990 年春于河南信阳地区南湾白僵菌厂以每克菌粉含分生孢子 100 亿，加入混合野生型毒株 DgCPV - w291 病毒原粉 200 亿多角体，以白陶土为填充剂复合成粉剂，配制成每克含 2×10^7 多角体和 2×10^7 分

生孢子。在 186.7 hm² 林地试验，防治效果最高达 81.2%～89.9%。1991—1992 年云南省永定林场与玉溪白僵菌厂联合生产松毛虫菌毒复合剂，以每克含 5×10⁴ 多角体和 1×10⁷ 分生孢子的粉剂含量，喷施林间，24 d 和 27 d 统计，防治效果分别为 79.5% 和 91.1%。几年间在四川省、云南省和河南省的一些林场推广应用约 8 333.3 hm²，均取得了良好的防治效果。

第五节　昆虫病毒杀虫剂生产技术

核型多角体病毒生产的原则是以最低的成本获得最大量的具有生物活性的病毒。病毒不像细菌可以采用人工合成培养基培养。当前生产病毒的模式主要有两种，一是采用活体昆虫生产，另一种是采用离体细胞生产。

一、采用活体昆虫生产病毒

（一）利用天然饲料养虫生产病毒

早期由于人工饲料的研究没有达到实用阶段，都是从野外采集昆虫回室内，用天然饲料饲养昆虫，达到扩增病毒的目的。这种方法的优点是饲养成本相对低，野生昆虫在遗传上具多样性。缺点是容易污染外来的病原微生物和寄生虫等，难于建立一个健康稳定的种群，虫体的生长发育无法保持一致从而影响病毒的产量。虽然如此，在资金缺乏及劳动力相对低廉的地区仍不失为一种生产病毒杀虫剂的有效方法。国内如茶毛虫核型多角体病毒、杨尺蠖核型多角体病毒和草原毛虫核型多角体病毒等均采用天然饲料饲养昆虫增殖病毒。国外如松柏锯角叶蜂核型多角体病毒、红头松叶蜂核型多角体病毒以及大豆夜蛾核型多角体病毒的等生产也是采用天然饲料饲养昆虫。

（二）利用人工饲料养虫生产病毒

利用人工饲料饲养昆虫生产病毒，大大促进了昆虫病毒杀虫剂生产的发展。因为在活体内扩增病毒的根本前提是需要有良好的饲养系统，能够提供大量连续饲养的健康昆虫，而饲料是这项工作的基础。人工饲料有许多优点：能减少污染，不受季节和寄主等因子的严格限制，能终年大量、连续、规范化饲养。如棉铃虫核型多角体病毒、斜纹夜蛾核型多角体病毒、甜菜夜蛾核型多角体病毒、舞毒蛾核型多角体病毒、黄衫毒蛾核型多角体病毒和云杉卷叶蛾核型多角体病毒等都是利用人工饲料饲喂昆虫生产病毒，摆脱了天然饲料的季节性依赖，使常年工厂化生产成为现实，有利于实行机械化操作。利用人工饲料饲养昆虫，根据昆虫的习性又可分为群体饲养和单虫饲养两种方式。群体饲养给生产带来方便，如斜纹夜蛾、甜菜夜蛾等的饲养。有些昆虫互相伤害和残食，必须使用特殊的设备单虫饲养，给生产带来了难度，如棉铃虫等的饲养。中山大学昆虫学研究所利用一种人工半合成饲料，在室内可常年批量饲养棉铃虫、斜纹夜蛾、甜菜夜蛾、银纹夜蛾和粉纹夜蛾等多种夜蛾科昆虫，为工厂化生产系列病毒杀虫剂提供了保证。

二、采用离体细胞生产病毒

离体细胞生产病毒的技术类似发酵技术，首先建立昆虫细胞株，然后感染病毒增殖。其优点是能够生产出相当纯净的、没有其他微生物污染的病毒产品。现在已建立了用发酵罐培养细胞来连续生产病毒，如利用 TN-368 细胞生产苜蓿丫纹夜蛾核型多角体病毒，每毫升可生产 $5×10^6$ 细胞，可获得每毫升 10^8 多角体（PIB）。当前利用细胞组织培养的模式来生产核型多角体病毒，还存在不少问题。首先是成本昂贵，另外有很多技术问题没有解决。经多次连续逐代培养后，病毒毒力减弱，这是因为病毒出现自发突变。苜蓿丫纹夜蛾核型多角体病毒在粉纹夜蛾细胞上长期培养后，多角体产量和多角体内正常病毒粒子数量减少。美洲棉铃虫核型多角体病毒长期离体培养，会导致多角体产量和游离病毒粒子数量下降。尤为明显的是后期培养出的多角体已经丧失了使棉铃虫幼虫致死的能力。因此利用昆虫细胞系大量增殖病毒作为农用杀虫剂，国内外还处在探索性的研究阶段。中国科学院武汉病毒研究所曾利用组织培养法增殖病毒作毒源，结合人工半合成饲料饲养油桐尺蠖幼虫生产病毒杀虫剂，虽然保证了毒种的纯度，但还没有真正解决大量培养细胞生产病毒作为农用杀虫剂的问题。如何降低培养细胞生产病毒的成本、提高病毒的单位产量和毒力，仍然是一个有待解决的问题。

三、昆虫病毒杀虫剂生产工艺

我国病毒杀虫剂的生产工艺已经历了 3 个发展阶段。

第一阶段（20 世纪 70 年代）为初级阶段（粗制品阶段）其生产工艺为：感病虫尸捣碎→过滤去渣→悬浮液→直接用于大田防治。

第二阶段（20 世纪 80 年代）为机械化或半机械化生产的剂型产品阶段，其生产工艺为：感病虫尸机械磨浆过滤→离心提纯→机械干燥→机械粉碎过筛→标定含量→添加辅助剂拌和→机械分装→产品。

第三阶段（1990 年代后）为机械化或新剂型研制阶段，其生产工艺为：感病虫尸机械磨浆过滤→机械干燥→添加辅助剂→机械粉碎过筛→标定含量→机械分装→产品。本阶段，在剂型研制上有了很大的进展。目前病毒杀虫剂的剂型有可湿性粉剂、乳剂、乳悬剂和水悬剂等。

四、昆虫病毒杀虫剂剂型

（一）昆虫病毒杀虫剂的剂型

病毒生物防治的实践要求生产高效、稳定、安全的标准化产品，剂型配制的目的就是要提高产品储藏性能，在保持持久活性的同时，保证产品质量且使用方便。目前病毒杀虫剂的剂型有可湿性粉剂、乳剂、乳悬剂、水悬剂和水分散粒剂等。

（二）病毒杀虫剂的主要成分

1. 活性成分和非活性成分 病毒杀虫剂的主要成分为活性成分（又叫有效成分即病毒本身）和非活性成分（又叫辅助剂）。

2. 非法活性成分 病毒杀虫剂的非活性成分有以下几种。

（1）填充剂 病毒有效成分掺和一些物质如碳酸钙、白陶土、粉煤灰、高岭土和硅藻土等填充剂加以分散稀释，便于使用。填充剂一般对病毒毒力无影响。

（2）展着剂　喷药时，药液在植物上覆盖的面积越大越好。加入一些如中性洗衣粉、茶枯粉和十二烷基磺酸钠等展着剂，会降低雾滴表面的张力，雾滴就可以在有蜡质、光滑和油质的叶面上湿润，扩展开来。

（3）黏着剂　加入如甲基纤维素、淀粉等抗风雨冲刷的物质（称为黏着剂），能增加药物与植物表面之间的黏着力。

（4）保护剂　纯净病毒易受日光或紫外辐射伤害而失活，为此添加减少阳光灭活病毒的物质，叫做保护剂，它使病毒杀虫剂在田间药效持久，如翠蓝、果绿、活性炭、黄连素、荧光素钠和苋菜红等。

（5）诱饵剂　能刺激幼虫食欲的一类物质。根据害虫种类而定，如棉铃虫用棉油、棉叶粉等。

以上辅助物常有一物多用的特点，要根据选用辅助剂的性质灵活运用。

五、昆虫病毒杀虫剂产品标准化及质量检测

为确保昆虫病毒杀虫剂的防治效果和安全性，昆虫病毒杀虫剂产品应进行标准化测定。所谓产品标准化就是指用公认的最合适的活性单位来测定病毒杀虫剂的毒效，其目的是为了控制产品质量。Dulmage 和 Burgrjon（1977）认为杆状病毒制剂可以用生物测定的方法标准化，即以一定的昆虫进行毒力测定来确定制剂的毒力效价，这种毒力效价就可以代表制剂的质量。要测定一种制剂的毒力效价还需要用一种标准制剂进行比较，通过同标准制剂的比较，就可以得出供试制剂的相对毒力效价。

为了保证每批病毒产品的质量，必须在 3 个方面进行控制：多角体数量、每克（或每毫升）病毒制剂的生物活性单位（biological activity unit）和杂菌的数量。病毒产品的生物活性，是检测每批产品最重要的标准。为了保证每批病毒产品的杀虫效果，应该使用室内饲养的标准宿主幼虫进行病毒制剂的生物活性的检测，使宿主幼虫死亡 50% 所需要的病毒制剂量（LD_{50}）为一个活性单位。病毒的田间使用剂量也应该作为每公顷活性单位的说明。为了保证病毒产品的生物学安全，必须限定每种登记注册的杆状病毒所含的好气细菌（aerobic bacteria）的最高含量，如棉铃虫核型多角体病毒每克含 10^7 菌落，黄衫毒蛾核型多角体病毒和舞毒蛾核型多角体病毒每克含 10^9 菌落，并且不允许含大肠杆菌和其他致病菌，如沙门氏杆菌（Salmonella）、志贺氏菌（Shigella）和弧菌（Vibrio）等。产品还应具有良好的商品储存性能。在一般储存条件下，产品的有效活性要保持到第二年使用季节（16～20个月）。

美国棉铃虫核多角体病毒可湿性粉剂检测内容包括：①病毒类型，暂没有发生变异；②多角体含量的精确测定；③每批产品的生物活性测定；④安全性检测；⑤产品物理性质（如悬浮性和分散性等指标）测定。

Sandoz 公司的棉铃虫病毒杀虫剂 Elcar 产品说明书上有如下几条：①防治对象：美洲棉铃虫和烟芽夜蛾等；②活性成分：棉铃虫核型多角体病毒的多角体含量 0.4%；③惰性成分：含量 99.6%；④产品每克多角体含量不少于 40 亿；⑤请务必弄清产品性能、介绍特性和兑水比例；⑥用法介绍：不同作物的使用剂量，与其他化学农药混用配比方法；⑦储存条件：要求在室温 22 ℃条件下储存；⑧标明产品名称，剂型类型（陈涛，1995）。

目前，我国还没有正式颁布昆虫病毒杀虫剂的行业标准和国家标准。产品标准化及质量检测主要是根据各企业自定标准进行，所以很不规范。农业部农药检定所根据国外经济合作与发展组织（OECD）核型多角体病毒标准和我国国内企业标准等有关材料，结合我国的实际情况，在2007年曾制定"棉铃虫核型多角体病毒可湿性粉剂、苜蓿丫纹夜蛾核型多角体病毒悬浮剂和小菜蛾颗粒体病毒可湿性粉剂"的行业标准。比如"棉铃虫核多角体病毒可湿性粉剂"采用限制性核酸内切酶进行定性检测，采用血细胞计数板和生物测定进行定量检测。检测内容及指标见表5-2。

表5-2 棉铃虫核多角体病毒可湿性粉剂控制项目指标

项 目	指 标
病毒包含体数量（亿 PIB/g）	≥1
生物测效定价（标准品 LC_{50}/待测样品 $LC_{50}\times100\%$）	≥80%
细菌杂菌（大肠杆菌）数量（个/g）	≤10^5
pH	6.0～8.0
水分含量（%）	4
细度 75 μm（过 200 目筛比例,%）	≥98
润湿时间（min）	≤3
悬浮率（有效成分含量,%）	≥80

六、昆虫病毒杀虫剂的保存

昆虫病毒的活性易受温度和紫外线的影响，一般要求将生产的病毒杀虫剂置阴凉干燥或低温遮光的条件下保存，病毒原药（病毒多角体）和病虫体置50%甘油保藏于阴凉干燥处或冰箱中。

据报道，马尾松毛虫质型多角体病毒悬液分别加入50%甘油和50%的蔗糖在室温下避光保存14个月，其感染率为13.4%～42.5%，而在冰箱中储存同样的时间，其感染率达60.0%～76.6%。广东省林业科学研究所将马尾松毛虫感染质型多角体病毒死亡的虫尸晾干和晒干在室温下避光保存21个月，其感染率分别为94.1%和69.1%，差异显著。菜粉蝶颗粒体病毒杀虫剂产品储藏于室温暗处，1年丧失感染力14%～16%；储藏于4℃以下，1年丧失8%。日本生产的赤松毛虫质型多角体病毒杀虫剂制剂置5℃条件下，可保存3年。中山大学昆虫学研究所将斜纹夜蛾核型多角体病毒标准样品和核型多角体病毒杀虫剂分别于4℃和室温下储藏5个月、10个月、15个月及23个月后，分别对斜纹夜蛾3龄幼虫进行毒力测定。结果表明，核型多角体病毒标准样品和核型多角体病毒杀虫剂在4℃和室温下储藏5～10个月，病毒活性稳定。在室温下储藏23个月，核型多角体病毒标准样品和核型多角体病毒杀虫剂的活性分别下降21%和23%；在4℃储藏23个月，活性下降仅是8%和2%。说明斜纹夜蛾核型多角体病毒标准样品和核型多角体病毒杀虫剂在室温下储藏不要超过2年。

第六节　影响昆虫病毒生产的因素

昆虫病毒在宿主细胞内增殖时，其增殖速度和增殖数量受多种因素影响，这些因素包括饲料营养、环境因子、病毒感染虫龄和剂量等。由于杆状病毒的生产是在活虫体内增殖病毒，故最大限度地利用虫体组织扩增有生物活性的病毒是整个病毒生产中的关键，特别是室内人工饲料饲养昆虫。如何模拟自然环境，创造一个昆虫生长发育的最佳条件系统至关重要。影响病毒生产的主要因素如下。

一、饲料营养对病毒生产的影响

早期的病毒生产常使用叶子作为宿主昆虫的饲料，这是在人工饲料还没有研制出来时不得已的办法。比如我国已注册登记的棉铃虫和斜纹夜蛾核型多角体病毒曾一度使用叶子喂养虫子来生产病毒。但是，使用像叶子一类的天然饲料有两个缺点，一是由于自然叶子受到季节与气候的影响，无法连续饲养昆虫；二是由于天然饲料无法消除外来的杂菌和病毒等病原体，常常导致昆虫发病，影响目的病毒的产量和质量。人工饲料克服了这些缺点，但是人工饲料的配制如果不适合，又有可能引起虫体比天然饲料喂养的小、化蛹率下降、成虫羽化至死亡的时间延长等问题，有可能引起虫种遗传上的改变而导致虫种退化。因此合理的人工饲料的配制至关重要。在研究甜菜夜蛾人工饲料中黄豆粉、酵母粉和麦麸3种主要营养成分对甜菜夜蛾核多角体病毒产量的影响时，通过采取单因素和正交组合设计的方法，获得甜菜夜蛾核多角体病毒高产优化组合方案为酵母粉 7 g、黄豆粉 14 g 和麦麸 6 g。

人工饲料生产成本较高，国外多采用麦芽胚、酪蛋白作为基料，再配以其他辅料。其中成本较高的是琼脂，一般认为，除了虫种的传代饲养外，感病幼虫的饲养可以尽量减少不必要的成分，成本较高的琼脂也可以用较廉价的物质代替。这方面国外早已成功应用褐藻酸钠和褐藻酸钙以及角叉藻聚糖代替琼脂用于病毒生产的报道。国内中山大学研究成功了以淀粉和卡拉胶混配替代夜蛾类昆虫人工饲料中的琼脂。实验证明，该饲料饲养夜蛾类昆虫与用琼脂作凝固剂的饲养效果相当，但该配方中的成本仅为原来的 1/3。

二、环境条件对病毒生产的影响

（一）温度与湿度对病毒生产的影响

一般来说，病毒生产中，感染病毒前幼虫的生长有一个最适生长温度，感染病毒后病毒在虫体内的复制也有一个最适温度，所以温度应该控制在某一个区间作为兼顾幼虫生长及病毒复制的最佳温区。温度过高虫子生长发育快，但在较高温度下虫子感染病毒后病毒的产量下降。中山大学科技工作者把斜纹夜蛾 4 龄初和 4 龄末的幼虫感染核型多角体病毒后，置于21℃、24℃、27℃、30℃、33℃和36℃共6种不同温度下饲养，结果表明，4 龄初感染的病毒产量峰值在 27℃，平均每条幼虫病毒产量达 15 亿多角体（PIB）；4 龄末感染的病毒产量峰值在 24℃，平均每条幼虫病毒产量达 24 亿 PIB。因此适宜斜纹夜蛾四龄幼虫繁殖病毒温区应在 24～27℃。说明在高温下，病毒的复制受到抑制。但温度过低，虫子生长缓慢，对病毒的复制也不利，且延长生长周期，降低发病率。

在温度成为一个关键因素时，湿度过大，霉菌的发病率就随之增大，湿度也要控制在最适昆虫生长的范围内，一般在 75% 左右。

（二）光照对病毒生产的影响

通常昆虫的饲养及病毒的增殖阶段光照期对其影响不大。Shapiro（1982）等人在饲养虫子 18 d 期间，每天固定的光照条件（26 ℃、16 h 光照、8 h 黑暗、50% 相对湿度），同时另设一组在不同光暗周期中饲养，如 20∶4、12∶12、4∶20（比号前数据为光照时数，比号后数据为黑暗期时数）也没有发现在死亡率和病毒产量方面与光照时间有明显差异。但是胡萃等人（1994）报道不同的光周期对病毒产量有影响，而对病毒感染昆虫死亡率没有影响。

三、病毒感染虫龄及剂量对病毒生产的影响

在病毒生产时，技术上要通过差速离心及蔗糖梯度提纯获得较纯的原始病毒毒株，此外还要遴选最适感染虫龄和感染剂量，才能获得高产量的病毒多角体。

（一）最适感染虫龄

一般幼虫龄期越小，对病毒越敏感，死亡率越高。这有利于防治时机的确定。但在病毒生产中，目的是要获得最大量的病毒，因此选择最适感染龄期尤为重要。感染过早，幼虫虫体太小，死亡率高，病毒产量低；感染过迟，则感染率低，幼虫大多进入化蛹阶段，同样对生产病毒不利。例如中山大学用浓度 $1×10^8$ PIB/mL 的病毒液分别感染甜菜夜蛾日本品系 3 龄中、4 龄中和 5 龄初幼虫，结果表明：3 龄中幼虫平均单头核型多角体病毒含量为 8.43 亿 PIB、4 龄中幼虫平均单头核型多角体病毒含量为 10.26 亿 PIB 和 5 龄初幼虫平均单头核型多角体病毒含量为 15.82 亿 PIB。这说明在相同的试验条件下，不同的虫龄对病毒的产量影响很大。因此在病毒生产前，应该在试验中找出各种昆虫的最佳感染龄期。

（二）最适感染剂量

从生产的角度出发，总是希望昆虫的感染率达到 100%，昆虫的死亡率也达到 100%。但这只是个理想的情况，感染剂量与病毒产量的关系，各个生产体系中都不一样，需要试验来确证。一般来说，剂量太高，幼虫的生长发育被过早阻断，病毒产量无法提高；剂量过低，则幼虫大部分化蛹，同样对生产不利。通常病毒感染液的浓度为 $1×10^5 \sim 5×10^7$ PIB/mL。也有人用到 $1×10^8$ PIB/mL 的感染浓度。例如中山大学昆虫学研究所分别用 $1×10^3$ PIB/mL、$1×10^4$ PIB/mL、$1×10^5$ PIB/mL、$1×10^6$ PIB/mL、$5×10^6$ PIB/mL、$1×10^7$ PIB/mL、$5×10^7$ PIB/mL、$1×10^8$ PIB/mL、$2×10^8$ PIB/mL 共 9 种浓度感染甜菜夜蛾日本品系 3 龄末和 4 龄末幼虫，结果表明用 $1×10^8$ PIB/mL 感染甜菜夜蛾日本品系 4 龄末幼虫的病毒产量最高，平均单头含量达到 15.1 亿 PIB。因此各种昆虫生产系统都必须确定一个的最佳感染剂量。

四、污染对病毒生产的影响

为了使病毒生产达到高效率高产量，首先必须保证提供大量健康的幼虫和毒力高的纯病毒毒种。在一切操作的地方，随时保持高标准的卫生条件。在生产的每一个环节，都要注意

控制微生物的污染。由于病毒、细菌、真菌和原生动物的污染，常导致宿主昆虫生长缓慢，减少每条幼虫的病毒产量。更为严重的是在养虫室发生持续污染，感染虫种，导致养虫生产停顿。因此在病毒生产中，无菌操作的重要性显得特别重要。首先，要获得健康、无污染的虫子，就必须在卵孵化前将卵块消毒。经过大量的研究，效果最满意的两种化学消毒剂是次氯酸钠和福尔马林。它们具有杀菌谱广、水溶性好、对人和昆虫无毒害、容易得到而且廉价等优点，因而成为病毒生产中最常用消毒剂。昆虫饲养实行无菌操作，包括：①净化空气，90％的杂质包括多种微生物均能除去；②养虫车间与殖毒、生产两个车间实行严格隔离，两地的生产人员不可相互串流，做到人流和物流分开；③任何病原物和器具杂物用塑料袋集中装起来，及时消毒；④每大批生产1次，就要大消毒1次，每天日常性消毒1次，人走动的地方随时消毒擦洗；⑤原料、用具必须消毒彻底。严格按上述要求做，虫种饲养中的病毒发病率可减少至0.1％以下，杂菌污染几乎没有。

第七节　影响病毒防治害虫效果的因素

一、环境因素对病毒防治害虫效果的影响

（一）温度对病毒防治害虫效果的影响

田间温度不是影响病毒毒力的主导因素，但能通过影响寄主昆虫生物学特性来影响昆虫对病毒的易感性。温度可影响发病潜伏期，核型多角体病毒和质型多角体病毒等的传播适温约为25 ℃，如将温度从15 ℃提高到32 ℃，可使棉铃虫（Helicoverpa zea）核型多角体病毒致该虫死亡率50％的时间（LT_{50}）从9 d减少到2～3 d。美国天幕毛虫在停育的末期，显著降温可使潜伏状态的感染转变为活动状态，但在幼虫孵化时或全部停育状态下，降温不能使易感性增加。

（二）光线对病毒防治害虫效果的影响

紫外线对病毒的致病力影响较大。室内试验条件下，置距紫外线源5 cm处5 min可使实夜蛾属（Heliothis）的核型多角体病毒全部失活，可使粉纹夜蛾的核型多角体病毒在2 h内全部失活。在田间条件下，特别是用飞机喷洒病毒悬液的情况下，日光照射能影响制剂的效果。甘蓝叶面经日光暴晒12～19 h田间颗粒体病毒制剂全部失活。昆虫病毒制剂在田间的失活与日光特别是紫外线的关系最大。干燥的、未经提纯的大菜粉蝶的颗粒体病毒悬浮液比潮湿的、纯化的制剂对光的反应较为稳定，290～330 nm的紫外线使其失活的性能很弱，有作用的波长以250～280 nm为主。病毒制剂在不同的作物上因日光而失活的程度不一，甘蓝叶片上大菜粉蝶颗粒体病毒可维持活力数月，可能与蜡质叶表的皱褶及不规则而使病毒得到隐蔽有关；棉铃虫核型多角体病毒在棉叶上表活力保持仅约2 d，在玉米穗丝上24 h后活力丧失一半；而番茄与大豆具较粗糙叶表，能使病毒持效时间较长。在制剂中加紫外线保护剂或其他辅剂可延长滞留而有助于增效，如聚乙烯醇（PVA）、活性炭、二氧化钛聚合物、黑烟灰、墨汁（常用0.1％）、卵蛋白、啤酒酵母、明胶（常用0.01％）、糖浆和寄主血淋巴等。病毒制剂中加用少量荧光增白剂、硼酸和硫酸铜等有助于增强病毒的活性和侵染力。

（三）pH和土壤对病毒防治害虫效果的影响

病毒的活性与其所处环境的pH有关。实夜蛾属的核型多角体病毒在pH为2时经

30 min 或 pH 12 时经 24 h 活性大减。棉铃虫核型多角体病毒最好保存在 pH 为 7 的条件下。含有包含体的病毒在土壤中的稳定性相当高，有试验显示，施于土壤内中的核型多角体病毒制剂，可在 231 周内无减少数量；粉纹夜蛾的核型多角体病毒在土壤内可保持活性达 5 年之久，不受雨水冲刷的影响，也不受正常 pH 和微生物分解作用的影响。因此土壤可成为这类病毒的储存场所和毒源，并可污染作物叶面，引起害虫种群内病毒病的流行。保持在土壤中的颗粒体病毒的颗粒体对蔬菜区害虫病毒病的发生和流行能起显著的作用，在土壤耕作时，或是随着雨滴，或是凭借风力，能将颗粒体带到叶片的下表面，被害虫取食后而致病。

二、使用技术对病毒防治效果的影响

目前，我国使用昆虫病毒的技术要求虽与化学农药原则上相似，但也有许多更高的技术要求，在防治害虫实践中应予注意。应用昆虫病毒防治害虫的方法是多种多样的，较之化学农药更为丰富，除常规喷雾施药外，还有释放病虫进入害虫自然种群，传播疾病；利用有益昆虫带毒传染；植物幼苗带毒移栽等。促进病毒侵入目标害虫体内以及让病毒在害虫种群中扩散造成流行病的方法都是值得推广的。

施用昆虫病毒杀虫剂，应在害虫敏感性最高的时期使用，喷施时应尽量使病毒液均匀地施放到田间或森林之中，而且覆盖植物表面面积越大，防治的效果越好。覆盖面积与剂量、喷雾手段、使用次数、植物群体结构、地形和风向等因素有关。

（一）施用剂量对病毒防治效果的影响

要想控制目标害虫的危害，应该在田间或林区保持有效的使用剂量。首先要确定病毒的有效使用浓度。由于每种病毒对寄主昆虫的毒力不一样，一般来说，用量低效果差，用量大不仅幼虫死亡率高而且死亡快。在使用前一定要测出病毒的最佳使用剂量。例如在使用斜纹夜蛾病毒杀虫剂时，每公顷单用 9 000 亿 PIB、4 500 亿 PIB 和 1 500 亿 PIB，其 7～9 d 平均防治效果分别为 89.4%、75% 及 50%。因此不同的使用浓度所达到的防治效果差别很大。

（二）施用适期对病毒防治效果的影响

昆虫不同发育阶段对病毒感染的敏感性是不一样的。一般而言，低龄时期的幼虫对病毒的敏感性比高龄幼虫高出若干倍，为选择防治时机提供了依据。用每毫升含 5×10^6 颗粒体的颗粒体病毒感染僧尼天夜蛾 1～4 龄幼虫，死亡率与龄期呈反向相关，1 龄幼虫死亡率为 100%，而 4 龄幼虫只有 56%。根据各地不同的试验结果，田间防治适期在 2 龄前施药为宜。化学农药要求治早治小的经验也适用于病毒治虫。我国应用昆虫病毒防治蔬菜害虫是很有特色的，各地经验指出，病毒的防治适期应比化学农药更早一点，在卵孵化高峰期比 1～2 龄幼虫发生高峰期施药更好。掌握在低龄幼虫期防治，是取得病毒治虫良好效果的关键技术之一。

（三）施用方法对病毒防治效果的影响

喷施器具也能影响昆虫病毒的防治效果。一般来说，喷施病毒时要求雾滴小而均匀，雾点应对准害虫的部位，让害虫即时吃到病毒。目前常用喷雾器有东方红 18 型弥雾机、工农 36 型机动喷雾器、喷管为三喷头的共昱 SHP - 900BS 机动喷雾器（日本产）和工农 16 型手动喷雾器。4 种器具需选用孔径为 1.0～1.2 mm 的喷片。对 4 种喷雾器进行比较试验，证明大面积应用昆虫病毒时应采用东方红 18 型弥雾机和共昱 SHP - 900BS 机动喷雾器低容量喷布；小面积则可采用手动工农 16 型喷雾器，防治效果较好。

第八节 昆虫病毒的安全性

昆虫病毒的安全性研究，国外始于 20 世纪 60 年代。美国的 Ignoff 和 Heimpel 于 1965 年用美洲棉铃虫（*Heliothis zea*）和烟夜蛾（*Heliothis virescens*）核多角体病毒给自愿受试者（男女各 10 人）5 d 吞食 6×10^9 多角体，经过两年的连续观察，发现身体无异常状况。1975 年，McIntosh 和 Shamy 用苜蓿尺蠖核型多角体病毒接种蝰蛇细胞系（VSW），发现该核型多角体病毒虽然能进入蝰蛇细胞系细胞并诱导产生病毒特异性蛋白，但却未能形成正常的病毒粒子。同年，Ignoff 和 McIntosh 用 51 种昆虫病毒（其中核型多角体病毒 29 种，质型多角体病毒 2 种，颗粒体病毒 10 种，昆虫痘病毒 3 种，NIV7 种），对 4 纲的 20 余种脊椎动物和 36 种无脊椎动物以及 24 种植物进行试验，结果表明无致病性和异常变态作用。Ignoff 总结了 1963 年以来的安全试验，得出结论：昆虫病毒尤其是昆虫杆状病毒对人体无毒性，无致畸作用，无诱发畸形和突变作用。

我国对昆虫病毒杀虫剂的安全性非常重视，已对我国的 20 多种病毒及其制剂进行了安全性试验。包括斜纹夜蛾核型多角体病毒、甜菜夜蛾核型多角体病毒、棉铃虫核型多角体病毒、油桐尺蠖核型多角体病毒、茶毛虫核型多角体病毒、草原毛虫核型多角体病毒、黄地老虎颗粒体病毒、小菜蛾颗粒体病毒、菜粉蝶颗粒体病毒及马尾松毛虫质型多角体病毒等（陈其津，1998）。

中山大学昆虫学研究所研制的斜纹夜蛾核型多角体病毒中试时做了急性、亚急性及对哺乳动物细胞的感染实验。实验动物有：小鼠、家兔、豚鼠、草鱼、叉尾斗鱼和有益生物（家蚕、蓖麻蚕、平腹小蜂）。实验方法有：灌胃、口服、腹腔注射、皮下注射、涂抹、滴鼻、眼刺激和皮肤划痕。结果发现：所有实验动物均无异常表现。接种猴肾传代细胞及人胚肺二倍体细胞，未出现病理变化，细胞中未发现病毒。用感染细胞盲传 3 代，未引起任何异常。骨髓细胞微核试验，未表现致突变效应。

棉铃虫核型多角体病毒杀虫剂由中国科学院武汉病毒所研制，针对杀虫剂主体的多角体病毒对脊椎动物的毒性试验。整个实验分 3 方面进行：急性病毒试验、亚急性病毒试验和慢性毒性试验；实验动物有：小鼠、家兔、豚鼠、金地鼠、家鸡、家鸽和金鱼。实验方法有：灌胃、吸入、腹腔注射、皮下及静脉注射、涂抹的滴眼。结果发现：所有实验动物均无异常表现。

菜粉蝶颗粒体病毒杀虫剂是武汉大学研制的生物农药，他们对整体动物进行了急性、亚急性毒理观察，动物有：脊椎动物（家兔和小白鼠）、经济昆虫（家蚕和蓖麻蚕）、害虫天敌（草蛉、蜘蛛和瓢虫）、水生生物（草鱼、鲫和鳌虾）、两栖动物（蛙）、家禽（鸡和鸽）、鸟类（八哥和麻雀）、家畜（仔猪、山羊和母牛）。所有供试动物以口服为主要感染方式，试验结果发现：菜粉蝶颗粒体病毒（PrGV）对供试动物和植物（喷洒）均无毒性和致病性。接着又用菜粉蝶颗粒体病毒感染 3 种动物细胞（人胚肺细胞、兔肾细胞和鸡胚细胞），经光学显微镜和超薄切片观察，未发现细胞病变。将菜粉蝶颗粒体病毒制备的 IgG 用 ELISA 法对接触菜粉蝶颗粒体病毒最多的人群检验，血清均无阳性反应。在此之后，王承芬等人用 Ames 法检测了菜粉蝶颗粒体病毒的致突变性，结果显示其无致突变。

四川大学刘世贵等人分别于 1982 年和 1985 年研制成功了 2 种高效病毒杀虫剂：茶毛虫核型多角体病毒（EpNPV）杀虫剂和草原毛虫核型多角体病毒（GrNPV）杀虫剂。对这 2 种病毒的安全性评价，做了较细致、全面、深入的工作。首先做了 2 种病毒多角体的急性、亚急性和慢性毒理试验，经过观察培养、解剖、组织切片均无异常现象。做了 2 种病毒多角体的致突变试验，选用 Ames 法、姐妹染色单体互换（SCE）和染色畸变法、微核试验、显性致死等方法来检验 2 种病毒多角体的致突变能力以及潜在的致癌能力，结果显示无致突变性和致癌性。做了 2 种病毒的致畸试验，以小鼠做试验对象，对妊娠小鼠喂食多角体，待妊娠结束后检查小鼠胚胎的外观和内脏，发现两种病毒均无胚胎毒性。做了致癌试验，对应致突变试验，以小鼠、大鼠为试验对象，相应补做了长期致癌试验，发现 2 种多角体病毒均无潜在致癌能力（刘世贵等，1992）。

国内外从事昆虫病毒研究的工作者对质型多角体病毒对脊椎动物、有益昆虫和哺乳动物细胞进行安全性试验，从所做的安全性试验结果来看，质型多角体病毒的使用是安全的。

日本生产的赤松毛虫病毒杀虫剂，在使用前做了动物的急性试验和亚急性试验，通过对小鼠、鼷鼠、兔和鱼等进行的一系列组织病理试验观察，没有观察到动物发生任何器质性病变。马尾松毛虫质型多角体病毒对高等动物亦无毒性反应。通过微核试验，人淋巴细胞诱发染色体畸变试验等都说明松毛虫质型多角体病毒并不导致染色体变异。

家蚕质型多角体病毒感染 7 株哺乳动物细胞系（来自人体 4 个，来自猴、猪和鼠各 1 个）试验表明，没有一个细胞系内观察到任何细胞病理学变化或病毒增殖的迹象。潘国兴（1988）从细胞水平和亚细胞水平研究了马尾松毛虫质型多角体病毒对人胚肾细胞、人胚肺细胞、牛睾丸细胞以及猴肾细胞的影响，结果表明，无论是原代细胞还是传代细胞，通过电子显微镜和细胞定位扫描观察，均未发现细胞病变，与对照相似。

质型多角体病毒宿主范围比核型多角体病毒宽，在使用时应考虑它是否对一些有益昆虫的影响。在蚕桑区，特别要注意其是否感染家蚕等。研究结果表明赤松毛虫质型多角体病毒虽然对低龄家蚕有一定的感染力，但和家蚕质型多角体病毒相比，毒力甚小，因而认为使用赤松毛虫质型多角体病毒仍然是较安全的。马尾松毛虫质型多角体病毒的毒力仅为家蚕质型多角体病毒毒力的 1/1 000，其大量使用对家蚕的生产不会产生影响。但是，油松毛虫质型多角体病毒、马尾松毛虫质型多角体病毒和赤松毛虫质型多角体病毒都会感染家蚕，均能引起家蚕致病。这些问题在应用质型多角体病毒病毒杀虫剂时要注意。

到目前为止，用做生物防治的昆虫病毒，由于对寄主的专一性强，对人、畜、植物和环境无害，尤其是杆状病毒，寄主范围只限于无脊椎的节肢动物，国内外均已做了大量的安全试验，结果证实作为生物杀虫剂应用是安全的。但对于一些虽能使昆虫致病而未确定寄主范围的病毒，尤其是那些小 RNA 病毒，需要特别慎重。近年来通过基因工程途径进行遗传改良的重组杆状病毒，包括基因组中含有外源基因的重组病毒，尽管在理论上是安全的，但在田间释放前，必须充分考虑和评估它对人类和环境的安全性，严格遵守国家有关法规，经过法定部门严格的安全评估和批准后才能在环境中释放。

第九节　昆虫病毒杀虫剂展望

　　昆虫病毒只是害虫重要的病原性天敌之一。昆虫病毒作为一种杀虫剂和持续控制害虫的一种生物因子，其作用是难以代替的。未来对昆虫病毒的利用，还需进行更深入的研究，需要解决的问题如下。

　　① 针对苏云金芽胞杆菌和其他微生物制剂效果不佳的防治对象，如许多夜蛾科害虫和抗性害虫，应筛选和研制更加高效的昆虫病毒制剂。

　　② 研究应用策略和方法，充分发挥病毒可以水平传播也可能垂直传播的特点和优势。如定期在田间（林间）释放病虫，让病毒保持一定水平的数量并自然传播，造就病毒病疫区，达到以预防为主，控制目标害虫暴发的目的。总之，病毒不能像化学杀虫剂那样施用。

　　③ 结合田间施肥，添加病毒诱导物，以促使潜伏病毒的暴发流行。

　　④ 建立昆虫-昆虫病毒系统模型，用于检测、监控病毒及病毒病的发生动态，并纳入农业措施的控害效应。通过模拟系统，定量和准确地评价疾病流行的主要因子，寻找各种农业措施与昆虫病毒协同调控害虫种群的技术，指导病毒制剂的应用，使之发挥尽可能大的作用。

● 复习思考题

1. 昆虫病毒与细菌有哪些区别？
2. 生产昆虫病毒杀虫剂主要有哪些途径？
3. 应用昆虫病毒杀虫剂防治害虫有哪些优缺点？

● 主要参考文献

陈其津，庞义，梁东瑞．1998. 昆虫病毒［M］//包建中，古德祥．中国生物防治．太原：山西科学技术出版社．

陈涛．1995. 有害生物的微生物防治原理和技术［M］．武汉：湖北科学技术出版社．

冯振群，程清泉，秦启联．2009. 小菜蛾颗粒体病毒杀虫剂研究与应用进展［J］．现代农业科技（18）：144 - 146.

李广宏，陈其津，庞义．1999. 甜菜夜蛾核多角体病毒的研究与应用进展［J］．中国生物防治，15(4)：178 - 182.

李广宏，陈其津，庞义．2000. 人工饲料成分对甜菜夜蛾核多角体病毒产量的影响［J］．昆虫学报，43(4)：56 - 363.

刘世贵，徐恒，杨志荣．1992. 昆虫病毒应用中的安全问题［J］．四川大学学报（自然科学版），129：119 - 124.

吕鸿声．1998. 昆虫毒理分子生物学［M］．北京：中国农业科技出版社．

庞义．1995. 利用蝎毒基因改良杆状病毒杀虫剂［J］．昆虫天敌 17(2)：90 - 92.

庞义．1994. 昆虫病毒［M］//蒲蛰龙．昆虫病毒学．广州：广东科技出版社．

庞义，胡志红，杨凯，2001. 重组昆虫杆状病毒［M］//黄大昉．农业微生物基因工程．北京：科学出版社．

庞义，袁美妗.2010.昆虫病毒的利用［M］//林乃铨.害虫生物防治.4版.北京：科学出版社.

庞义，袁美妗.2010.应用基因工程技术改良昆虫病毒杀虫剂的展望［M］//林乃铨.害虫生物防治.4版. 北京：科学出版社.

谢天恩，王录明.1987.油桐尺蠖血球细胞系的建立及对多角体病毒敏感性的测定［J］.病毒学报，3(4)：402－407.

GHOSH S M K, et al. 2002. Baculovirus as mammalian cell expression vector for gene therapy：an emerging strategy[J]. Mol. Ther. , 6：5－11.

SLACK J, ARIF B M. 2007. The baculoviruses conclusion－derived virus：virion structure and function[J]. Adv. Virus Res. , 69：99－165.

ZHANG H, et al. 1999. Visualization of protein－RNA interactions in cytoplasmic polyhedrosis virus[J]. J. Virology, 73(2)：1624－1729.

第六章

大分子农药

20世纪是苏云金芽胞杆菌（Bt）从发现到辉煌的世纪，但是随着分子生物学技术、基因工程、细胞工程、蛋白质工程等高新技术的飞速发展，新型大分子农药如雨后春笋般涌现，它的发展篇章里已不再是Bt杀虫晶体蛋白独霸天下的局面，而是呈现"百花齐放，百家争鸣"的新气象，这为生物大分子农药的发展注入了新的活力。

病原菌蛋白激发子、植物病毒弱毒株系、植物源昆虫蛋白酶抑制剂、植物核糖体失活蛋白、植物营养储存蛋白和菇类蛋白多糖等新型大分子农药以其独特的作用方式，登上了生物大分子农药的舞台。安全、绿色、环保等优越特性使大分子农药成为农药研究领域的热点。

第一节　病原菌蛋白激发子

一、激活蛋白

激活蛋白是从灰葡萄孢菌（*Botrytis*）、交链孢菌（*Alternaria*）、黄曲霉菌（*Aspergillus*）、稻瘟菌（*Pyricularia*）、青霉菌（*Penicillium*）、纹枯病菌（*Rhizoctonia solani*）等多种真菌中筛选、分离、纯化出的一种新型蛋白质。邱德文根据其作用机理将此类蛋白命名为激活蛋白（邱德文，2004）。

激活蛋白能调节植物的新陈代谢，启动植物体内的一系列代谢反应，激活植物自身的免疫系统和生长系统。用2 μg/mL激活蛋白喷雾处理三叶期水稻，5 d后取样，进行cDNA芯片分析差异基因。这些差异基因按照功能分为以下几类：光合作用相关的酶、生长发育相关基因、离子通道和转运蛋白、信号转导蛋白、抗逆相关蛋白等（黄丽俊等，2005）。β-1,3-葡聚糖酶和几丁质酶在植物抗病性方面发挥着重要的作用。从交链孢菌中提取的新型蛋白激发子，以2 μg/mL剂量处理水稻幼苗，5 d后植株产生对水稻稻瘟菌的抗性，β-1,3-葡聚糖酶和几丁质酶活性提高，同时苯丙氨酸解氨酶的活性增强。NPR1是水杨酸信号途径的关键调控因子。EIN2是乙烯信号转导途径的调控因子，而CTR1是该途径的负调节因子。用新型蛋白激发子处理水稻1 d后，NPR1和EIN2活性增强；3 d后，CTR1转录受到抑制（赵利辉等，2005）。说明激活蛋白激发了水杨酸和乙烯两种信号分子介导的防御反应体系的一系列反应。

激活蛋白能增强植物的抗病性。从苗期间隔30 d或始花期开始间隔20 d喷施1次植物激活蛋白1 000倍液，能显著增强蚕豆的抗病性，苗期使用效果更明显，对蚕豆赤斑病、根腐病和病毒病的诱抗效果分别为59.1%、76.4%和85.6%（吴全聪等，2006）。用2 μg/mL

植物激活蛋白处理番茄幼苗，5 d 后再接种灰霉病，其防治效果非常明显，8 d、14 d 和 21 d 分别为 40.23％、68.66％和 71、30％。这种防治效果可持续 1 个月以上（李丽等，2005）。同时激活蛋白也能提高植物对病毒病的抵抗力。烟草经植物激活蛋白处理，植物内烟草花叶病毒 RNA 含量比对照降低 28％，烟草花叶病毒外壳蛋白的含量比对照减少了 25％（陈梅等，2006）。

激活蛋白还可促进植物生长，提高植物的抗逆性。用激活蛋白浸种处理水稻种子，能激活水稻幼苗体内的琥珀酸脱氢酶、淀粉酶和丙酮酸激酶的活性，对根长的促进作用比较明显。上述 3 个酶活性的升高，表明植物激活蛋白激活了代谢过程相关合成酶的基因表达，促进了酶的合成，加速了三羧酸循环，提高了细胞内的物质代谢，最终促进植物对营养物质的利用，增强植物的抗逆性（左斌等，2005）。用 2～3 μg/mL 的新型激活蛋白浸泡棉种 6 h，棉花种子平均发芽率达 88.49％。3 μg/mL 处理的发芽率最高，平均达到 93.33％，比对照提高了 19.85％。激活蛋白浸种促进根的增粗，促进根的重量增加。而对棉花幼苗的效果体现在用 3 μg/mL 处理 6 h 组的平均发芽率达 74.4％，比对照提高了 13.3％。出苗后 7 d，2 μg/mL 处理的棉株最高，比对照提高了 7.69％。从浸泡时间和浓度分析，以 2 μg/mL 的浓度浸泡 4 h 处理的根系活力最高，比对照提高了 37.09％（张志刚等，2006）。

二、植物过敏蛋白

植物过敏蛋白是植物病原菌产生的，可与植物表面特殊受体结合，激活植物防御信号，激发植物多种防卫反应的特殊蛋白。植物过敏蛋白能诱导多种植物产生过敏反应（hypersensitive response），其能诱导非寄主植物产生过敏反应，本身又是寄主的一种致病因子。

Wei 等（1992）首次从梨火疫病菌（Erwinia amylovora）的细胞膜上分离纯化出一类蛋白激发子 harpin Ea，这类激发子能诱导烟草叶片产生过敏反应。在以后几年里相继从丁香假单胞菌（Pseudomonas syringae）、茄科雷尔氏菌（Ralstonia solanacearum）和丁香假单胞番茄致病变种（Pseudomonas syringae pv. tomato）中克隆到编码过敏蛋白的基因，并表达了过敏蛋白。

植物过敏蛋白启动植物免疫机制，使植物能抵抗一系列的细菌病害、真菌病害和病毒病害。其作用机理是过敏蛋白与植物细胞上的特殊受体结合，使其构型发生改变，使细胞内蛋白质磷酸化，形成第二信使，信号进一步放大，最终作用到目标基因，引起一系列基因上调或下调，使植物产生防卫反应。美国某生物科学公司从一种拟南芥属（Arabidopsis）植物中发现了 harpin 结合蛋白 1（harpin binding protein 1，HrBP1）（Hoyos 等，1996）。HrBP1 由 284 个氨基酸残基组成，分子质量约为 30 ku。通过对 12 种植物的研究表明，不同植物中存在类 HrBP1 基因。HrBP1 与类 HrBP1 蛋白质序列比较表明，类 HrBP1 蛋白与 HrBP1 间存在高度的相似性。而保守区可能含有与 harpin 相结合的蛋白部分。

harpin 与 HrBP1 结合后，激活 3 种植物防卫反应途径：①一种未知途径激活植物抗细菌反应；②水杨酸途径；③乙烯和茉莉酸途径（Desikan 等，1998；Dong 等，1999）。

2001 年美国某生物公司和康奈尔大学联合将 harpin Ea 开发成广谱性微生物蛋白农药 Messenger™。该产品是含蛋白的可湿性颗粒剂，在多种经济作物上应用后，有促进作物生长与发育，提高作物生物量，提高净光合效率以及激活植物多种防卫反应途径的作用，抗病增产效果十分显著。这类农药作用机制独特，无公害，无残留。因为该产品是 2001 年生物农药中最具代表性的新产品之一，也是国际上开发生物农药最成功的例子（Wei 等，1992）。

　　用不同浓度的 harpin$_{Xooc}$ 喷雾处理烟草、油菜和番茄，对烟草花叶病毒、油菜菌核病和番茄灰霉病均表现出较好的诱导抗病效果（闻伟刚等，2003）。harpin$_{Xooc}$ 由水稻条斑病细菌 hrp 基因簇中的 $hpa1$ 基因编码。用其处理烟草，可激发烟草产生过敏反应。harpin$_{Xooc}$ 经加工后制成含量 1% 的可溶性微颗粒剂在水稻上应用，可诱导水稻产生抗病性，防治水稻稻瘟病的效果与稻瘟必克相当，防治水稻纹枯病和稻曲病的效果与井冈霉素相当（赵梅勤等，2006）。用表达 harpin 基因的大肠杆菌喷雾烟草、番茄、水稻和玉米，这 4 种植物对接种的马铃薯软腐病、番茄早疫病、稻瘟病和玉米大小斑病产生一定得抗性，防治效果与水杨酸相当或略高（赵立平等，1997）。从 EcbCSL101 菌株中克隆出 harpin 的基因，该蛋白可诱导烟草发生过敏反应。50 μg/mL 的 harpin E cbCSL101 蛋白能显著诱导过敏反应，随着含量的增加，过敏反应病斑随之扩大，而对照 MES buffer 处理不引起过敏反应。表明 harpin EcbCSL101 蛋白能诱导植物产生系统获得性抗性，能使植物具备一定得抗病、抗虫、抗逆能力，同时还能促进植物生长和发育（林燕燕等，2008）。

三、隐地蛋白

　　隐地蛋白是由隐地疫霉分泌的蛋白类激发子，自 1977 年发现隐地疫霉（*Phytophthora cryptogea*）的菌体提取物和培养滤液能引起烟草叶片坏死性反应以来，从隐地疫霉、樟疫霉（*Phytophthora cinnamomi*）和辣椒疫霉（*Phytophthora capsici*）中已纯化出分子质量约 10 ku 的多种蛋白类激发子。

　　隐地蛋白氨基酸序列高度保守，其前体含 19～20 个氨基酸的信号肽，成熟蛋白质一般含 98 个氨基酸残基，分子质量一般为 10 ku，少数隐地蛋白不同。隐地蛋白有 α 和 β 两种类型。通过比较两种隐地蛋白的结构，发现它们的氨基酸相似性达到 60% 以上。

　　隐地蛋白的激发子通过水杨酸介导抗病信号途径，激发植物获得对真菌、细菌等病原物的系统抗性。隐地蛋白与细胞膜上的受体相互识别并结合，随后导致 Ca^{2+} 流入细胞内，K^+、H^+ 和阴离子流出细胞，活性氧迸发，质膜去极化等。最后产生植物保卫素、病程相关蛋白和抗病相关物质（Bourque 等，1999）。

　　目前国内对隐地蛋白的研究主要集中在基因的克隆和表达上。从隐地疫霉中克隆到 cryptogein 激发子基因，构建该基因过表达的烟草植株，鉴定出的转基因烟草接种烟草黑胫病菌、赤星病菌和野火病菌，1 d 内即可观察到过敏反应（蒋冬花等，2003）。从疫霉菌 *Phytophthora palmivora* Butler 培养滤液中分离出一种 10.6 ku 的耐热蛋白，该蛋白可使供试的 6 种品种烟草产生坏死效应。该蛋白可使处理植株产生大量的 H_2O_2，推测这种蛋白属于激发子（张宏明等，1999）。

第二节　苏云金芽胞杆菌杀虫晶体蛋白

一、苏云金芽胞杆菌杀虫晶体蛋白的概念

　　苏云金芽胞杆菌杀虫晶体蛋白（insecticidal crystal protein，ICP）是苏云金芽胞杆菌在

芽胞形成过程中产生的由 δ 内毒素组成的晶体状内含物，其含量占芽胞形成过程中菌体产生的总蛋白的 20%～30%，是苏云金芽胞杆菌中最重要的杀虫活性物质。

二、苏云金芽胞杆菌杀虫晶体蛋白的结构与特点

杀虫晶体蛋白是一种碱性蛋白，根据杀虫晶体蛋白的大小可以将他们分为 3 个范围：120～140 ku、60～75 ku 和 25～28 ku。其中研究最为详细的是 CryIA 晶体蛋白。毒素片段位于原毒素的 N 端部分，原毒素经胰蛋白酶水解而除去 N 端含 29 个氨基酸残基的片段，N 端部分才是毒性功能区。其毒素片段分布在密码子 29 到密码子 607 之间，如果进一步从 5′端消除 4 个密码子或 8 个密码子，则使其所编码的蛋白质完全丧失毒力活性。高度保守的 C 端一般与毒性无关，而与伴胞晶体形成密切相关。晶体蛋白被来源不同的蛋白酶激活时分别产生杀虫专一性不同的毒素片段，杀虫专一性是由晶体蛋白与昆虫细胞膜上的受体特异性结合所决定的。

三、苏云金芽胞杆菌杀虫晶体蛋白的作用机理

杀虫晶体蛋白的作用机理包括以下几个过程：晶体被敏感昆虫取食；晶体在昆虫中肠溶解并释放原毒素；中肠消化蛋白酶的原毒素并释放出具有蛋白酶抗性的毒素片段；毒素穿过围食膜，与中肠上皮细胞刷状缘膜上特异的受体结合；毒素蛋白插入表皮膜，形成离子通道或孔洞；细胞渗透失去平衡，使中肠完整性被破坏，导致昆虫死亡（Schnepf 等，19981；Rajamohan 等，1998）。

杀虫晶体由原毒素组成，大多数鳞翅目昆虫食入后，中肠的碱性环境使原毒素溶解（Hofmann 等，1988）。溶解性不同，杀虫晶体蛋白的毒性亦不同。此外，蛋白的溶解性与杀虫特异性亦有联系。

四、苏云金芽胞杆菌杀虫晶体蛋白的应用

苏云金芽胞杆菌杀虫晶体蛋白在农业上的应用是以苏云金杆菌制剂的形式进行的。我国在这方面的研究始于 20 世纪 60 年代，经过研究人员的不懈努力，在菌株选育、发酵生产工艺、产品剂型和应用技术等方面均有突破。目前苏云金杆菌的研发正向改善工艺流程、提高产品质量和扩大防治对象的方向发展，同时对苏云金芽胞杆菌的研究已深入到基因水平，对其杀虫晶体蛋白的编码基因 cry 的研究已有许多突破，采用基因工程技术构建高效苏云金芽胞杆菌工程菌株已有报道。我国已通过国家农药行政主管部门注册的苏云金芽胞杆菌生产厂家近 70 家，年产量超过 3×10^4 t，产品剂型以液剂和乳剂为主，还有可湿性粉剂和悬浮剂，在 20 多个省市用于防治粮、棉、果、蔬、林等作物上的 20 多种害虫。大量的试验和实际应用表明，苏云金芽胞杆菌对多种农业害虫有不同程度的毒杀作用，这些害虫包括棉铃虫、烟青虫、银纹夜蛾、斜纹夜蛾、甜菜夜蛾、小地老虎、稻纵卷叶螟、玉米螟、小菜蛾、茶毛虫等，对森林害虫松毛虫有较好效果。另外，还可用于防治蚊类幼虫和储粮蛾类害虫。

五、其他苏云金芽胞杆菌外毒素

1. α 外毒素　α 外毒素，亦称磷脂酶 C，是一种热不稳定的对昆虫肠道有破坏作用的酶。其活性可以被胰蛋白酶或脲破坏，在 pH 超过 10 和低于 3.5 的情况下，该毒素也失去活性。

2. β 外毒素　β 外毒素，即苏云金素，是一种热稳定的外毒素，70 ℃处理 15 min 后仍具有活性。通常在营养体生长阶段产生并分泌到胞外。该毒素的杀虫谱非常广，包括鳞翅目、双翅目、膜翅目、半翅目、同翅目、直翅目、线虫、螨类，同时对脊椎动物也有一定毒性。β-外毒素的主要作用机理是抑制 RNA 的生物合成。

3. γ 外毒素　γ 外毒素是一种能使卵黄澄清的蛋白，对昆虫的毒力尚不明确。

第三节　植物病毒弱毒株系

一、植物病毒弱毒株系的概念

植物病毒弱毒株是一种弱株系病毒，能够侵染植物体，但本身不导致寄主发病，反而能够保护植株免受强病毒的侵染。利用弱毒株保护寄主植物免受同种病毒强毒株侵染的防治方法是当前国内外病毒病防治研究的热点之一。

二、植物病毒弱毒株系的特点

几个烟草花叶病毒（TMV）的基因组全序列已经被测定，并已经人工构建成功，一致的结论是致弱因子定位于编码 126/183 ku 蛋白的开放阅读框（ORF）中。TMV 的一个突变株只在其复制酶中发生了单个氨基酸的改变，导致了烟草的无症侵染。ToMV 弱毒株 $L_{11}A$ 基因组全序列和野生型 TMV-L 全序列相比，有 10 个碱基发生了改变，其中有 7 个碱基在密码子的第三位不引起氨基酸的改变，只有 3 个在 130/180 ku 开放阅读框中的碱基引起了氨基酸的改变，氨基酸分别位于 130/180 ku 蛋白的 348、759、894 位。第 348 位氨基酸的变异可能对毒力的降低较重要，但很难确定对致病力的影响，因不能排除涉及其他氨基酸（Nishiguchi 等，1985；Watanabe 等，1987）。

三、植物病毒弱毒株系的作用机制

弱毒株保护寄主植株免受强毒株的侵染是通过株系间的交互保护作用实现的。被一种病毒感染的植物通常对同种病毒的其他株系有抗性，即为交互保护作用。病毒弱株系阻止同种病毒的另一株系的侵染机理暂不清楚，但有一些理论：①弱毒株占用或耗尽寄主中对攻击病毒建立侵染所必需的代谢或结构；②弱病毒的 RNA 和强病毒的 RNA 配对杂交，阻止强毒株 RNA 的复制和翻译；③弱病毒的外壳蛋白阻止强病毒基因组脱壳；④弱病毒阻止强病毒系统运输；⑤弱病毒激活记住植物防卫机制，降解强病毒的 RNA。

四、植物病毒弱毒株系的应用

自 Kunkel 提出利用弱毒株预防强毒株侵染的设想以来，利用病毒弱毒株的交互保护已经成为防治病毒病较为理想的手段之一，而且已有多种病毒弱毒疫苗研制成功并应用于植物病毒病害防治。

在番茄花叶病的防治上，英国、荷兰等许多欧洲国家使用弱毒株 MII-16，并已见实效。日本广泛使用弱毒株 TMV-L$_{11}$A 保护番茄，使番茄增产 15%～30%。同时，用 CMV-SR 防治番茄 CMV 也有明显防治效果。

在甜椒病毒病的防治上，日本广泛使用 TMV-Pa 弱株系，其防病增产效果可达 36%；同时也使用 TMV-Pa 的弱株系 C$_{1412}$保护甜椒，均有良好的效果。

在柑橘衰退病毒病的防治上，巴西、澳大利亚、印度、日本、美国等国家的实验表明，弱毒系对强毒系具有明显的干扰效果。在瓜类病毒病的防治上，人们也正在积极探索怎样利用弱病毒。日本已经研制出了黄瓜绿斑花叶病毒和南瓜花叶病毒的若干弱毒株，但其食用安全问题还在研讨之中。

2008 年，沈阳农业大学工厂化高效农业工程技术中心研制出新型高效抗植物病毒疫苗抗植物病毒疫苗 1 号。抗植物病毒疫苗 1 号为烟草花叶病毒弱毒株系（N14），用于防治由烟草花叶病毒引起的病毒病，并且可减轻白粉病、霜毒病、叶斑病等真菌病害，还有刺激植物生长和促进早熟的作用。该疫苗能使植物发病指数降低 80%，保产效果在 30%以上。

第四节　病毒卫星 RNA

一、病毒卫星 RNA 的概念

病毒卫星 RNA 是伴随病毒复制的一类小分子 RNA（300～400 bp）。它不能独立复制，完全依赖于特定的辅助病毒，大多数卫星 RNA 能抑制辅助病毒 RNA 的复制，并改变寄主植物的症状表达。卫星 RNA 有其特异的核苷酸序列，与辅助病毒 RNA 没有序列同源性。研究表明卫星 RNA 能抑制病毒复制，减轻病毒的症状，因而可以作为一种新的防病毒病的生物制剂。

二、卫星 RNA 的特点

卫星 RNA 的特点如下：

① 卫星 RNA 不具备单独侵染性，必需依赖于辅助病毒才能进行侵染和复制，其复制需要辅助病毒编码的 RNA 依赖的 RNA 聚合酶。其 RNA 不具有编码能力，需要利用辅助病

毒的外壳蛋白，并与辅助病毒基因组 RNA 一起包裹在同一病毒粒子内。

　　② 卫星 RNA 能侵染特异寄主，且能保持自身的遗传特性。

　　③ 卫星 RNA 和拟病毒同辅助病毒基因组 RNA 比较，它们之间没有序列同源性。

三、卫星 RNA 防病毒强毒株的机制

　　1. 卫星 RNA 高度抑制病毒基因组复制　　在植物培养箱内培养携带枯斑基因（防止烟草花叶病毒的污染）三生烟草幼苗，分别接种含与不含卫星 RNA 的黄瓜花叶病毒（CMV）。含有卫星 RNA 的 CMV-S52 接种的烟草组织，随接种后时间的延长，CMV-S52 感染的组织中卫星 RNA 的双链 RNA 含量呈直线增长，而病毒基因组 RNA 的双链 RNA 的含量则随时间延长而降低。但用不含卫星 RNA 的 CMV 接种后，在测定时间内，各病毒基因组 RNA 的双链 RNA 含量比较恒定（杨希才等，1986）。

　　2. 卫星 RNA 抑制外壳蛋白进入叶绿体　　不同 CMV 株系侵染烟草植物 10 d 后，呈现不同程度的花叶症状：CMV-B 引起严重花叶，含卫星 RNA 的 CMV-S52 仅出现非常轻微的退绿，含卫星 RNA 的 CMV-1、CMV-881 和 CMV-S 的分别出现轻微花叶症状。分离叶片中的叶绿体，分析外壳蛋白含量，结果表明在 CMV-B 侵染的烟草叶绿体内均含有大量外壳蛋白；而含卫星 RNA 的 CMV 侵染的叶片中，外壳蛋白在叶绿体的含量很少甚至检测不到其存在（梁德林等，1998）。

四、卫星 RNA 的生物防治应用

　　（一）卫星 RNA 对强毒株的交叉保护

　　用卫星 RNA 构建植物病毒弱株系，可防治强毒株对一些经济作物的侵染。

　　田波等用黄瓜花叶病毒弱毒株系加卫星 RNA 做生防试剂来防治病害，在辣椒、烟草、茄子、甘蓝等许多作物上均能降低病情指数并增产，并且对一些真菌病害也有效（Tien 等，1991）。

　　邱并生等（1985）通过人工构建和致病性筛选，获得含有卫星 RNA 的 CMV-S52。人工构建的 CMV-S52 在甜椒、心生烟和三生烟上基本不产生明显症状。用弱毒株接种甜椒 1 d 后，可使植株受到保护，其余的病情指数也低于对照。CMV-S52 至今还用于田间防治引起的辣椒和烟草病毒病，并取得了显著的防病和增产效果。周雪平等（1994）用从豌豆上分离的含卫星 RNA 的 CMV 弱毒株对番茄和烟草进行免疫接种，实验条件下 90% 以上的番茄和烟草得到保护。

　　（二）卫星 RNA 所引起的诱导抗病性

　　Monstasser F. 等（1991）曾发现接种了含卫星 RNA 的番茄对马铃薯纺锤块茎类病毒所引起的症状有减轻作用。接种致弱卫星 RNA 使田间黄瓜霜霉病的发病率和病情指数下降，接种致弱卫星 RNA 还使番茄对黑霉病产生抗性。因此，含有致弱卫星 RNA 的病毒株系作为一种侵染性病原因子诱导植株产生整体抗性，这种整体抗性的产生可能与植物病毒和其他病原物侵染诱发产生的植物病程相关蛋白有关。

第五节　植物核糖体失活蛋白

一、植物核糖体失活蛋白的概念

植物核糖体失活蛋白（RIP），是一类广泛存在于高等植物细胞中专门作用于真核细胞、抑制核糖体功能的毒蛋白。

二、植物核糖体失活蛋白的结构与特点

（一）植物核糖体失活蛋白的结构

根据蛋白的结构特性，可以将核糖体失活蛋白分为Ⅰ型、Ⅱ型和Ⅲ型。

Ⅰ型为单链蛋白，分子质量为 11～30 ku，一般为碱性糖蛋白，具有 RNA N-糖苷酶活性，在活性位点区域内具有高度保守的活性裂隙残基和二级结构，如天花粉蛋白、美洲商陆抗病毒蛋白、肥皂草素、丝瓜毒蛋白、大麦翻译抑制剂等。大多数核糖体失活蛋白属于Ⅰ型。

Ⅱ型为二聚体蛋白，分子质量大约为 60 ku，A 链具有 RNA N-糖苷酶活性，B 链是一个对半乳糖专一的凝集素，B 链可以分别或同时与真核细胞表面的糖蛋白或糖脂的半乳糖部分结合，介导 A 链逆向进入胞质溶胶，一旦进入胞质溶胶，A 链就可以破坏核糖体，并且抑制蛋白质的合成。A 和 B 链通过一对二硫键相连，并通过强烈的疏水作用结合在一起。

Ⅲ型先合成无活性的前体，然后在涉及形成活性位点的氨基酸之间进行酶解加工。此类型并不常见，到目前为止，仅在玉米和大麦中鉴定出Ⅲ型的核糖体失活蛋白。

（二）植物核糖体失活蛋白的酶活性

核糖体失活蛋白具有一定的酶活性，具体表现在以下几方面。

1. 核糖体失活蛋白的 RNA N-糖苷酶活性　核糖体失活蛋白能专一地水解真核细胞核糖体 28S rRNA 第 A 位上的腺嘌呤碱基与核糖之间的 N-C 糖苷键，释放出 1 个腺嘌呤碱基，从而阻遏延长因子 EF-2 与核糖体的结合，抑制蛋白质的合成。植物中已发现的Ⅰ型和Ⅱ型核糖体失活蛋白 A 链都具有 RNA N-糖苷酶活性。

2. RNA 水解酶活性　作为水解酶型的典型例子，曲霉素 α-sarcin 是从巨曲霉菌中分离出来的一种特殊形式的。它几乎水解所有动物、植物、细菌和真菌来源的核糖体 RNA。

3. 超螺旋环状 DNA 的酶活性　从樟树种子中得到的辛纳毒蛋白除了能使 rRNA 失活外，还能使超螺旋 DNA 转为缺口状和线状。

三、植物核糖体失活蛋白的作用机制

植物核糖体失活蛋白对动物、植物以及酵母、大肠杆菌核糖体的 RNA 作用位点具有同源性，都位于核糖体大亚基 RNA 的 3′端茎环结构中一个高度保守的核苷酸区域。植物核糖

体失活蛋白通过破坏该区域核糖体大亚基 RNA 的结构而使核糖体失活。植物核糖体失活蛋白都能作用于核糖体大亚基 rRNA，一些植物核糖体失活蛋白的作用底物还包括 DNA、poly(A)、mRNA 等，还有一些植物核糖体失活蛋白可以脱鸟嘌呤。

对不同来源的 rRNA，植物核糖体失活蛋白都有特异的作用方式，而不同来源的核糖体对不同的植物核糖体失活蛋白的敏感性也不同。同时，植物核糖体失活蛋白毒性的强弱取决于其是否容易接触到蛋白质合成过程，例如 I 型的毒性普遍较弱，但它对巨噬细胞、滋养层细胞却具有强烈的毒性，这可能是因为这些细胞本身具有强烈的胞饮作用，很容易使植物核糖体失活蛋白进入细胞内部抑制蛋白质合成。II 型植物核糖体失活蛋白对植物细胞的毒性很低，但具有一定的抗病毒活性，因为被病毒浸染的植物细胞对植物核糖体失活蛋白的渗透性增强，植物核糖体失活蛋白很容易进入细胞，进而抑制病毒的复制。

四、植物核糖体失活蛋白的应用

（一）植物核糖体失活蛋白对病毒的抗性

美洲商陆的叶片中分离的商陆抗病毒蛋白（PAP）表现出抗烟草花叶病毒（TMV）的特性。随后发现其他 I 型的植物核糖体失活蛋白几乎都具有不同程度的抗烟草花叶病毒的能力。而且转天花粉蛋白和香石竹毒蛋白基因的烟草分别对胡萝卜花叶病毒和非洲木薯花叶病毒具有抗性。

（二）植物核糖体失活蛋白对昆虫和真菌的抗性

大麦、小麦的植物核糖体失活蛋白能高效地抑制粗糙脉孢菌的核糖体，大麦、小麦、黑麦和玉米的植物核糖体失活蛋白对多种真菌的生长有明显的抑制作用（Vigers 等，1991）。

植物核糖体失活蛋白对昆虫有毒性作用。当食物中有 0.001%～0.000 1% 的蓖麻毒蛋白或肥皂草素 S6 时，可使鞘翅目的四纹豆象和棉铃象甲致死（Gatehouse 等，1994）。此外，植物核糖体失活蛋白的抗虫性还有可能是因为植物核糖体失活蛋白与昆虫细胞的某些特异性受体结合，使昆虫产生不良反应，阻止昆虫对植物的进一步侵害。

第六节 植物营养储存蛋白

一、植物营养储存蛋白的概念

植物营养储存蛋白（vegetative storage protein，VSP）是广泛存在于植物营养组织的蛋白，定位于液泡，在其他器官需要营养时被降解，因此被称为营养储存蛋白，以区别于种子储存蛋白。

根据营养储存蛋白的定义，人们已在多种植物中发现此类蛋白，其中比较典型的是薯类植物的块茎储存蛋白、大豆叶子中的 VSPα 和 VSPβ，甚至连木本植物树皮中也存在这样的储存蛋白。这些蛋白在不同营养器官中的积累量达到可溶蛋白总量的 50%，但是不同季节的含量相差显著，因而被认为是植物中氨基酸或氮的临时储存形式，在植物生长发育或逆境中为植物的生长提供养分。尽管植物中发现的营养储存蛋白的主要功能都被认为是储存氮源，但这些蛋白的分子大小及氨基酸序列大都不具有相关性，而且各自具有不同的生物学特性和演化关系。随着研究的深入逐渐认识到，植物营养储存蛋白不仅是储存氮素的部位，而且还是植物天然自我防御体系的重要组成部分，在植物的自我保护中发挥举足轻重的作用。

二、植物营养储存蛋白的特点

植物营养储存蛋白多种多样，存在于除种子之外的所有营养器官中，不同的营养器官中蛋白含量不同。调控营养储存蛋白表达的因素非常复杂，包括生长发育、季节变换、环境因素等。如大豆植物营养储存蛋白蛋白的表达调控相当复杂，除了与植物生长发育相关，其编码基因 *vspα* 和 *vspβ* 还受创伤和干旱的诱导。茉莉酸（jasmonic acid）、茉莉酸甲酯（methyl jasmonate）和蔗糖可激活其基因表达，磷酸盐和植物激素（auxin）会抑制其表达，这一特点也提示营养储存蛋白可能在植物防御中发挥某种作用。

三、植物营养储存蛋白的作用机制

（一）抗虫研究

AtVSP 是在拟南芥中发现的与大豆植物营养储存蛋白序列相似的蛋白。实验证明，At-VSP 是一种防御蛋白，参与了茉莉素诱导的植物防御信号途径，其表达和植株的抗真菌性具有正相关性（Ellis 等，2001）。另外，用重组表达的 AtVSP 喂食昆虫能明显延迟昆虫的发育，提高其死亡率，而且这种抗虫活性与其酸性磷酸酶活性相关。AtVSP 的单点突变不仅导致该蛋白酸性磷酸酶活性的丧失，也导致其抗虫活性的丧失（Liu 等，2005）。

sporamin 是甘薯块茎中的储存蛋白，在转基因烟草中表达能使植株具有对鳞翅类昆虫的抗性，原因可能就是 sporamin 具有胰蛋白酶抑制剂活性（Yeh 等，1997）。马铃薯块茎中 patatin 具有抗虫活性，用 patatin 喂食昆虫会明显抑制昆虫幼虫的生长，并且这种抑制作用具有剂量依赖性（Strickland 等，1995）。

（二）抗菌研究

马铃薯块茎中的 patatin 具有 β-1,3-葡聚糖酶活性（Tonon 等，2001），紫花苜蓿根中的植物营养储存蛋白蛋白具有几丁质酶活性（Meuriot 等，2004），这两种酶能分别催化 β-1,3-葡聚糖和几丁质的水解，而 β-1,3-葡聚糖和几丁质都是大多数高等真菌的细胞壁组分，因此这两种蛋白被认为参与了植物对病原真菌的防御。

ocatin 是安第斯块茎作物块茎中的一种储存蛋白，其含量占可溶蛋白总量的 40%～60%。试验表明，ocatin 能够抑制多种病原细菌和真菌的生长（Flores 等，2002）。大豆叶片中的另一种储存蛋白 VSP94 是一种脂肪氧合酶（lipoxygenase，LOX）。目前人们已在多种植物中发现，当植物受到病原菌侵染和用诱导子处理，脂肪氧合酶的表达水平上升，其活性也会提高。例如番茄叶子中有一种脂肪氧合酶，其表达明显受到假单胞病原菌的诱导（Koch 等，1992）；马铃薯叶子中有一种脂肪氧合酶（POTLX3）在叶片受到乙烯和茉莉酸甲酯处理以及晚疫病菌感染时被诱导表达（Kolomiets 等，2000）。

第七节　植物蛋白酶抑制剂

一、植物蛋白酶抑制剂的概念

天然的蛋白酶抑制剂是抑制蛋白水解酶活性的小分子质量多肽或蛋白质，普遍存在于植物、动物和微生物中，其分子质量为 5～25 ku，以二聚体或四聚体的方式存在于自然界。植物蛋白酶抑制剂能与植食性昆虫肠道中的消化酶结合，从而影响昆虫对营养物质的消化吸收，最终抑制昆虫的生长发育。

二、植物蛋白酶抑制剂的特点

根据氨基酸组成序列同源性、拓扑学结构相似性以及与蛋白酶的结合机制，植物蛋白酶抑制剂分为 4 类：丝氨酸类、半胱氨酸类（巯基类）、金属类和天冬氨酸类（Hider 等，1989；Koiwa 等，1997；王琛柱等，1997）。已知的植物蛋白酶抑制剂大多数都为丝氨酸类，该类抑制剂又可分为 16 个家族（Farmer 等，1990），在植物中发现其 8 个家族：大豆胰蛋白酶抑制剂 Kunitz 家族、大豆胰蛋白酶抑制剂 Bowman - Birk 家族、大麦胰蛋白酶抑制剂家族、马铃薯 I 型抑制剂家族、马铃薯 II 型抑制剂家族、南瓜抑制剂家族、Serpin 家族和Ragi I - 2 和玉米胰蛋白酶抑制剂家族（Koiwa 等，1997）。

三、植物蛋白酶抑制剂的作用机制

昆虫摄食富含蛋白酶抑制剂的食物后，蛋白酶抑制剂在昆虫体内积累，抑制昆虫肠道内蛋白酶的水解活性，并刺激消化酶的过量分泌来补偿蛋白酶抑制剂的抑制作用。这种补偿作用会消耗昆虫体内大量氨基酸，有些还是昆虫生长的必需氨基酸，从而影响昆虫的正常生长发育。王琛柱等（1996）的研究结果表明，棉铃虫幼虫取食大豆胰蛋白酶抑制剂后，中肠弱碱性类胰蛋白酶活力显著提高，但强碱性类胰蛋白酶、类胰凝乳蛋白和总蛋白酶活力则显著下降，生长发育受到明显抑制。蛋白酶抑制剂的存在导致了昆虫肠内多种蛋白酶消化功能失调，这也可能是蛋白酶抑制剂具有抗代谢效应的一个原因。

四、植物蛋白酶抑制剂的应用

植物蛋白酶抑制剂在害虫防治中的应用有两方面，一方面是通过基因重组技术来开发转蛋白酶抑制剂基因的植物，另一方面是直接用含有蛋白酶抑制剂的植物源物质来防治害虫。

（一）转蛋白酶抑制剂基因植物的应用

许多蛋白酶抑制剂基因已经转到多种农作物中并获得表达，如马铃薯、番茄、甘薯、油菜、水稻、烟草、棉花等。De 等（2001）用高表达芥菜胰蛋白酶抑制剂基因 MTI2 的拟南芥喂食小菜蛾，结果小菜蛾全部快速死亡。将大豆胰蛋白酶抑制剂基因 KTi3 导入白三叶中，转基因植株提取液对澳洲黑蟋蟀和牧草蛴螬肠道中胰蛋白酶活性的抑制效率分别为

65％和 75％（McManus 等，2005）。研究结果表明，转蛋白酶抑制剂基因的植物对天敌昆虫的生长发育没有显著影响，因而具有良好的应用前景（Burgess 等，2008；Lawo 等，2008）。

（二）直接应用

植物源昆虫消化酶抑制剂在害虫防治中的另一个应用是直接用含有蛋白酶抑制剂的物质控制害虫。虽然这方面的研究较少，但现有的结果显示，直接应用植物源蛋白酶抑制剂防治害虫具有良好的应用前景。用添加 1％大豆胰蛋白酶抑制剂的人工饲料喂养蜜蜂，其存活率显著降低（Sagili 等，2005）。从 *Dimorphandra mollis* 种子中分离到的胰蛋白酶抑制剂 DMTI-Ⅱ 以 1％添加到人工饲料中，喂饲四纹豆象幼虫，发现幼虫死亡率达 67％（Macedo 等，2002）。茄科植物 *Solanum americanum* 中提取的蛋白酶抑制剂 SaPIN2a 对斜纹夜蛾和粉纹夜蛾肠道胰蛋白酶具有明显的抑制作用（Wang 等，2007）。

第八节　菇类蛋白多糖

一、菇类蛋白多糖的概念

蛋白多糖（proteoglycan）也叫糖蛋白，其分子组成以多糖链为主，蛋白质部分所占比例较小。往往一条多糖链上联结多条多肽链，相对分子质量可达数百万以上。蛋白质与多糖以共价键和非共价键相连。从菇类提取出的蛋白多糖，即菇类蛋白多糖。

二、菇类蛋白多糖的特点

菇类蛋白多糖中的多糖链为杂多糖，均含氨基己糖，所以又被称为氨基多糖或糖胺聚糖。蛋白多糖为瓶刷状分子结构，其蛋白多糖亚单位以非共价键的形式附着在多糖主链上。

三、菇类蛋白多糖的作用机制

菇类蛋白多糖主要用于防治植物病毒病害。吴丽萍等（2003）从食用菌毛头鬼伞中提纯的蛋白多糖 Y3 可使烟草花叶病毒粒体发生裂解现象，使之失去侵染活力，而经 RNase 处理的结果证明 Y3 对 TMV 具有体外脱衣壳作用。由此推测，Y3 通过使 TMV 体外钝化从而降低病毒侵染率可能是由于 Y3 阻断了病毒衣壳蛋白亚基之间的作用力，使病毒粒体衣壳蛋白结构松散，侵染率降低。

四、菇类蛋白多糖的应用

菇类蛋白多糖可防治多种蔬菜病毒病。施用抗毒丰 1 号水剂 300～500 倍液，从幼苗真叶期开始施药，每隔 5 d 施用 1 次，共施用 5 次，可有效防治番茄病毒病。喷洒 0.5％抗毒丰 1 号水剂 250～300 倍液，从发病初期开始施药，每隔 10 d 施药 1 次，共施用 2～3 次，可有效防治黄瓜绿斑花叶病；也可用抗毒丰 1 号水剂 250 倍液灌根，每株灌兑好的药液 50～

100 mL，每隔 10～15 d 灌根 1 次，共灌根 2～3 次。采用喷淋与灌根相结合的方法，防治效果更佳。此外，0.5％菇类蛋白多糖水剂对水稻条纹叶枯病有很好的防治效果，且对水稻无毒害作用。

● 复习思考题

1. 简述植物蛋白类激发子的种类和各自作用机理。
2. 简述苏云金芽胞杆菌杀虫晶体蛋白的作用机理。
3. 请给出植物病毒弱株系的定义。
4. 核糖体失活蛋白的酶活性有哪几种？。
5. 为什么植物营养储存蛋白能杀虫？
6. 浅谈植物蛋白酶抑制剂的应用。
7. 结合本章内容，谈大分子农药的应用。

● 主要参考文献

陈梅，邱德文，刘峥，等．2006．植物激活蛋白对烟草花叶病毒 RNA 复制及外壳蛋白合成的抑制作用［J］．中国生物防治，22(1)：63-66．

黄丽俊，邱德文，刘峥．2005．应用表达谱基因芯片筛选植物激活蛋白处理水稻相关差异基因［J］．科学技术与工程，5(24)：1885-1889．

蒋冬花，郭泽建，陈旭君，等．2003．激发子隐地蛋白基因介导的烟草抗病性研究［J］．农业生物技术学报，11(3)：299-304．

李丽，邱德文，刘峥，等．2005．植物激活蛋白对番茄抗病性的诱导作用［J］．中国生物防治，21(4)：265-268．

梁德林，叶寅，施定基，等．1998．黄瓜花叶病毒卫星 RNA 致弱辅助病毒的机理［J］．中国科学，28(3)：251-256．

林燕燕，陶宗娅，崔亚亚，等．2008．EcbCSL101 菌株 hrpN 基因的克隆、表达及 HarpinEcbCSL101 蛋白的生物学活性［J］．微生物学通报，35(6)：888-892．

邱并生，田波，丘艳，等．1985．植物病毒卫星 RNA 及其在病毒病生物防治上的应用：加入卫星 RNA 的方法组建成黄瓜花叶病毒的疫苗［J］．微生物学报，25：87-88．

邱德文．2004．微生物蛋白农药研究进展［J］．中国生物防治，20 (2)：91-94．

王琛柱，钦俊德．1996．大豆蛋白酶抑制剂与棉酚或单宁混用对棉铃虫中肠蛋白酶和生长率的影响［J］．昆虫学报，39(4)：337-341．

王琛柱，钦俊德．1997．植物蛋白酶抑制素抗虫作用的研究进展［J］．昆虫学报，40(2)：212-218．

闻伟刚，邵敏，陈功友，等．2003．水稻白叶枯病菌蛋白质激发子诱导植物的防卫反应［J］．农业生物技术学报，11(2)：192-197．

吴丽萍，吴祖建，林奇英，等．2003．毛头鬼伞（*Coprinus comatus*）中一种碱性蛋白的纯化及其活［J］．微生物学报，43(6)：793-798．

吴全聪，杨秀芬，邱德文．2006.3％植物激活蛋白诱导蚕豆抗病性应用技术［J］．植物保护，32(6)：149-152．

杨希才，覃秉益，田波．1986．卫星 RNA 作为黄瓜花叶病毒生防因子的研究：卫星 RNA 对黄瓜花叶病毒感染的烟叶组织中病毒双链 RNA 含量的影响［J］．微生物学报，26(2)：120-126．

张宏明，蔡以，陈珈．1999．*Phytophthora palmi* 分泌的 10.6 KD 蛋白激发烟草的过敏反应［J］．植物学报，41(11)：1183-1186．

张志刚，邱德文，杨秀芬，等．2006．新型激活蛋白对棉花种子发芽及幼苗生长的影响［J］．江西农业学报，18(3)：1－5．

赵立平，梁元存，刘爱新．1997．表达 harpin 基因的大肠杆菌 DHS(pCPP430) 诱导植物抗病性的研究［J］．高技术通讯，7(9)：192－197．

赵利辉，邱德文，刘峥，等．2005．植物激活蛋白对水稻抗性相关基因转录水平的影响［J］．中国农业科学，38(7)：1358－1363．

赵梅勤，王磊，张兵，等．2006．植物抗病激活蛋白 harpin$_{Xoo}$ 防治水稻病害的研究［J］．中国生物防治，22(4)：283－289．

周雪萍，濮租芹，方中达．1994．含卫星 RNA 的黄瓜花叶病毒弱毒株系的分离鉴定及在病毒病的防治上的应用［J］．中国病毒学，9(4)：319－326．

左斌，邱德文，罗宽．2005．植物激活蛋白对水稻秧苗生长及相关酶活性的影响［J］．科学技术与工程，5(17)：1260－1262．

BOURQUE S，et al. 1999. Characterization of the cryptogein binding sites on plant membranes［J］. J Biol Chem，274：34699－34705.

BURGESS E P J，etal. 2008. Tri－trophic effects of transgenic insect－resistant tobacco expressing a protease inhibitor or a biotin－binding protein on adults of the predatory carabid beetle *Ctenognathus novaezelandiae*［J］. Journal of Insect Physiology，54：528－528.

DE LEO F，et al. 2001. Effects of mustard trypsin inhibitor expressed in different plants on three lepidoPteran pests［J］. Insect Biochemistry and Molecular Biology，31：593－602.

DEASIKANR，et al. 1998. Harpin and hydrogen peroxide both initiate programmed cell death but differential effects on defence gene expression in *Arabidopsis* suspension cultures［J］. Biochem J，330：115－120

DONG H，DELANEY T P，BAUER D W. 1999. Harpin induces resistance in *Arabidopsis* through the systemic acquired resistance pathway mediated by salicylic acid and the NIMI gene［J］. Plant J，20 (2)：207－215.

ELLISC，TUMER J G. 2001. The *Arabidopsis* mutant *cev*1 has constitutively active jasmonate and ethylene signal pathways and enhanced resistance to pathogens［J］. Plant Cell，13，1025－1033.

FAMER E E，RYAN C A. 1990. Interplant communication：Airborne methyl－jasmonate induces synthesis of proteinase inhibitors in plant leaves［C］. Proceedings of the National Academy of Sciences of the Uited States of America，87：7713－7716.

FLORES T，et al. 2002. Ocatin，a novel tuber storage protein from the Andean tuber crop with antibacterial and antifungal activities［J］. Plant Physiol，128，1291－1302.

GATEHOUSE A M，et al. 1994. Insect－resistant transgenic plants：choosing the gene to do the 'job'［J］. Biochem Soc Trans，22(4)：944－949.

HILDER V A，SAMOURR A. 1989. Protein and Cdna sequences of Bowman－Birk protease inhibitors from the cowpea (*Vigna unguiculata* WalP.)［J］. Molecular Biology，13：701－710.

HOFINANN C，et al. 1988. Binding of the delta－endotoxin from *Bacillus thuringiensis* to brush－border membrane vesicles of the cabbage butterfly (*Pieris brassicae*)［J］. European Journal of Biochemistry，173：85－91.

HYOS M E，et al. 1996. The interaction of harpinpss，with plant walls［J］. Mol Plant－Microb inter，9：608－616.

KOCH E，et al. 1992. A lipoxygenase from leaves of tomato(*Lycopersicon esculentum Mill.*) is induced in response to plant pathogenic *Pseudomonas*［J］. Plant Physiol，99，571－576.

KOIWA H，RAY A B，PAUL M H. Regulation of Protease inhibitors and plant defense［J］. Trends in Plant Science，1997，2(10)：379－384.

KOLOMIETS M V，et al. 2000. A leaf lipoxygenase of potato induced specifically by pathogen infection. Plant

Physiol，124，1121－1130.

LAWP N C，ROMEIS J. 2008. Assessing the utilization of carbohydrate food source and the impact of insecticidal proteins on larvae of the green lacewing，*Chrysoperla carnea*［J］. Biological Control，4：389－398.

LIU Y，et al. 2005. *Arabidopsis* vegetative storage protein is an anti－insect acid phosphatase. Plant Physiol（139）：1545－1556.

MAEEDO M L R，et al. 2002. Effect of a trypsin inhibitor from *Dimorphandra mollis* seeds on the development of *Callosobruchus maculatus*［J］. Plant Physiology Biochemistry，40：891－898.

MCMANUS M T，et al. 2005. Expression of the soybean（Kunitz）trypsin inhibitor in leaves of white clover（*Trifolium repens* L.）［J］. Plant Science，168：1211－1220.

MEURIOIT F，et al. 2004. Methyl jasmonate alters partitioning，reserves accumulation and induces gene expression of 32 ku vegetative storage protein that possesses chitinase activity in *Medicago sativa* taproots［J］. Physiol Plant，120，113－123.

MORIONES E，FRAILE A，GARCIA－AARENAL F. 1991. Host－associated selection of sequence variants from a satellite RNA of cucumber mosaic virus［J］. Virology，184(1)：465－468.

NISHIGUCHI M，et al. 1987. Molecular basis of plant viral virulence，the complete nucleotide sequence of an attenuated strain of tobacco mosaic virus［J］. Nucleic Acids Res，13：5585－5590.

RAJAMOHAN F，LEE M K，DEAN D H. 1998. *Bacillus thuringiensis* insecticidal proteins：molecular mode of action［M］. Progress in Nucleic Acid Research and Molecular Biology. New York：Academic Press.

SAGILI R R，PALLKIW T，SALZMAN K Z. 2005. Effects of soybean trypsin inhibitor on hypopharyngeal gland protein content，total midgut protease activity and survival of the honey bee（*Apis mellifera* L.）［J］. Journal of Insect Physiology，51：953－957.

SCHNEPTE，et al. 1998. *Bacillus thuringiensis* and its pesticidal crystal protein［J］. Microbiol. And Molecular Biology Review，62：3775－3806.

STRICKLAND J，ORR L，ALSH T. 1995. Inhibition of *Diabrotica* larval growth by patatin，the lipid acyl hydrolase from potato tubers［J］. Plant Physiol，109，667－674.

TIEN P，GUSI W. 1991. Satellite for the biocontrol of plant disease［J］. Adv Virus Res，39：321－339.

TONON C，DALEO G，OLIVA C. 2001. An acidic b－1,3－glucanase from potato tubers appears to be patatin［J］. Plant Physiol Biochem，39，849－854.

VIGERS A J，ROBERTS W K，SELITRENNIFOFF C P. 1991. A new family of plant antifungal proteins［J］. Mol Plant Microbe Interact，4(4)：315－323.

WANG Z Y，et al. 2007. Purification and characterization of native and recombinant SaPIN2a，a plant sieve element－localized proteinase inhibitor［J］. Plant Physiology and Biochemistry，45：757－766.

WATANABE Y，et al. 1987. Attenuated strains of tobacco mosaic virus reduced synthesis of a viral protein with a cell to cell movement function［J］. J Mol Biol，194：699－704.

WEI Z M，et al. 1992. Harpin，elicitor of the hypersensitive response produced by the plant pathogen *Erwinia amylovora*［J］. Science，257：85－88.

YEH K W，et al. 1997. Functional activity of sporamin from sweet potato（*Ipomoea batatas* Lam.）：a tuber storage protein with trypsin inhibitory activity［J］. Plant Mol Biol，33，565－570.

第七章

转 基 因 植 物

　　转基因技术是将人工分离和修饰过的基因导入到生物体基因组中，由于导入基因的表达，引起生物体性状的可遗传的修饰，这一技术称为转基因技术（transgenic technology）。植物转基因技术是指将来源于动物、植物或微生物等任何生物甚至人工合成的外源基因转入植物基因组中，使之稳定遗传从而赋予植物抗病、抗虫、抗逆、高产、优质等新的农艺性状，而通过这种技术得到的植物叫做转基因植物（transgene plant）。

　　1994 年以前，美国环境保护署（EPA）将经遗传工程改造过的含有来自苏云金芽胞杆菌（*Bacillus thuringiensis*）内毒素基因的植物定义为植物农药（plant pesticide）。随着不同生物来源的毒基因不断被转入植物体中，植物农药这一概念也延伸了。1995 年，美国环境保护署将作物中转基因来源的具有农药性质的蛋白蛋白质和其遗传物质，但不是植物本身，列入农药范畴，要求作为农药进行登记，即 plant incorporated protectants（PIPs）。

　　自 1986 年美国和法国的科学家在世界上首次进行了抗除草剂转基因烟草的田间试验以来，植物转基因技术的研究与应用在世界各地蓬勃发展，被认为是 21 世纪农业的希望，是新的农业科技革命的重要组成部分。特别是近十几年来，转基因植物技术在提高植物抗病、抗虫、改良作物品质以及作为生物反应器，生产有用的化合物等方面的发展十分迅速，技术上日趋完善。

　　在转基因植物给人们带来巨大经济效益和社会效益的同时，其安全性问题也在全球范围内引起了广泛的争论，转基因植物发展前景及其可能存在的风险已成为人们普遍关注的话题。

第一节　转基因植物的发展概况

　　转基因植物的研究始于 20 世纪 70 年代末 80 年代初，自 1983 年第一个转基因植物（转基因烟草）诞生后，转基因成功的植物种类迅速增多，至今已经成功获得了近 200 种转基因植物，涉及 40 多个植物种类。与此同时，转基因植物的种类增多和种植面积都在持续扩大。转基因植物的研究已广泛地渗入到实际应用当中，进入大规模商业化种植阶段。

　　转基因植物的产业化，尤其是转基因农作物的产业化，在提高产量、减少杀菌剂和杀虫剂等农药的使用量以及节约大量劳力等方面，取得了突破性的进展，并带来了巨大的经济效益和社会效益。

一、国外转基因植物发展概况

（一）全球转基因植物种植持续稳定增长

1986 年，美国环境保护署允许世界第一例转基因作物——抗除草剂烟草进行种植。1996 年，美国的转基因作物开始大量商业化种植。此后，转基因技术研究迅猛发展，转基因作物的商业化生产也是突飞猛进。全球转基因植物的种植面积持续快速增长，根据国际农业生物工程应用技术采办管理局（International Service for the Acquisition of Agri - Biotech Applications，ISAAA）统计，2008 年全球转基因作物种植面积连续 13 年持续增长，年种植面积达 1.25×10^8 hm²，比 2007 年增长 9.4%。到 2010 年，世界 29 个国家（包括 19 个发展中国家和 10 个发达国家）的近 1 540 万户农民种植了转基因农作物，种植面积达到了 1.48×10^8 hm²，比 2009 年增长了 10%，接近全球作物面积 1.5×10^9 hm² 的 10%。其中仅美国的种植面积就占了全球种植面积的 45%（约 6.68×10^7 hm²）。2011 年全球转基因作物种植面积增长 8%，达到创纪录的 1.6×10^8 hm²；全球转基因作物面积最大的国家依然是美国，达到 6.9×10^7 hm²；其次是巴西，为 3.03×10^7 hm²，且以增加 20%（4.9×10^6 hm²）连续 3 年占据世界增长率榜首；阿根廷、印度和加拿大的种植面积分别为 2.37×10^7 hm²、1.06×10^7 hm² 和 1.04×10^7 hm²，位居第三至第五。据 ISAAA 推测，至 2015 年，全球种植转基因作物的数量和规模将大幅度提升，主要农产品生产国种植转基因作物的农户将超过 2 000 万，每年种植的转基因作物面积达 2.0×10^8 hm²。

（二）转基因植物在植物保护上占据主导地位

自 1996 年以来，全球已有 50 多种转基因的抗虫、抗病和抗除草剂植物产品投入商品化生产。2006 年，抗除草剂转基因大豆、玉米、油菜和苜蓿等占全球转基因作物总种植面积的 68%，达 6.99×10^7 hm²；抗虫转基因作物以玉米、棉花为主，总计 1.9×10^7 hm²，占 19%；抗病毒转基因作物主要是抗病毒的番木瓜和西葫芦等，种植面积尚不足 1.0×10^5 hm²。其中有一个明显的趋势：兼有抗虫和抗除草剂复合性状的转基因作物增长最快。2009 年，美国批准含 8 种不同抗虫与耐除草剂基因的新型玉米 Smart Stax 的商业化生产，美国和加拿大开始种植更有效、更精确插入外源基因的 Roundup Ready 2 Yield 的大豆转基因品种。该项新型高效转基因技术掀起全球范围内第二次转基因作物研发和应用的浪潮。为了提高杀虫毒力、扩大杀虫范围和有效延缓害虫产生抗性，双价转基因产品已开始迅速取代单价转基因产品，成为新一代抗虫转基因作物开发应用的重点。

（三）转基因植物的经济效益、社会效益和环境效益显著

在农业生产上，转基因植物的产业化，尤其是转基因农作物的产业化，能够提高作物产量、减少除草剂和杀虫剂等农药的使用量以及节约大量劳力，具有巨大的经济效益和社会效益。例如 1996—2004 年，由于转基因作物大面积推广而大大减少了杀虫剂的使用量，使全球农药对环境的负面影响降低了 15%。更为重要的是，在种植转基因作物的众多受益者中，90% 的受益者来自发展中国家的贫困地区，10 年间他们的收入增加了 130 亿美元。据国际农业生物工程应用技术采办局统计，1996—2008 年 519 亿美元的经济收入中，49.5% 是由产量大幅增加获得，50.4% 是由生产成本减少而获得。在此期间，由于转基因作物的抗虫性等特点累计减少杀虫剂使用 3.59×10^5 t。此外转

基因作物还可以通过减少化石燃料的消耗、增加耕地的保护性耕作，间接减少二氧化碳的排放。

随着转基因技术的应用和推广，越来越多国家和地区许可转基因技术进行商业化生产，转基因作物的市场价值逐年增长。2010年，仅转基因种子市场的全球价值就达112亿美元，占商业种子市场340亿美元的33%。相应的转基因玉米、大豆、棉花、油菜等的收获物价值估计达到1 500亿美元预计每年的增长率为10%～15%。预计2015年全球转基因作物的潜在收益将达到2 100亿美元。可见转基因商业化生产能够带来巨大的经济利益及其广阔的前景。

二、国内转基因植物发展概况

我国转基因植物的研究始于20世纪80年代，是农业生物技术应用最早的国家之一。在国家的大力支持下，经过多年的努力，已初步形成了从基础研究、应用研究到产品开发较为完整的技术产业体系，先后发掘出数十种拥有自主知识产权并具有重要应用前景的新基因，培育出一批转基因作物的新品系和新品种。我国转基因技术和作物育种的整体水平在发展中国家中已处于领先地位，某些项目达到了国际先进水平。

"十五"期间，为提高我国转基因植物研究领域的自主创新能力，应对农业生物技术领域日趋激烈的国际竞争，国家科技部启动"国家转基因植物研究与产业化专项"。由于国家相关部门的重视和资金、政策支持，我国的转基因植物的研究取得丰硕的成果。2005年，我国转基因植物的种植面积达到4.0×10^6 hm^2，占全球转基因作物种植总面积的5%。我国已有1 000多例转基因植物申报了安全性评价，批准了近800例，其中田间试验400多例，环境释放200多例，生产试验100多例，包括水稻、棉花、玉米、油菜、马铃薯、大豆和小麦等30种作物的转基因品种。我国转基因植物多数属于植物保护类产品，如抗二化螟水稻、抗稻飞虱水稻、抗稻瘟病水稻、抗白叶枯病水稻、抗螟虫玉米、抗病马铃薯、保鲜番茄等多种转基因作物已经或者即将进入商业化种植阶段。同时我国转基因作物的种植种类和种植面积都在持续增长，种植面积居全球第六位。其中我国种植面积最大的转基因作物是抗虫棉，到2007年种植面积已达3.5×10^6 hm^2，占我国棉花种植总面积的69%；2008年种植面积达到3.7×10^6 hm^2，占70.1%，但不及印度的1/2（9.4×10^6 hm^2）；到2011年，我国转基因棉花种植面积达到了3.9×10^6 hm^2，种植比例达到了71.5%。

2008年，我国转基因生物育种国家重大科技专项正式启动，一项高达240亿元人民币的转基因研究项目通过国务院审议，作为新中国成立以来国家单项投资最高的项目，主要投入到优势基因的挖掘、转基因品种选育和转基因作物品种的产业化，转基因问题第一次上升到政府决策层面讨论并最终获得肯定。2009年，我国政府对抗虫转基因水稻和转植酸酶基因玉米核发转基因生物安全证书，被国际农业生物技术应用服务组织主席Clive James誉为"是一项里程碑式的决策"。2012年，中央一号文件突出强调农业科技创新，指出"继续实施转基因生物新品种培育科技重大专项"。

目前我国正在研发的转基因植物种类多达47种，主要作物为棉花、水稻、玉米、大豆、小麦和烟草等；用于遗传转化的目的基因种类有100余种，以编码抗病虫害、抗逆和品质改良等基因为主。其中，通过我国相关部门批准进行大田试验的转基因植物达 13 种，包括棉花、水稻、玉米、大豆、小麦、烟草、马铃薯、番茄、甜椒、番木瓜等。截至 2012 年，我国已为抗虫棉花、抗病辣椒（甜椒、线辣椒）、抗病番木瓜、抗虫水稻等 7 种转基因植物批准发放了农业转基因生物安全证书。此外，还批准了转基因棉花、大豆、玉米、油菜等 4 种作物的进口安全证书。

从我国转基因作物的发展速度看，我国属于起步早、发展慢的国家，不仅落后于同时起步的美国、阿根廷和加拿大，还落后于后来居上的巴西和印度；另外，除转基因抗虫棉以外，我国还没有转基因抗除草剂的作物商业化，更没有既抗虫又抗除草剂的转基因作物商业化，远远落后于美国。总体来说，与国际先进水平相比，我国转基因作物的研究水平尚有一定差距，转基因作物的种植面积只占全球的 5%，涉及的转基因作物还仅限于棉花等少数作物品种，但随着农业转基因技术的发展，我国抗虫转基因水稻、抗白叶枯病转基因水稻、抗黄花叶病转基因小麦、抗穗发芽转基因小麦、抗虫转基因玉米、抗虫转基因杨树和抗病转基因木瓜等在田间试验中表现优异，显示了良好的产业化潜力；相信我国将有更多的转基因粮食作物和经济作物获得批准进行商品化生产。

第二节　抗病虫害转基因植物

利用基因工程培育的抗病虫植物成为防治农作物病虫害重要手段，并受到了广泛关注。

一、转基因植物的抗性基因种类

近年来，诸如抗病虫、抗除草剂、抗逆境胁迫等可供利用的基因已被克隆，有的被成功地导入目标植物中并得到表达，培育出具有优良性状的转基因作物新品种。

人们通过基因工程技术手段把具有农药活性的特定基因导入植物体，达到不降低品质和产量情况下获得具有抗病、抗虫或抗除草剂植物的目的，开发出表达农药活性物质的转基因植物。值得注意的是，按照美国的农药登记管理规定，以控制有害生物为目的的转基因植物属于农药范畴，由美国环境保护局（EPA）对农药进行登记。因此也有人把具有农药活性物质的转基因植物称为转基因植物农药，又称转基因生物农药。根据转入基因的不同性状表达，转基因植物的抗性基因主要有抗虫基因、抗病基因、抗除草剂基因和多价基因 4 大类型。

（一）抗虫基因

1. 抗虫转基因植物的发展过程　把外源抗虫基因导入重要植物，获得能自身抗虫的转基因植物是使用最多的一种获得抗虫转基因植物的手段。根据转化所使用的基因类型，大体可以将抗虫转基因植物的发展过程分为第一代和第二代。

（1）第一代　本阶段以转入苏云金芽胞杆菌（*Bacillus thuringiensis*，Bt）杀虫晶体蛋白基因为主，其产生的许多转基因作物都已进入商品化生产，如获得苏云金芽胞杆菌杀虫晶体蛋白基因的烟草和番茄植株。

（2）第二代　本阶段导入苏云金芽胞杆菌杀虫晶体蛋白基因之外的高效杀虫蛋白基因，但这一代转基因植物，大部分还处在实验室阶段，只有少数进入田间试验。

2. 抗虫基因的种类 抗植物虫害的基因有很多，目前应用于转基因植物的抗虫基因有 3 类，第一类是来源于微生物的抗虫基因，以苏云金芽胞杆菌杀虫蛋白基因最常见；第二类是来源于植物的抗虫基因；第三类来源于动物的几种，但对此研究较少。

（1）来源于微生物的抗虫基因 这类基因多是苏云金芽胞杆菌内毒素基因，来自苏云金芽胞杆菌，杀虫毒素为伴胞晶体蛋白，对鳞翅目（Lepidoptera）、双翅目（Diptera）和鞘翅目（Coleoptera）等昆虫有毒。目前，苏云金芽胞杆菌内毒素基因已增加到 45 个，这些基因统称为 *cry* 基因。鉴于苏云金芽胞杆菌毒蛋白具有高度专一性、生物降解性、对人畜无害，因此它被作为植物抗虫基因工程中理想的杀虫目的基因，是目前在抗虫植物基因工程研究中应用最多的一种。已转移的苏云金芽胞杆菌基因主要毒杀鳞翅目害虫，导入棉花、玉米、水稻、烟草、番茄、大豆、马铃薯、胡桃、杨树和落叶松等植物。

其他来源于微生物的抗虫基因还有：①异戊烯基转移酶（*ipt*）基因，来源于根癌农杆菌（*Agrobacterium tumefaciens*）；②胆固醇氧化酶基因，来源于链霉菌。

（2）来源于植物的抗虫基因 这类基因是从植物组织中分离的，主要为蛋白酶抑制剂（proteinase inhibitor，PI）基因、α 淀粉酶抑制剂（α - amylase inhibitor）基因和植物凝集素（lectin）基因等。如胶蛋白酶抑制剂基因的产物可抑制蛋白酶活性，干扰害虫消化作用而导致其死亡，是植物对虫害的自卫反应，主要有丝氨酸类（如丝氨酸蛋白酶抑制剂）、半胱氨酸类（如巯基蛋白酶抑制剂）、含金属类（如金属蛋白酶抑制剂）、天冬酰胺类（如天冬氨酸蛋白酶抑制剂）。已发现活性最强的一种是豇豆胰蛋白酶抑制剂（CpTI），它是一种丝氨酸蛋白酶抑制剂，对大部分鳞翅类和鞘翅类昆虫起作用，具有抗虫谱广、对人畜无害、害虫不易产生抗性等特点。

植物凝集素基因产物虽可以用来杀虫，但有些凝集素对哺乳动物也有毒性，如麦胚乳凝集素和半夏凝集素，因而这些凝集素不适合用来转基因。有些如豌豆凝集素和雪花凝集素对哺乳动物的毒性较小，因此目前大部分转基因集中在雪花凝集素基因。

目前应用于植物抗虫基因工程，获得转基因植株，并表现出良好抗虫效果的蛋白酶抑制剂主要有豌豆胰蛋白酶抑制剂、慈姑蛋白酶抑制剂、大豆胰蛋白酶抑制剂、马铃薯胰蛋白酶抑制剂Ⅱ和水稻半胱氨酸蛋白酶抑制剂。与苏云金芽胞杆菌毒蛋白相比，蛋白酶抑制剂具有抗虫谱广、对人无毒副作用以及害虫不易产生耐受性等优点。

（3）来源于动物的抗虫基因 这类基因是从动物体内分离的，主要是哺乳动物和烟草夜蛾的丝氨酸类蛋白酶抑制剂基因。目前研究最多的是一些昆虫毒素（如蝎子毒素、蜘蛛毒素等）以及昆虫几丁质酶等，这些毒素和酶对昆虫也有毒害作用，可引起神经麻痹，使昆虫失去知觉，不能取食而死亡。

（二）抗病基因

抗病毒基因工程选用的目的基因很多，有些来自于植物病毒，有些来自于植物本身，还有人工合成的抗菌肽基因以及其他来源的基因。抗病毒基因常分为病毒外壳蛋白基因、病毒复制酶基因、缺陷型运动蛋白基因和人工合成抗菌肽基因 4 类。

1. 病毒外壳蛋白基因 将烟草花叶病毒（TMV）的外壳蛋白（coat protein，CP）基因导入烟草中，发现转基因植株发病时间明显延迟或病害的症状明显减轻。通过导入植物病毒的外壳蛋白基因来提高植物的抗病毒能力的技术，已在多种植物病毒中进行了试验。如转入马铃薯 X 病毒（PVX）外壳蛋白基因的烟草植株，比普通植株迟 20 d 发病。缺失而不完整的外壳蛋白基因主要是缺少 AUG 密码子，当这种不能被翻译的外壳蛋白基因整合到植物染色体上后，能使转基因植株获得很好的抗性。目前已发现 15 个病毒组的 30 多种病毒的外壳蛋白基因能使转基因植物对相应病毒产生不同程度的抗性。

2. 病毒复制酶基因　病毒复制酶（replicase，RP）是指由病毒编码的、能特异合成病毒正链 RNA 或负链 RNA 的 RNA 聚合酶，其核心功能是合成全长的病毒基因组 RNA。目前被转入植物的复制酶基因或是开放阅读框序列，或是全长序列，也可以是突变或缺失的基因。由不完整的病毒复制酶基因介导的抗病转基因植物对病毒的侵染有很高的抗性。

3. 缺陷型运动蛋白基因　病毒在植物体内的运动依赖于运动蛋白（movement protein，MP）。如果能干扰或阻碍运动蛋白与胞间连丝的结合，就可阻止病毒的转移，使已侵入植物体内的病毒局限在最初的侵染部位，达到抗病毒的目的。

4. 人工合成抗菌肽基因　中国农业科学院生物技术研究中心的研究人员将人工合成的抗菌肽基因导入作物，育成抗青枯病转基因马铃薯，已获得国家专利。抗菌肽基因已供给国内外 10 多个研究单位，进行抗水稻白叶枯病、花生和番茄青枯病（*Pseudomonas solanacearum*），大白菜软腐病（*Erwinia carotovora*）、柑橘溃疡病（*Xanthomonas compestris* pv. *citri*），桑树和桉树青枯病（*Pseudomonas solanaerum*）、根肿病（*Plasmodiophora brassicae*）等基因工程研究。王勇等已将抗菌肽基因成功导入桑树获得抗病转基因植株。

除了以上 4 类抗病基因以外，还有病毒反义 RNA、病毒卫星 RNA 和缺陷干扰 RNA 等。

（三）抗除草剂基因

抗除草剂基因工程主要有两种方法：①将抗除草剂作用的酶或蛋白质的基因转入植物，使其拷贝数增加，使转基因作物中这种酶或蛋白质的量大大增加，因而除草剂不能杀死该植物；②将以除草剂为底物的酶的基因转到植物中，该基因编码的酶在转基因作物中催化除草剂发生化学转化而无毒，达到保护植物的目的。此外还有一种是利用除草剂能识别其编码作用的酶上一定位点的这一特点，用基因突变的方法使该位点上相应的氨基酸发生突变，除草剂不能识别而使转基因作物对除草剂不敏感。

目前对防除杂草广泛使用的除草剂抗性基因的获得、基因导入作物获得抗除草剂作物等方面的研究，已取得了长足的发展。由于植物转入了不同的抗除草剂基因，表现出抗不同类型除草剂的性状。按产生的抗性类型不同可将除草剂抗性基因分为以下几类。

1. 抗草甘膦基因　这类基因有从根癌农杆菌 CP4 株中分离的 *EPSPS* 基因、从人苍白杆菌（*Ochrobactrum anthropi*）或无色杆菌（*Achromobacter* sp.）中分离的草甘膦氧化还原酶基因（*gox*）以及从拟南芥（*Arabidopsis thaliana*）、碧冬茄（*Petunia hybrida*）、鼠伤寒沙门氏菌（*Salmonella typhimurium*）和大肠杆菌（*Escherichia coli*）等植物、微生物中分离的 *aroA* 基因。

2. 抗溴苯腈基因　这类基因有 *bxn*。

3. 抗草铵膦基因　这类基因有 *bar* 与 *pat*。

4. 抗磺酰脲类除草剂基因　这类基因有 *als*、*SURB - Hra*、*SURA - c*3 和 *csrl*。

5. 抗 2,4 - D 基因　这类基因有 *tfDA*。

6. 抗三氮苯类基因 这类基因有 *psbA* 突变基因。

7. 抗草丁膦和双丙氨酰膦基因 这类基因有 *bar*（PAT）。

在所有这些基因控制的抗性作物中，以抗草甘膦作物最为突出。

（四）多价基因

利用多种抗性基因和多种抗性机制可以增强转基因作物抗性的有效性和持久性。例如把苏云金芽胞杆菌基因和抗除草剂基因同时导入植物中，培育出既抗虫性又抗除草剂的转基因植物。

中国科学院微生物研究所与中国农业大学合作，获得双价抗花叶病毒（烟草花叶病毒和黄瓜花叶病毒）的转基因烟草。中国农业科学院生物技术研究所构建苏云金芽胞杆菌与豇豆胰蛋白酶抑制剂（CpTI）双价抗虫基因，成功地培育出双价基因抗虫棉，具有更稳定持久的抗虫性。双价抗虫棉中的苏云金芽胞杆菌基因产生杀虫蛋白，破坏棉铃虫的消化系统导致其死亡；豇豆胰蛋白酶抑制剂基因产生胰蛋白酶抑制剂，使棉铃虫的胰蛋白酶失去活力，不能消化食物中的蛋白质，得不到充足的营养，导致发育不良，最终死亡。两个抗虫基因的抗虫性具有互补性和协同增效性，使得棉花的不同部位抗虫性趋于均匀一致。

然而，抗性成功地累加仅限于抗性亲和的基因。有人将丝氨酸蛋白酶（SPI）基因和雪花莲凝集素（GNA）基因同时转入烟草，并没有发现其抗性累加效应。这是因为 GNA 有减少进食作用，导致 SPI 吸收量不足而不能对幼虫发生作用。

二、转基因植物的抗性机理

抗病虫害转基因植物具有对植物有连续保护作用、只对目标病虫害起作用、没有环境污染、育种周期短等优点，这些优点与转基因植物的抗性机理有着很大的关系。

（一）抗虫基因的抗性机理

1. 苏云金芽胞杆菌内毒素基因的抗性机理 苏云金芽胞杆菌内毒素一旦进入昆虫中肠，在中肠消化酶的作用下，原毒素降解成分子质量为 $60\sim64\,ku$ 的毒性多肽。这种毒性多肽可引起昆虫肠道麻痹而使昆虫停止取食，同时结合到敏感中肠上皮细胞表面的特异受体上，导致细胞膜产生穿孔，破坏细胞膜渗透平衡，引起细胞裂解，最后导致昆虫疾病或死亡。

2. 蛋白酶抑制剂类抗虫基因的抗性机理 蛋白酶抑制剂与昆虫消化道内的蛋白消化酶结合，形成酶-抑制剂复合物（EI），从而阻断或减弱蛋白酶对于外源蛋白质的水解作用，导致蛋白质不能被正常消化，使昆虫营养不良，生长发育受阻。同时酶-抑制剂复合物能刺激昆虫过量分泌消化酶，致使昆虫代谢中某些氨基酸的匮乏，导致昆虫发育不正常或死亡。此外蛋白酶抑制剂可通过消化道进入昆虫的血淋巴系统，进而严重干扰昆虫的蜕皮过程和免疫应答。由于多数昆虫（尤其是鳞翅目昆虫）幼虫肠道内蛋白消化酶主要是丝氨酸蛋白酶，鞘翅目昆虫幼虫肠道内蛋白消化酶以巯基蛋白酶为主，因此丝氨酸蛋白酶抑制剂和巯基蛋白酶抑制剂分别对鳞翅目和鞘翅目生长发育具有明显的抑制作用。

目前研究得较清楚的是豇豆胰蛋白酶抑制剂（CpTI）基因，其编码豇豆胰蛋白酶抑制剂。豇豆胰蛋白酶抑制剂是一种含 80 个氨基酸残基的小分子多肽，分子富含二硫键，具有两个抑制活性中心，其作用位点是 Lysser。

3. 淀粉酶抑制剂基因的抗性机理 α淀粉酶抑制剂在植物界普遍存在，在豆科植物和禾谷类植物的种子中尤为丰富。α淀粉酶抑制剂的作用机理在于它能抑制昆虫消化道内淀粉酶的活性，使昆虫摄入的淀粉不能消化水解，阻断能量来源。

4. 植物凝集素基因的抗性机理　植物凝集素是一类含有非催化结构域并能可逆结合到特异单糖或寡糖上的植物保守性（糖）蛋白，主要存在于很多植物的种子和营养组织中。这类糖结合蛋白在昆虫肠腔部位与糖蛋白结合，从而降低膜的透性，影响营养物质的消化吸收，引起昆虫拒食、生长停滞甚至死亡。凝集素还能越过上皮的阻碍，进入昆虫循环系统，造成对整个昆虫的毒性。同时还能促进消化道内细菌繁殖，使昆虫得病。

（二）抗病基因的抗性机理

1. 病毒外壳蛋白基因的抗性机理　病毒的外壳蛋白是形成病毒粒子的结构蛋白，其功能是包裹病毒的核酸（DNA 或 RNA），起到保护病毒核酸的作用。以转入病毒外壳蛋白基因获得抗性是研究得最早，也是目前比较成功的抗病毒手段。病毒外壳蛋白被转入植物后，可以阻止入侵病毒核酸的翻译和复制，抑制病毒的脱壳。

2. 病毒复制酶基因的抗性机理　病毒复制酶是指由病毒编码的、能特异性地合成病毒正链 RNA 或负链 RNA 的 RNA 聚合酶，其核心功能是合成病毒的全长基因组 RNA。许多病毒复制酶基因近 $3'$末端含有的编码 Gly - Asp - Asp 特征基序的保守序列，被推断为复制酶的活性中心。有关复制酶的抗性机制至今还没有准确的定论。

3. 缺陷型运动蛋白基因的抗性机理　前文已述，病毒在植物体内的运动依赖于运动蛋白。如果能干扰或阻碍运动蛋白与胞间连丝的结合，就可阻止病毒的转移，使已侵入植物体内的病毒局限在最初的侵染部位，达到抗病毒的目的。

（三）抗除草剂基因的抗性机理

1. 抗草甘膦基因的抗性机理　草甘膦是一种具有独特作用靶标与作用机制的非选择性除草剂，它是氨基酸生物合成抑制剂，其主要作用靶标为莽草酸合成途径中的 5 -烯醇丙酮莽草酸- 3 -磷酸合成酶（EPSPS），通过对 5 -烯醇丙酮莽草酸- 3 -磷酸合成酶的抑制，从而使其催化的磷酸烯醇式丙酮酸与 3 -磷酸莽草酸向 5 -烯醇丙酮- 3 -磷酸的转变过程停止，进而抑制氨基酸的生物合成。通过靶标修饰突变产生抗性基因 aroA，其主要来自于使 5 -烯醇丙酮莽草酸- 3 -磷酸合成酶 101 位脯氨酸突变为丝氨酸的鼠伤寒沙门氏菌（Salmonella typhimurium）和使 5 -烯醇丙酮莽草酸- 3 -磷酸合成酶 96 位突变为甘氨酸的大肠杆菌（Escherichia coli），这种 5 -烯醇丙酮莽草酸- 3 -磷酸合成酶中氨基酸的变化导致作物对草甘膦的抗性提高 500 倍以上。

2. 抗溴苯腈基因的抗性机理　溴苯腈是光合系统Ⅱ（PSⅡ）的强抑制剂。溴苯腈通过连接 PSⅡ 的合成物醌联蛋白组分而起作用，其功能是抑制电子转移，其低亲和力的连接臂位于 32 ku 多肽。溴苯腈在环境中的半衰期很短，一些细菌和耐药性植物能将溴苯腈中的氰基转化为酰胺和酸的衍生物。抗溴苯腈基因（bxn 基因、腈水解酶基因）是从土壤细菌臭鼻克雷伯氏杆菌（Klebsiella ozaenae）中分离获得的，表达产物为一种腈水解酶，这种酶可迅速分解溴苯腈。将 bxn 基因导入棉花和烟草中，使转基因棉花和烟草对溴苯腈具有抗性。

3. 抗草胺膦基因的抗性机理　草胺膦是触杀性非选择性除草剂，作用靶标为谷氨酰胺合成酶（GS）。由于谷氨酰胺合成酶受抑制，使细胞间的氮元素迅速积累，进而导致光呼吸作用与光合作用停止，最终引起植物死亡。从吸水链霉素（Streptomyces hygroscpicus）中分离并克隆出一种草胺膦抗性基因 bar，从绿色产色链霉菌（Streptomyces viridochromogenes）中分离出同一功能的类似基因 *pat*，将这两种基因导入作物中，转基因作物可迅速将草胺膦乙酰化使其变为无活性的代谢物 N-乙酰-L-草胺膦，从而使作物获得对草胺膦的抗性。

4. *als*1 基因的抗性机理   *als*1 基因表达对磺酰脲类除草剂不敏感的乙酰乳酸合成酶（ALS）。磺酰脲类及咪唑啉酮类除草剂作用机理是抑制植物中的乙酰乳酸合成酶。乙酰乳酸合成酶在支链氨基酸的合成过程中起关键作用，对该酶的抑制可以导致支链氨基酸如亮氨酸、异亮氨酸和缬氨酸的生物合成受抑制，进而导致蛋白质的合成停止，并造成植株生长停滞，最终引起植物死亡。从微生物与植物体内分离出的突变体乙酰乳酸合成酶对磺酰脲的抑制作用均不敏感，因而导致抗性。所选育的大豆和棉花等作物品种具有可以表达乙酰乳酸合成酶的基因从而对磺酰脲类除草剂表现抗性，因此大量使用磺酰脲类除草剂对具有 *als*1 基因的大豆和棉花等作物品种安全。含有 *als*1 基因纯合子突变体的作物对磺酰脲类除草剂的抗性可增强 10～100 倍。

5. 抗咪唑啉酮类除草剂基因的抗性机理   利用体外选育技术培育出具有改变的乙酰乳酸合成酶基因的玉米植株，表达的乙酰乳酸合成酶不被咪唑啉酮抑制。有抗咪唑啉酮类除草剂基因（IMI 基因）的作物，具有乙酰乳酸合成酶，而咪唑啉酮不能抑制这种酶，因此作物对田间施用的咪唑啉酮表现出很高的抗性。

三、转基因技术在植物保护上的应用

随着生物技术的发展，植物转基因这一技术日趋完善，在增强植物的抗虫、抗病、抗逆和抗除草剂等性质，以及在改善品质、提高产量和作为生物反应器等方面的发展十分迅速。利用这些技术已成功地将一些具有实用价值的外源基因导入多种植物，获得了一批转基因植物，并且有些转基因植物（如转基因大豆、转基因马铃薯、转基因玉米、转基因棉花、转基因烟草和转基因油菜等）已进入了大规模商业化应用阶段。从性状而言，面积最大的是抗除草剂转基因作物，然后依次是品质改良、抗虫和抗病毒等的转基因作物。除以上进入商业化生产的作物品种外，还有许多转基因植物新品种处于研究或田间试验阶段。这里主要介绍抗病转基因植物、抗虫转基因植物和抗除草剂转基因植物的一些应用成果。

（一）抗虫转基因植物

自 1987 年美国 Agracetus 公司首次报道将外源苏云金芽胞杆菌（Bt）杀虫毒蛋白基因转入棉花后，经过美国孟山都（Monsanto）公司的进一步研究和改进，成功地培育出了多个转苏云金芽胞杆菌基因抗虫棉品种，并于 1996 年开始在美国和澳大利亚进行大面积商品化应用。1997 年，美国孟山都公司"新棉 33B"（Bollgard®，表达 Cry1Ac）开始在我国河北省大面积推广种植。在我国，中国农业科学院生物技术研究中心、江苏省农业科学院经济作物研究所、山西省棉花研究所及中国农业科学院棉花研究所等将外源苏云金芽胞杆菌基因转入棉花，成功培育出了多个转基因抗虫棉品种，并于 1998 年开始商品化生产。到目前为止，苏云金芽胞杆菌基因已成功转入水稻、棉花、玉米、马铃薯、番茄、烟草、苹果、唐棣、核桃、杨树、蚕豆、白三叶、菊花、酸果和大豆等 50 多种植物中，其中前 11 种已转入大田试验，并且大部分已开始大面积种植，如美国某公司开发的"丰收园"玉米与马铃薯、我国拥有自主知识产权的"抗虫棉"等。

除了转苏云金芽胞杆菌抗虫基因作物外，转入豇豆胰蛋白酶抑制剂基因（CpTI）、转马铃薯蛋白酶抑制剂Ⅰ基因、转马铃薯蛋白酶抑制剂Ⅱ基因、转雪花莲凝集素基因等的转基因作物（如烟草、马铃薯、水稻和豌豆等）的抗虫性研究均已见报道。通过农杆菌介导法成功将修饰的豇豆胰蛋白酶抑制剂（CpTI）基因导入新疆陆地棉栽培品种"新陆地早1号"，获得对棉铃虫较高的抗性。

抗虫基因工程在我国受到高度重视，已成为植物基因工程研究和应用的热点。

（二）抗病转基因植物

1986 年，美国 Beachy 研究小组首次将烟草花叶病毒（TMV）外壳蛋白（CP）基因导入烟草，培育出抗烟草花叶病毒的烟草植株，开创了抗病毒育种的新途径。目前利用根瘤农杆菌 Ti 质粒载体和叶盘转化技术，已成功地将番茄花叶病毒外壳蛋白的 cDNA 插入到番茄植株上，从而获得了具有抗该病毒性状的转基因植株。另外利用中和抗体技术、反义 RNA 技术和人工核酶剪切病毒 RNA 技术等也获得了对病毒病害的抗性。

在抗病毒病方面，目前用得最多的是病毒的外壳蛋白（CP）基因。利用病毒外壳蛋白基因培育成功了烟草、番茄、马铃薯和苜蓿等的抗病毒转基因作物。另外利用病毒的复制酶基因已成功地获得对烟草花叶病毒（TMV）、黄瓜花叶病毒（CMV）、马铃薯 X 病毒（PVX）和马铃薯 Y 病毒（PVY）等具有高度抗病性的植物转基因。此外也有将几丁质酶基因、葡聚糖酶基因转入到烟草中，由此获得了具有抗病作用的烟草。

我国自 1992 年开始种植抗病毒烟草，该种烟叶增产 5%～7%。中国农业科学院生物技术研究所将来自天蚕蛾的抗菌肽基因经过人工合成和改造后导入我国马铃薯主栽品种"米拉"，成功获得了抗病性增强 1～3 级的抗青枯病的转基因株系，已获得农业部批准并在四川省进行环境释放。华中农业大学和中国科学院遗传研究所研制的转 Xa21 基因抗白叶枯病水稻也进入了中试阶段。北京大学克隆了烟草花叶病毒（TMV）、黄瓜花叶病毒（CMV）、马铃薯 X 病毒等中国株系以及水稻矮缩病毒的外壳蛋白基因，研制成功的抗黄瓜花叶病毒甜椒和番茄已经分别在云南和福建进入中试或环境释放阶段。中国农业科学院油料作物研究所研制的转基因抗条纹病毒花生、北京市农林科学院蔬菜研究中心育成的抗芜菁花叶病毒白菜和新疆农业科学院核技术生物技术所获得的抗黄瓜花叶病毒转基因甜瓜都已分别进入中试阶段。

中国农业科学院生物技术研究中心与作物研究所合作，将几丁质酶和葡聚糖酶双价基因导入小麦，育成双价抗病转基因小麦，抗赤霉病（*Fusarium graminearum*）、纹枯病（*Fusarium solani*）和根腐病（*Bipolarissoroki nianum*）等真菌性病害。美国加利福尼亚大学将抗烟草花叶病毒的 N 遗传基因转入到亚麻种子中培育出抗花叶病的亚麻品种。

（三）抗除草剂转基因植物

抗除草剂转基因植物是最早进行商业化应用的转基因植物之一。20 世纪 80 年代美国孟山都公司以其拥有广谱、高效除草剂农达（草甘膦）的优势而率先开始除草剂抗性基因的转移研究与抗性品种的开发，创制出一系列抗农达（草甘膦）的作物品种。美国先锋公司将乙酰乳酸合成酶（ALS）基因与对乙酰乳酸合成酶抑制剂具有高抗性的 *hra* 基因共同转入玉米中，获得了对咪唑啉酮及草甘膦都有很好耐性的转基因玉米，为抗除草剂转基因植物的研究与应用开创了新的思路。

由于转入了不同的抗除草剂基因，就会表现出抗不同类型除草剂的性状。在控制抗性的基因中，主要是抗草甘膦的 *CP*4、*GOX* 与 *aro*A，抗溴苯腈的 *bxn* 以及抗草胺膦的 *bar* 与 *pat*。在这些基因控制的抗性作物中，以抗草甘膦作物最为突出。

抗除草剂转基因作物是转基因植物中发展最快的，1997 年全球种植面积为 6.9×10^6 hm²，1998 年猛增至 1.98×10^7 hm²，到 2000 年全球抗除草剂作物的面积已达到 3.27×10^7 hm²，占转基因植物种植总面积的 72%；2004 年，抗除草剂转基因大豆、玉米、油菜和棉花的种植面积为 5.86×10^7 hm²，占转基因作物种植面积的 72%；从 1997 年到 2005 年单一的抗除草剂性状转基因作物种植面积占总转基因作物的比例一直保持在 70% 以上；到 2008 年，抗除草剂转基因作物达到了转基因作物总种植面积的 80%。

在获得广谱除草剂抗性基因以及基因导入作物获得抗除草剂作物等方面，已取得丰硕的研究成果。迄今为止，已针对 12 种除草剂研制出 30 余种抗除草剂的转基因植物，包括抗草丁膦、抗草甘膦、抗咪唑啉酮、抗磺酰脲类、抗溴苯腈、抗莠去津和抗 2,4 - D 等除草剂的大豆、棉花、小麦、亚麻、油菜、水稻、玉米、烟草、马铃薯、番茄和矮牵牛等植物，其中棉花、亚麻、油菜、玉米和大豆等的转基因产品已开始商业性释放和生产。例如由亚热带农业生态研究所选育的转基因抗除草剂杂交水稻 "湘 125S/Bar68 - 1" 完成了湖南省早稻区域试验和农业部批准的生产性试验。在抗除草剂转基因作物中，抗草甘膦大豆一直占主导地位，其次为玉米、油菜和棉花。

第三节　转基因植物存在的问题及展望

随着转基因植物商品化速度的加快，社会对抗病虫转基因植物及其产品的安全性或风险的关注程度与日俱增。对抗病虫转基因植物的看法已由学术观点的分歧，发展到对环境问题、人类健康、知识产权和经济问题的争论。客观地说，转基因技术是一柄祸福相倚的双刃剑，本节将从不同的角度探讨抗病虫转基因植物及其食品的安全性。

一、抗病虫转基因植物存在的问题

1988 年 McGauhey 报道了仓库谷物害虫印度谷螟在苏云金芽胞杆菌选择压力下，繁殖 75 代后，对苏云金芽胞杆菌杀虫剂的抗性增强 90～100 倍。到目前为止，转基因植物研究中最突出的问题可能是昆虫对植物产生的抗性。研究已表明，与昆虫产生抗性有关的基因是隐性基因。因此如果在一个昆虫群体中有足够多的敏感昆虫存在，那么昆虫抗性基因控制的性状出现的频率将会很小；另一方面，抗虫毒素高效、连续表达使靶标害虫处于很高的选择压力下，靶标害虫可能会较快产生抗性。

转基因作物对环境也存在多方面的潜在不利影响，如转基因植物本身由于具有抗虫、抗除草剂等性状而可能变为杂草；抗性基因可能漂移到杂草上；抗病毒作物的基因可能与病毒发生重组而产生超级病毒，给作物带来毁灭性灾难；转基因食品对人类可能有致病性和致畸性等。值得注意的是，转基因植物由于其抗病、抗虫、丰产等特点会使人们大面积种植，从而导致种质资源单一和农田生态脆弱等问题，是对农业可持续发展提出的新挑战。

转基因作物的另一生态风险是对环境中非目标生物造成危害。以食转基因马铃薯的蚜虫喂瓢虫，后者出现生殖问题，并提早死亡。大田种植转苏云金芽胞杆菌基因抗虫棉对棉铃虫优势寄生性天敌齿唇姬蜂和侧沟绿茧蜂的寄生率、羽化率及蜂茧质量造成严重危害。在从转苏云金芽胞杆菌基因棉田采集的棉蚜和棉铃虫老龄幼虫体内已检测出了苏云金芽胞杆菌毒素，在"新棉33B"棉田采集的龟纹瓢虫幼虫和成虫体内也检测出了苏云金芽胞杆菌毒素，说明植物中的转基因毒蛋白可经食物链向天敌传递并残留其体内，可能危害天敌。另外抗虫转基因作物绝大多数采用了苏云金芽胞杆菌毒素基因，抗性来源如此狭窄，必然会使作物变得非常脆弱，病原体或害虫一旦克服如此单一的抗性来源，很可能造成大面积、大幅度减产的灾难性后果。

二、转基因植物食品安全性

通过基因工程技术改变基因组构成，将某些生物的基因转移到其他物种中去，改造其生物的遗传物性，并使其性状、营养价值、物种品质向人们所需要的目标转变，从而生产出具有特性的食品——转基因食品，也称基因改造食品或基因修饰食品（genetically modified food，GMF）。

转基因食品大体上可以分为3类：①转基因植物食品，如转基因玉米和转基因大豆等，是转基因食品中种类较多的一类，主要是为了提高食品的营养价值及抗虫、抗病毒、抗除草剂和抗逆境特性以降低农作物的生产成本和改良品质，以及提高单位面积的产量。②转基因动物食品，如转基因鱼和转基因肉类等，主要是通过转入适当的外源基因或对自身的基因加以修饰的方法来降低结缔组织的交联度，改善动物肉质，获得风味及营养价值符合消费者需求的食品。③转基因微生物食品，如微生物发酵而制得的葡萄酒、啤酒和酱油等，是利用转基因微生物（如转基因酵母和酶）的作用而生产出来的食品。

转基因食品在给人类带来巨大利益的同时，也给人类健康和环境安全带来了潜在的风险。转基因植物由于采用遗传工程操作的特殊手段，进行基因层次的插入、修饰或改造，可能出现预料不到的结果和不确定性以及不能解析的情况，从而带来某些转基因植物食品的安全性问题。转基因过程的每一环节都有可能对食品的安全性产生影响。

1995年5月，美国康乃尔大学Losey教授报道，将转苏云金芽胞杆菌（Bt）基因玉米花粉撒在植物叶片上饲喂普累克西普斑蝶，4 d后死亡44%，而对照组无一死亡。1998年，苏格兰Rowett研究所Pusztai教授在电视台宣布，用转雪花莲凝集素基因马铃薯喂大鼠，发现大鼠体重下降，器官生长异常，免疫系统破坏。近年来，人类饮食中含有转基因植物成分引起人们对转化基因可能会从转基因植物转移到肠道微生物中的关注。2004年，Heritage报道，一些肠道微生物在人工培养条件下的生长情况与正常生长不同，说明这些微生物可能获得并含有转基因作物的基因，即发生了基因转移。

公众对转基因食品安全性的担心和疑虑主要集中在以下几个方面：①转基因食品中的外源基因对人体有无直接的毒害；②转基因植物中的外源基因是否会发生转移；③转基因时所用载体的抗生素标志基因编码的蛋白是否会使人体产生抗生素抗性；④转基因植物中外源基因编码的蛋白对人体是否有毒。

但迄今为止没有证据表明，转基因植物食品对公众健康有任何重大的负面影响。苏云金芽胞杆菌作为农药广泛使用了几十年，至今还没有对δ内毒素本身迅速或迟发性变态反应确认报告。在美国市场上，有近4 000种食品来自转基因作物，约有70%以上的零售食品含有转基因成分。我国每年从美国进口 1.5×10^7 t 大豆，绝大多数都是转基因大豆，近年来数亿人食用，并未发生食品安全事件。事实上许多常规食品也不可能保证对人无任何副作用，绝对安全的食品是不存在的。

目前还未见有转基因食品危害人类健康的报道，但已有人指出转基因食品可能出现的问题。一些国家已经开始制定有关的安全性评价途径，在转基因食品安全性评价中，目前普遍公认的原则是经济合作组织（OECD）1993 年提出实质等同性（substantial equivalence）原则，即生物技术产生的食品及食品成分是否与目前市场上销售的食品具有实质等同性。其核心观点是：如果某种新食品或食物成分与现有的食品或食物成分大体上等同，那么在安全性方面就应该采取同样的措施。换句话说，如果可以确定某种食品或食物成分与普通食品和食物成分大体上等同，那么它们是同等安全的。

在国内外转基因植物等试验、生产不断发展的情况下，严格转基因植物的安全管理意义重大。2010 年 12 月 24 日，我国农业部发布了第 1485 号公告，19 项转基因植物、微生物及其产品成分检测标准业成为国家标准，自 2011 年 1 月 1 日起实施；其中涉及抗虫、抗病和耐除草剂转基因作物的标准 14 项。目前，我国的转基因生物安全管理由多个部门共同实施，包括环境保护部、农业部、国家林业局、国家质量监督检验检疫总局、卫生部等。国务院在环境保护部设立了国家转基因生物安全办公室，负责全国转基因生物环境安全的综合监督管理；在农业部设立了农业转基因生物安全管理办公室，负责农业转基因生物的安全管理。

三、转基因植物的发展前景

由于转基因植物在抗虫、抗病、抗除草剂以及品质等方面具有传统作物无法比拟的优越性，并能减少化学农药的使用量以及净化环境，节约劳动力，特别是能解决日益加剧的粮食短缺问题，因此转基因抗虫、抗病、抗除草剂植物的种植面积不断扩大，抗虫、抗病、抗除草剂转基因产品大量进入人们的日常生活，其所带来的经济效益、社会效益和环境效益是非常可观的。因此尽管转基因植物的安全性目前颇有争议，但它的前景仍然十分美好，未来将会有越来越多的抗虫、抗病、抗除草剂的转基因植物出现并大量种植。但同时也不能忽视其安全性问题，要加强管理，建立完善的安全评估技术体系和质量审批制度，这样才能在充分发挥转基因植物巨大应用潜力的同时，将其风险降到最低水平，更好地造福于人类。

总之，抗虫、抗病、抗除草剂的转基因植物的研究具有广阔的前景，人类为寻找新的抗虫、抗病、抗除草剂基因正在不懈努力，抗病虫谱广、抗病虫性强、昆虫难以产生耐受性的转基因植物将成为现实。

● **复习思考题**

1. 转基因植物和生物农药两者有何关系？美国环境保护署对转基因植物作为农药登记有哪些要求？

2. 抗虫转基因植物所采用的基因有哪些？使用最多的是什么？

3. 目前用于抗除草剂转基因植物的基因有哪些？

4. 目前我国商品化种植的抗虫、抗病和抗除草剂转基因植物有哪些？

5. 你如何看待转基因植物在植物保护中的作用？

6. 谈谈你对转基因植物的看法。

● 主要参考文献

程茂高，乔卿梅，原国辉 . 2004. 植物外源抗虫基因及其应用 [J]. 生物技术通报 (5)：18 - 20.

环境保护部 . 2008. 中国转基因生物安全性研究与风险管理 [M]. 北京：中国环境科学出版社 .

梁雪莲，王引斌，卫建强，等 . 2001. 作物抗除草剂转基因研究进展 [J]. 生物技术通报 (2)：17 - 21.

秦跟基，李万隆，陈佩度 . 1999. 植物抗病基因结构特征及其类似序列的研究进展 [J]. 南京农业大学学报，22 (3)：102 - 107.

孙传范 . 2011. 我国农业转基因技术的应用现状和展望 [J]. 安徽农业科学，39 (15)：8850 - 8852，8891.

王丽冰，刘立军，颜亨梅 . 2009. 转 Bt 抗虫基因水稻的研究进展和生物安全性及其对策 [J]. 生命科学研究，13 (2)：182 - 188.

王永飞，马三梅 . 2007. 转基因植物及其应用 [M]. 华中科技大学出版社 .

薛达元 . 2009. 转基因生物安全与管理 [M]. 科学出版社 .

易图永，谢丙炎，张宝玺，等 . 2002. 植物抗病基因同源序列及其在抗病基因克隆与定位中的应用 [J]. 生物技术通报 (2)：16 - 20.

袁胜亮，李明，周国娜，等 . 2007. 浅析抗虫基因种类及抗虫原理 [J]. 安徽农业科学，35 (31)：9963 - 9964.

张成，刘定富，易先达 . 2011. 全球转基因作物商业化进展及现状分析 [J]. 湖北农业科学，50 (14)：2819 - 2823.

朱占齐，王卫国 . 2010. 转基因作物安全性及外源基因加工降解研究进展 [J]. 饲料工业，10 (31)：54 - 57.

农资道报：全球转基因作物增速惊人：http：//www. nzdb. com. cn/index. html

新华网：中国已为 7 种转基因作物发放安全证书 . http：//news. xinhuanet. com

中国农药：http：//www. pesticide. com. cn

GEORGE WAR，DAVID WHITACRE. The pesticide book(orig. 1978)：A case of altered heredity. Meister Publication. http：//www. pesticidebook. com/

EPA：http：//www. epa. gov/oppbppdl/biopesticides/pips/index. htm

图书在版编目（CIP）数据

生物农药 / 徐汉虹主编 . —北京：中国农业出版
社，2012.10
普通高等教育农业部"十二五"规划教材 . 全国高等
农林院校"十二五"规划教材
ISBN 978 - 7 - 109 - 17259 - 3

Ⅰ.①生…　Ⅱ.①徐…　Ⅲ.①生物农药-高等学校-
教材　Ⅳ.①S482.1

中国版本图书馆 CIP 数据核字（2012）第 238254 号

中国农业出版社出版
（北京市朝阳区农展馆北路 2 号）
（邮政编码 100125）
责任编辑　李国忠

北京中兴印刷有限公司印刷　新华书店北京发行所发行
2013 年 1 月第 1 版　2013 年 1 月北京第 1 次印刷

开本：787mm×1092mm　1/16　印张：13.5
字数：312 千字
定价：29.00 元
（凡本版图书出现印刷、装订错误，请向出版社发行部调换）